21 世纪普通高等教育规划教材

工程材料与金属热处理

主 编 方 勇 王萌萌 许 杰

参 编 宋 琪 吴国强 郭国杰

主 审 孟庆东

U0380546

机械工业出版社

本书以教育部机械基础课程教学指导委员会颁布的《普通高等学校工程材料及机械制造基础系列课程教学基本要求》为指导，结合教学改革，联合该课程教学的一线教师编写而成。

　　本书主要内容包括工程材料的宏观性能、微观结构、钢铁及其合金材料、有色金属材料、金属材料的热处理、非金属材料及复合材料等。全书图文并茂，通俗易懂，注重联系生产实际，突出学生技能的培养。为配合本书的教学，还设计制作了电子课件，使用该书授课的教师可以在 www. cmpedu.com 上下载使用。作者在编写本书时密切关注新材料、新技术的发展，并将其给予适当的介绍。

　　本书内容较为丰富、简明，具有一定的特色，可作为高等院校机械制造类、材料类、机电类、控制类及自动化类等众多本、专科专业的基础课教材，也可供工程技术人员参考。

图书在版编目（CIP）数据

工程材料与金属热处理/方勇，王萌萌，许杰主编. —北京：机械工业出版社，2018. 12（2025. 2 重印）
21 世纪普通高等教育规划教材
ISBN 978-7-111-61350-3

Ⅰ. ①工…　Ⅱ. ①方…②王…③许…　Ⅲ. ①工程材料-高等学校-教材②热处理-高等学校-教材　Ⅳ. ①TB3②TG15

中国版本图书馆 CIP 数据核字（2018）第 280240 号

机械工业出版社（北京市百万庄大街 22 号　邮政编码 100037）
策划编辑：丁昕祯　责任编辑：丁昕祯
责任校对：肖　琳　封面设计：张　静
责任印制：单爱军
北京虎彩文化传播有限公司印刷
2025 年 2 月第 1 版第 4 次印刷
184mm×260mm · 14. 5 印张 · 357 千字
标准书号：ISBN 978-7-111-61350-3
定价：39. 80 元

电话服务　　　　　　　　　　网络服务
客服电话：010-88361066　　机　工　官　网：www. cmpbook. com
　　　　　010-88379833　　机　工　官　博：weibo. com/cmp1952
　　　　　010-68326294　　金　书　网：www. golden-book. com
封底无防伪标均为盗版　机工教育服务网：www. cmpedu. com

前　言

随着我国工业技术的发展和改革开放的不断深入，汽车装备制造业、冶金、铁路、航空航天等行业保持较快的增长，各相关行业如何选择工程材料就显得非常重要，这就需要工程技术人员、管理人员要懂得工程材料及相关知识。

为满足社会不断增长的人才需求，越来越多的高等院校、技师学院、职业技术学院均开设工程材料（含金属材料热处理）及相关课程，本课程是各高校机械类和近机类专业本科生及专科生进入专业领域的专业基础课。

本书以教育部机械基础课程教学指导委员会颁布的《普通高等学校工程材料及机械制造基础系列课程教学基本要求》为指导，结合目前教学改革的现状编写而成，以培养学生具有合理选择工程材料及金属热处理方法的能力。

本书按照由浅入深、循序渐进、便于教学的思路，首先从工程材料宏观性能的介绍开始，使学生对工程材料有一个初认识；随之深入到材料的微观组织结构和材料热处理过程中的组织结构转变，以了解工程材料的本质并掌握必要的材料基础理论知识和常用金属材料热处理的方法和应用。最后，通过对机械零件的失效分析、合理选材的阐述，培养学生分析问题和解决问题的能力。另外，为了便于实验课程开展，本书附录部分包含有相应的实验内容，供教学选用。

本书由方勇、王萌萌、许杰任主编，由方勇统稿。参加本书编写的单位（人员）有：水利部产品质量标准研究所的方勇（前言、绪论、第 1~4 章、第 11 章）和许杰（第 8、9章、附录）；青岛技师学院的王萌萌（第 5、6、7 章）；中国石油大学的宋琪（第 1~7 章复习题解答）；天津海运职业学院吴国强（第 10 章，第 8 章和第 9 章的电子课件和习题解答）和郭国杰（第 1~7 章电子课件）。

本书由青岛科技大学孟庆东教授任主审，他对书稿进行了认真、细致的审阅，提出了许多建设性的意见。另外，各编者所在学校领导及主管部门也给予了大力支持，在此一并对上述单位与个人表示衷心感谢。

本书主要作为高等学校机械类、近机械类、机电类等专业的本、专科的工程材料及金属热处理课程的教材，也可供其他相关专业的师生和工程技术人员参考，另外，为了配合本书的教学，还设计制作了电子课件，授课教师可以在 www.cmpedu.com 上下载使用。

限于编者水书有限，书中恐有许多错误、不妥之处，希望采用本书的广大读者，提出宝贵的意见和建议，以利于今后的修订，使之更趋完善，在此深表感谢。

编　者

目 录

第0章

绪　论

0.1　材料科学的发展与应用

　　材料是人类用来制作各种有用器件的物质，是人类生产和社会发展的重要物质基础，也是日常生活中不可或缺的组成部分。

　　自从地球上有了人类，材料的利用和发展就成了人类文明发展史的里程碑。如图0.1所示，包括石器时代、陶器时代、青铜器时代和铁器时代等。材料又是发展高科技的先导和基石。一种新材料的出现，往往可以导致一系列新的技术突破，而各种新技术及新兴产业的发展，无不依赖于新材料的研发，如航空航天所需要的轻质高强度材料，医学上的人工脏器、人造骨骼等特殊材料及智能材料、复合材料和纳米材料等。

图0.1　材料的发展与人类社会的关系简图

　　材料、能源、信息被称为现代社会的三大支柱，而能源和信息的发展，在一定程度上又依赖于材料的进步。因此许多国家都把材料科学作为重点发展学科之一，使之成为新技术革命坚实的基础。

0.2　工程材料

　　工程材料是指工程上使用的材料，主要是指用于机械、车辆、船舶、建筑、农业、化工、能源、仪器仪表、航空航天等工程领域的材料，是生产和生活的物质基础。其种类繁多，有许多不同的分类方法。若按材料的化学成分、结合键的特点进行分类，可以分为金属材料、非金属材料和新型材料三大类。

1. 金属材料

金属材料是以金属键结合为主的材料，具有良好的导电性、导热性、延展性和金属光泽，是目前使用量最大、用途最广的工程材料。

我国是金属材料发现和应用最早的国家，远在新石器时代的仰韶文化开始，就已经会炼制和应用黄铜。我国的青铜冶炼开始于夏代，在殷商、西周时期，技术已达到当时世界的高峰，用青铜制造的工具、食具、兵器和车马饰，得到普遍应用，比较典型的为河南安阳出土的"后母戊"大鼎。春秋战国时期，我国开始大量使用铁器，白口铸铁、麻口铸铁、可锻铸铁相继出现。1953 年在河北承德兴隆县出土了战国时期浇注农具的铁制模具，说明当时已掌握铁模铸造技术。随后出现了炼钢、锻造、钎焊和热处理技术，当时我国的钢铁生产及金属材料成形技术一直在世界上遥遥领先。但是 18 世纪后，长期的封建统治和闭关自守，严重束缚了我国生产力的发展，科学技术处于停滞落后状态。直至 1949 年中华人民共和国成立后，我国的科学技术才得到较快发展。

金属材料分为黑色金属和有色金属两大类。

黑色金属是指铁和以铁为基体的合金材料，即钢、铸铁材料，它占金属材料总量的 95% 以上。由于黑色金属具有力学性能优良、可加工性能好、价格低廉等特点，在工程材料中一直占据主导地位。

除黑色金属之外的所有金属及合金统称为有色金属。有色金属为轻金属（如铝、铜等）。

金属材料一般需要经过"金属热处理"后才能达到所需要的性能，因此在研究金属材料时必须要研究金属热处理的理论和实践。

18 世纪 20 年代初，在欧美发生的产业革命极大地促进了钢铁工业、煤化学工业和石油化学工业的快速发展，各种新材料不断涌现。20 世纪 80 年代以来，一些新材料如信息材料、新型金属材料、先进复合材料、高性能塑料、纳米材料等的实用化，也给社会生产和人们的生活带来了巨大的变化。

2. 非金属材料

非金属材料如高分子材料、陶瓷材料等，在本书不作重点介绍。

总之，在日常生活生产和科技各领域都离不开工程材料。工程材料的选用直接影响机械（或工程结构）中零件（或构件）的质量、成本和生产效率，因此，作为工程技术人员必须掌握各种工程材料的性能、特点、应用。

0.3　工程材料与金属热处理课程的教学目标和基本要求

工程材料与金属热处理是机械类专业必修的一门技术基础课，也是近机类和部分非机类专业普遍开设的一门课程。旨在使学生了解并掌握工程材料，培养学生的工程素质、实践能力。本课程的教学目标和基本要求可以归纳为：

1）建立工程材料和金属热处理的完整概念，培养良好的工程意识。

2）掌握必要的材料科学基础理论。

3）熟悉各类常用结构工程材料，包括金属材料、高分子材料、陶瓷材料等的成分、结构、性能、应用特点及牌号表示方法。

4）掌握强化金属材料的基本途径。

5）了解新型材料的发展及应用。

6）掌握选择零件材料的基本原则和方法步骤，了解失效分析方法及应用，了解表面处理技术的应用；初步具有合理选择材料及强化（或改性、表面技术应用等）方法的能力。

7）了解与本课程有关的成形工艺方法（见附录）。

教学过程中应注意理论联系实际，使学生在掌握理论知识的同时，提高分析问题和解决问题的工程实践能力；学生应注意观察和了解平时接触到的机械装置，按要求完成一定量的作业及复习思考题。

本课程以课堂教学为主，并应采用必要的试验、电化教学、多媒体课件、现场教学等教学方法。

第1章

工程材料的分类与性能

1.1　工程材料的分类

1.1.1　材料

材料是指那些能够用于制造结构、器件或其他有用产品的物质；材料是人类文明和生活的物质基础，是组成所有物体的基本要素。狭义的材料仅指可供人类使用的材料，是指那些能够用于制造结构、零件或其他有用产品的物质。人类使用的材料可分为天然材料和人造材料。天然材料是所有材料的基础，在科学技术高速发展的今天，仍在大量使用水、空气、土壤、石料、木材、橡胶等天然材料。随着社会的发展，人们对天然材料进行各种加工处理，使它们更适合人类的使用，这就是人造材料。在我们生活、工作所见的材料中，人造材料占有相当大的比例。

1.1.2　工程材料及分类

工程材料主要是指用于机械工程、建筑工程以及航空航天等领域的材料，在日常生活生产和科技各领域都离不开工程材料，工程材料属于人造材料。可以按不同的角度进行分类。

1. 按化学性质分

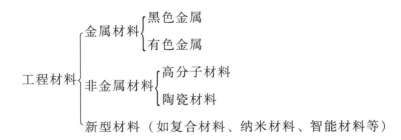

$$
工程材料\begin{cases}金属材料\begin{cases}黑色金属\\有色金属\end{cases}\\非金属材料\begin{cases}高分子材料\\陶瓷材料\end{cases}\\新型材料（如复合材料、纳米材料、智能材料等）\end{cases}
$$

2. 按使用性能分

$$
工程材料\begin{cases}结构材料（指作为承力结构使用的材料，其使用性能主要是力学性能）\\功能材料（使用性能主要是指光、电、磁、热、声等特殊性能）\end{cases}
$$

3. 按应用领域分

按应用领域，可分为机械工程材料、信息材料、能源材料、建筑材料、生物材料、航空航天材料等。

1.2　工程材料的性能

工程材料的性能一般可分为两类：一类是使用性能，是指在使用过程中所表现出来的性能，如物理性能（如导电性、导热性、磁性、热膨胀性、密度等）、化学性能（如耐蚀性、抗氧化性等）和力学性能等。其中，力学性能是机械零件在设计选材与制造中应主要考虑的性能。要正确地选择和使用材料必须首先了解材料的性能。另一类是工艺性能，是指材料在加工过程中所表现出来的性能，分述如下。

1.2.1　物理性能

（1）密度　材料的密度就是单位体积的质量，用符号 ρ（g/cm^3 或 kg/m^3）表示。金属材料中，Al、Mg、Ti 密度较低，Cu、Fe、Pb、Zn 等密度较高；非金属材料中，塑料的密度较低，陶瓷的密度较高。

（2）熔点　熔点是指缓慢加热时，材料由固态转变为液态的温度（℃或 K）。金属材料中，Pb、Sn 熔点低，Fe、Ni、Cr、Mo 等金属熔点高；非金属材料中，陶瓷的熔点高，塑料等材料无熔点，只有软化点。

（3）导热性　导热性是指材料传导热量的能力。金属材料中，Ag 和 Cu 的导热性最好，Al 次之；合金钢的导热性不如非合金钢好；非金属中，金刚石的导热性最好。

（4）导电性　导电性是材料传导电流的能力。金属具有导电性，Ag 最好，其次是 Cu、Al。

（5）热膨胀性　材料因温度变化而引起的体积变化称为热膨胀性，一般用线胀系数表示，即温度每升高 1℃（或 K），单位长度的膨胀量。其值越大，材料的尺寸或体积随温度变化的程度越大。因此，在温差变化较大环境下工作的长构件（如火车铁轨），必须考虑热胀冷缩带来的影响。

（6）磁性　材料在磁场中能被磁化或导磁的能力称为导磁性或磁性，金属材料可分为铁磁性材料、抗磁性材料和顺磁性材料。

1.2.2　化学性能

化学性能是指材料与周围介质接触时抵抗发生化学或电化学反应的能力，主要有耐蚀性和热稳定性等。

（1）耐蚀性　耐蚀性是指常温下材料抵抗各种介质侵蚀的能力。

（2）热稳定性　热稳定性是指材料在高温抵抗产生氧化现象的能力。

1.2.3　力学性能

力学性能是指材料承受各种载荷时的行为。载荷类型通常分为：静载荷、动载荷和变载荷。通过不同类型的试验，可以测得材料各种性能的性能判据。材料的力学性能指标有强度、刚度、硬度、塑性、冲击韧性、疲劳极限和断裂韧度等。这些指标是极为重要的力学性能指标，可通过试验方法测取。如拉伸试验、压缩试验、疲劳试验、硬度试验、冲击试验等。

下面以工程材料中使用最多的金属材料为例，介绍材料的主要的力学性能。

（1）强度 材料在外力作用下抵抗永久变形和断裂的能力称为强度。按外力作用的性质不同，主要有屈服强度、抗拉强度、抗压强度、抗弯强度等。工程上常用的是屈服强度和抗拉强度，这两个强度指标可通过试验测出。

1）静载时的拉伸强度试验。拉伸试验是在材料拉伸试验机上用静拉力对拉伸试样进行轴向拉伸的试验。拉伸试验机如图 1-1 所示，拉伸试样横截面一般为圆形、矩形或多边形等，尺寸按国家标准，分为长试样和短试样。图 1-2 所示为圆柱形试样，d 为试样平行长度的直径，L_o 为试样的原始标距，d_o 为试样断口处的最小直径，L_U 为断后标距。

将试样装在拉伸试验机的上下夹头，开动拉伸试验机，缓慢加载拉伸载荷，随着载荷的增加，试样逐渐伸长直至拉断。试样拉断前后的拉伸试样照片如图 1-3 所示。

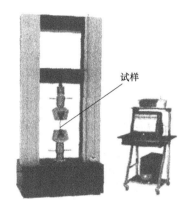

图 1-1　拉伸试验机

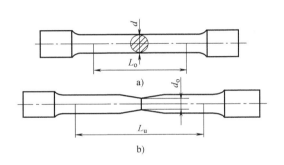

图 1-2　拉伸前及拉断后的拉伸试样

拉伸过程中，试样所受的拉力与延伸量是不断变化的，常用到应力、伸长率的概念。应力是指拉伸过程中任意时刻试样所受的拉力除以试样的原始横截面，伸长率是指标距部分的延伸量与原始标距之比的百分率。

试验装置可记录拉伸过程中应力与伸长率的关系曲线，即应力-伸长率曲线。图 1-4 所示为低碳钢的应力-延伸率曲线。

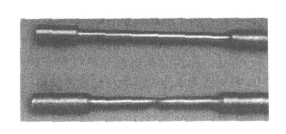

图 1-3　拉伸前及拉断后的拉伸试样照片

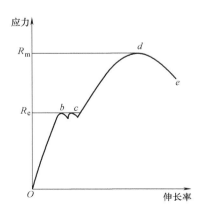

图 1-4　低碳钢的应力-延伸率曲线

由应力-伸长率曲线可知，应力为 0 时伸长率为 0，应力增大到 R_e 的过程中，试样的应变与伸长率之间成正比例关系，在应力-伸长率曲线上表现为一条斜直线 Ob。在此范围内卸除载荷，试样能完全恢复到原来的形状与尺寸，即试样处于弹性变形阶段。图中 R_e 是试样保持弹性变形的最大拉应力。

当应力增加到 R_e 时，曲线在 b-c 间出现水平或锯齿形线段，表示拉力不再增加的情况下，试样也会继续延伸，这种现象称为"屈服"，水平段称为屈服阶段。此阶段试样将产生塑性变形，卸载后变形不能完全恢复，塑性变形将被保留下来。

当应力超过 R_e 后，曲线表现为一段上升曲线，表示随着塑性变形量的增大，试样变形抗力也逐渐增大，即试样抵抗变形的能力将增强。此阶段称为冷变形强化阶段，此阶段试样平行长度段产生大量均匀塑性变形。

当应力增至最大值 R_m 时，试样伸长量迅速增大且集中于试样的局部长度段，使局部截面积迅速减小，出现"缩颈"现象。由于缩颈处截面积急剧缩小，单位面积承载大大增加，最后到 e 点试样被拉断。此阶段为局部塑性变形与断裂阶段。

2）强度指标。强度是指材料抵抗塑性变形或断裂的能力。常用的强度指标有屈服强度与抗拉强度等，可由应力-伸长率曲线直接得出。

① 屈服强度。屈服强度是指材料对塑性变形的抵抗能力，是试样在拉伸试验期间产生塑性变形而力不增加的应力点，即 R_e，单位为 MPa。

工业上使用的一些金属材料，如高碳钢、铝合金等，进行拉伸试验时，屈服现象不明显，也不会产生缩颈现象，测定 R_e 很困难，因此规定一个相当于屈服强度的强度指标，以标距延伸率为 0.2% 时的应力值定为其屈服强度，称为规定非比例延伸强度，用 $R_{p0.2}$ 表示。

金属零件和结构在工作中一般是不允许产生塑性变形的，所以设计零件、结构时，屈服强度 R_e 是重要的设计依据。

② 抗拉强度。抗拉强度是指材料对断裂的抵抗能力，是试样断裂前能承受的最大应力值，即 R_m，单位为 MPa。

R_m 是材料由均匀塑性变形向局部集中塑性变形过渡的临界值，也是材料在静拉伸条件下的最大承载能力。由于测试数据较准确，有关手册和资料提供的设计、选材的强度指标都是抗拉强度 R_m。

③ 刚度。刚度是指材料对弹性变形的抵抗能力，是试样产生单位弹性变形所需的应力。对应于应力-伸长率曲线上的弹性变形阶段，应力与伸长量的比值，即直线 Ob 的斜率。刚度也称为弹性模量，用 E 表示。有些精密零件对变形要求较高，甚至连弹性变形都不允许，设计零件时需考虑材料的刚度。

（2）塑性 塑性是指断裂前材料产生塑性变形的能力。塑性也是通过拉伸试验测试的，用拉伸试样断裂时的最大相对伸长量来表示金属的塑性指标，常用断后伸长率和断面收缩率表示。

1）断后伸长率。拉伸试样在进行拉伸试验时，在拉力的作用下产生不断伸长的塑性变形。试样拉断后的伸长量与试样原始长度的百分比称为断后伸长率，用符号 A 表示 =

$$A = \frac{L_u - L_o}{L_o} \times 100\% \tag{1-1}$$

式中，L_u——试样断后标距（mm）；

$\qquad L_o$——试样原始标距（mm）。

使用长试样测定的断后伸长率用符号 $A_{11.3}$ 表示，使用短试样测定的断后伸长率用符号 A 表示。同一种材料的断后伸长率 $A_{11.3}$ 和 A 数值是不相等的，一般短试样 A 都大于长试样 $A_{11.3}$。不同材料进行比较时，必须是相同标准试样测定的数值才有意义。

2）断面收缩率。断面收缩率是指试样拉断后横截面积的最大缩减量与原始横截面积的百分比。断面收缩率用符号 Z 表示。

$$Z = \frac{S_o - S_u}{S_o} \times 100\% \qquad (1-2)$$

式中 $\quad S_o$——试样原始横截面积（mm^2）；

$\qquad S_u$——试样拉断后断口的横截面积（mm^2）。

机械零件工作时突然超载，如果材料塑性好，就能先产生塑性变形而不会突然发生断裂破坏。所以，大多数机械零件除满足强度要求外，还必须有一定的塑性。但是，铸铁、陶瓷等脆性材料的塑性极低，拉伸时几乎不产生明显的塑性变形，超载时会突然断裂，使用时必须注意。

（3）硬度 硬度表示材料抵抗局部变形的能力，特别是塑性变形、压痕或划痕的能力，它是衡量材料软硬的指标。其值的大小能够反映材料在化学成分和组织结构及处理方法上的差异，在一定程度上反映了材料的综合力学性能指标，是检验产品质量、确定合理加工工艺不可缺少的检测性能之一。

材料的硬度是通过硬度试验测得。硬度试验简单易行，又无损于零件，且可以近似推算出材料的其他力学性能（如强度、耐磨性、切削加工性、可焊性等），因此在生产和科研中应用广泛。

常用硬度测定方法有压入法、划痕法等，其中压入法最为普遍。压入法是在规定的静态试验力作用下，将压头压入材料表面层，然后根据压痕的面积大小或深度测定其硬度值。用压入法测材料硬度，常用的有布氏硬度（HBW）、洛氏硬度（HRA、HRB、HRC）和维氏硬变（HV）试验法。

1）布氏硬度。布氏硬度试验机如图 1-5 所示，其试验原理如图 1-6 所示。用一定直径 D 的硬质合金球，以规定的试验力 F 压入试样表面，保持规定的时间，去除试验力，测量试样表面的压痕平均直径 d，然后根据压痕平均直径 d 计算硬度值。布氏硬度值是指压痕球冠面积上所产生的平均抵抗力，用符号 HBW 表示。布氏硬度值可用下式计算

$$HBW = 0.102 \times \frac{2F}{\pi D (D - \sqrt{D^2 - d^2})} \qquad (1-3)$$

式中 $\quad F$——试验力（N，单位用 kgf 时，去掉 0.102）；

$\qquad D$——硬质合金球直径（mm）；

$\qquad d$——压痕平均直径（mm）。

式中，只有 d 是变量，因此试验时只要测量出压痕直径，就可通过计算或查布氏硬度表得出 HBW 值。布氏硬度数值一般不用计算，查布氏硬度表得出。

为适应各种硬度级别及各种厚度的金属材料的硬度测试，GB/T 231.1—2009《金属材

料布氏硬度试验第1部分：试验方法》规定了各种材料的试验条件，见表1-1。进行布氏硬度试验时，硬质合金球直径 D、试验力 F 和保持时间应根据被测金属种类和厚度进行选择。

图1-5　布氏硬度试验机

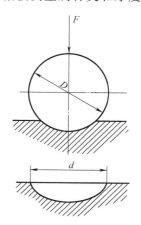

图1-6　布氏硬度试验原理

表1-1　金属布氏硬度试验规范

金属种类	布氏硬度值范围 HBW	试样厚度 /mm	$0.102F/D^2$	硬质合金球直径 D/mm	试验力 /kN(kgf)	试验力保持时间 /s
黑色金属	≥140	6~3 4~2 <2	30	10.0 5.0 2.5	29.42（3000） 7.355（750） 1839（187.5）	12
	<140	>6 6~3	10	10.0 5.0	9.807（1000） 2.452（250）	12
有色金属	>200	6~3 4~2 <2	30	10.0 5.0 2.5	29.42（3000） 7.355（750） 1.839（187.5）	30
	35~200	9~3 6~3	10	10.0 5.0	9.807（1000） 2.452（250）	30
	<35	>6	2.5	10.0	2.452（250）	60

布氏硬度的标注方法是，硬度值标注在硬度符号前面，在硬度符号后面用相应的数字注明硬质合金球直径、试验力大小和试验力保持时间。例如，500HBW5/750表示：用直径为5mm的硬质合金球，在750kgf（7.355kN）试验力的作用下保持10~15s（可不标出）测得的布氏硬度值为500。

由于布氏硬度测定的是较大压痕面积上的平均受力，因此不受材料内部组成物细微不均匀性的影响，测得的硬度值比较准确，数据重复性强。由于布氏硬度压痕大，对材料表面的损伤也较大，硬度高的材料、薄壁工件和表面要求高的工件，不宜用布氏硬度测试。布氏硬度测定通常适用于有色金属、低碳钢、灰铸铁和经退火、正火和调质处理的中碳钢等。

2）洛氏硬度。洛氏硬度试验机如图1-7所示，试验原理图如图1-8所示。以锥角为120°

的金刚石圆锥体或直径为 1.5875mm 的淬火钢球作为压头压入试样表面，先加初试验力 F_0（98N），使压头接触试样表面，此时有一个微小压入深度 h_0；再加上主试验力 F_1，压入试样表面后经规定的保持时间，去除主试验力，在保留初试验力 F_0 的情况下，根据试样压入的深度 h 来衡量金属的硬度大小。

材料越硬，h 值越小。为适应人们习惯数值越大硬度越高的观念，故人为地规定一个常数 K 减去压痕深度 h 作为洛氏硬度指标，并规定每一个洛氏硬度试验单位为 0.002mm。则洛氏硬度值为

$$HR = \frac{K-h}{0.002} \qquad (1\text{-}4)$$

式中　　h——压痕深度（mm）；

　　　　K——常数，使用金刚石圆锥体压头时常数 K 为 0.2，使用淬火钢球压头时，常数 K 为 0.26。

由压痕深度可换算出硬度的数值，从洛氏硬度计表盘上可直接读出硬度值。

洛氏硬度根据试验时选用的压头类型和试验力大小的不同，分别采用不同的标尺进行标注。常采用的标尺有 A、B、C，试验条件及应用范围见表 1-2。洛氏硬度的标注方法为：硬度数值写在硬度符号 HR 的前面，后面写使用的标尺，如 52HRC 表示用 "C" 标尺测定的洛氏硬度值为 52。

图 1-7　洛氏硬度试验机

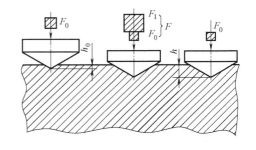

图 1-8　洛氏硬度试验原理图

表 1-2　洛氏硬度试验规范

符号	压头类型	总试验力 $F_总$（kgf）（N）	硬度值有效范围	应用举例
HRA	120° 金刚石圆锥	60（588.4）	60~88	硬质合金，表面淬火、渗碳钢等
HRB	直径 1.5875mm 淬火钢球	100（980.7）	20—100	有色金属，退火钢、正火钢等
HRC	120° 金刚石圆锥	150（1471.1）	20~70	淬火钢，调质钢等

洛氏硬度测定方便快捷，测量的硬度范围大，对试样表面损伤小，广泛应用于各种材料

以及薄小工件、表面处理层的测定。但由于压痕小，受内部组织和性能不均匀的影响，测量的准确性较差。所以洛氏硬度测试数值通常采用不同位置的三点的硬度平均值。

3）维氏硬度。图1-9所示为维氏硬度试验机及配套计算机系统。它也是根据压痕单位面积承受的压力来测量的，其原理图如图1-10所示。将夹角为136°的正四棱锥体金刚石压头，以选定的试验力 F 压入试样表面，保持规定的时间后，去除试验力，在试样表面压出一个正四棱锥形压痕，测量压痕两对角线的平均长度，计算硬度值。维氏硬度是用正四棱锥形压痕单位表面积上承受的平均玉力表示硬度值，用符号 HV 表示。维氏硬度的计算式为

$$HV \approx 0.1891 \frac{F}{d^2} \tag{1-5}$$

式中　　F——试验力（N）；

　　　　d——两压痕对角线长度的算术平均值（mm）。

试验时，有的维氏硬度机是在显微镜下由旋钮刻度人工测出压痕的对角线长度，算出两对角线长度的平均值后，查表得出维氏硬度值；有的维氏硬度机是在显微镜下机器自动显示压痕两条对角线的长度，并显示经计算转换出的硬度值；带计算机处理系统的维氏硬度机可在屏幕上显示压痕形状和维氏硬度数值，并可记录保存处理图像及数据。

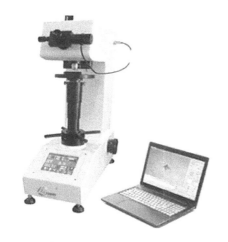

图1-9　带计算机处理系统的维氏硬度试验机

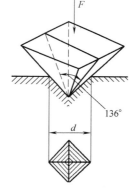

图1-10　维氏硬度试验原理图

维氏硬度的标注方法为：硬度值写在符号前面，试验条件写在符号后面。对于钢及铸铁，当试验力保持时间为10~15s时，可以不标出。例如600HV30表示用30kgf试验力保持10~15s规定的维氏硬度值为600；640HV30/20表示用30kgf试验力保持20s测定的维氏硬度值为640。

维氏硬度测试的精度高，测量范围大，所以适用于各种硬度范围的金属，特别是极薄零件和渗碳、渗氮工件的硬度测定。但其操作较为复杂，测量效率不高，不适合大批量工件的硬度测定。

（4）韧性　对于在冲击载荷条件下工作的机器零件和工具，如活塞销、锤杆、冲模、连杆等，由于许多零件在工作过程中受到冲击载荷的作用，如锻锤的锤杆、压力机的冲头、风动工具等，对这类零件，不仅要满足静载荷作用下的强度、刚度、塑性、硬度等性能要求，还要具有一定的韧性。韧性是指材料在塑性变形和断裂过程中吸收能量的能力，韧性好的材料在使用过程中不会发生突然的脆性断裂，从而可以保证零件的工作安全性。

反映材料韧性的主要指标是冲击韧度。

1）冲击试验。为了评定材料的冲击韧度，应用最多的是常温下的一次摆锤冲击弯曲试验（夏比冲击试验），如图 1-11 所示。试验时，将带有缺口（如 U 形缺口）的试样放在试验机的机架上，使缺口位于两固定支座中间，并背向摆锤的冲击方向。将质量为 m 的摆锤升高到 h_1，使摆锤具有一定的势能 mgh_1，自由落下将试样冲断后，摆锤继续升高到 h_2，此时摆锤的势能为 mgh_2，摆锤冲断试样所消耗的势能即吸收的能量，称为冲击吸收能量，可反映材料抵抗冲击载荷的能力，即冲击韧性。

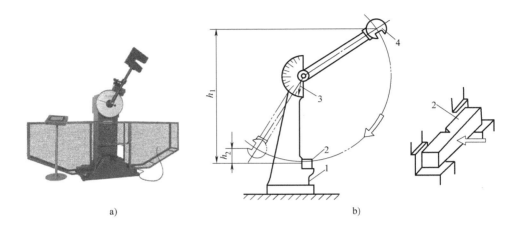

图 1-11　摆锤冲击弯曲试验

a）夏比冲击试验机　b）夏比冲击试验原理示意图

1—支座　2—试样　3—指针　4—摆锤

2）冲击吸收能量 KU。在冲击试验力一次作用下，U 型缺口试样的冲击吸收能量用 KU 表示，可以从试验机的刻度盘或显示仪上直接读出。

$$KU = mgh_1 - mgh_2 \qquad (1\text{-}6)$$

摆锤刀刃半径为 2mm 时表示为 KU_2；试样为 V 型缺口时可表示为 KV，即 KV_2。

用试样断口处截面积 S（mm^2）去除 KU（J），即得到冲击韧性 a_k，单位为 J/cm^2。

$$a_K = \frac{KU}{S} \qquad (1\text{-}7)$$

KU、a_K 对组织缺陷很敏感，能反映材料质量、宏观缺陷和显微组织方面的微小变化。

（5）疲劳强度　某些机械零件，常在承受大小和方向随时间作周期性变化（包括交变应力和重复应力）的载荷长期作用下工作，如发动机曲轴、齿轮、弹簧等，往往是在工作应力低于其屈服强度甚至是弹性极限的情况下突然发生断裂，这种现象称为疲劳断裂。80%以上零部件的断裂是由疲劳造成的，不管是脆性材料还是韧性材料，事先均无明显的塑性变形，具有很大的危险性。

材料在指定循环基数下不产生疲劳断裂所能承受的最大应力称为疲劳强度，通常材料的疲劳性能是在图 1-12a 所示的弯曲疲劳试验机上进行。可测得一条如图 1-12b 所示的该材料的疲劳曲线。

材料的疲劳强度低于其抗拉强度，一般关系为 $\sigma_N = KR_m$。对中低强度钢（$R_m < 370MPa$），

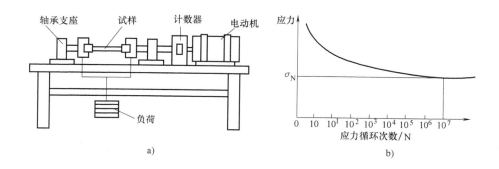

图 1-12 弯曲疲劳试验
a) 弯曲疲劳试验机示意图 b) 疲劳曲线

$K = 0.5$，对灰铸铁，$K = 0.42$。

疲劳断裂一般是从机件最薄弱的部位或缺陷所造成的应力集中处发生，疲劳失效对许多因素很敏感，如零件外形、循环应力特性、环境介质、温度、机件表面状态、内部组织缺陷等。因此合理设计工件结构以避免应力集中，在工件加工时降低表面粗糙度值、进行表面滚压或喷丸处理、表面热处理等，可提高工件的疲劳强度。

（6）断裂韧度 一般认为，零件在允许的载荷下安全工作不会产生塑性变形，更不会断裂。但事实上有些高强度材料的零件（构件）往往在远低于屈服强度的状态下发生脆性断裂；中、低强度的重型零件（构件）及大型结构件也有类似情况，这就是低应力脆断。

在断裂力学的研究和试验中表明，低应力脆断总与材料内部的裂纹及裂纹的扩展有关。在冶炼、轧制、热处理过程中，很难避免在材料内部引起某种裂纹，这些微小裂纹在载荷作用下，由于应力集中、疲劳、腐蚀等原因发生扩展，当扩展到临界尺寸时，零件便突然断裂。在断裂力学基础上建立起来的材料抵抗裂纹扩展的能力称为断裂韧度。

裂纹扩展有三种基本形式，张开型（Ⅰ型）、滑开型（Ⅱ型）和撕开型（Ⅲ型），如图 1-13 所示。其中，以张开型（Ⅰ型）最危险，最容易引起脆性断裂。

断裂韧度是材料固有的力学性能指标，是强度和韧性的综合体现，主要取决于材料的成分、内部组织和结构，与外力无关。在常见的工程材料中，铜、

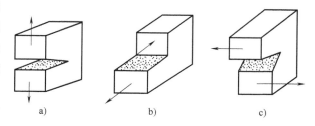

图 1-13 裂级扩展的基本形式
a) Ⅰ型 b) Ⅱ型 c) Ⅲ型

镍、铝等纯金属，低碳钢、高强度钢、钛合金等的断裂韧度较高，而玻璃、环氧树脂等材料的断裂韧度很低。

复习思考题

1-1 什么是工程材料？工程材料如何分类？

1-2 什么是工程材料的使用性能？包括哪些指标？

1-3 什么是材料的工艺性能？工艺性能主要有哪些指标？

1-4 什么是材料的力学性能？力学性能主要包括哪些指标？

1-5 解释下列名词。

抗拉强度、屈服强度、刚度、疲劳强度、冲击韧性、断裂韧性。

1-6 什么是硬度？常用的硬度测试方法有几种？这些方法测出的硬度值能否进行比较？

1-7 下列几种工件应该采用何种硬度试验法测定其硬度？

（1）锉刀；（2）黄铜轴套；（3）供应状态的各种碳钢钢材；

（4）硬质合金刀片；（5）耐磨工件的表面硬化层。

1-8 反映材料受冲击载荷的性能指标是什么？不同条件下测得的这种指标能否进行比较？怎样应用这些性能指标？

1-9 断裂韧性是表示材料何种性能的指标？为什么在设计中要考虑这种指标？

第2章

金属材料的结构

2.1 固体材料的结构

固体材料的结构是指组成固体相的原子、离子或分子等粒子在空间的排列方式。按粒子排列是否有序，固体材料可分为晶态（定型态）和非晶态（无定型态）两大类。

2.1.1 晶态结构

1. 晶体、晶格和晶胞

绝大多数固体具有晶态结构，即为晶体，其组成粒子在三维空间有规则地周期性重复排列（图 2-1a）。规则排列的方式即为晶体结构。为了便于研究晶体结构，假设通过粒子中心划出许多空间直线，这些直线则形成空间格架，称为晶格（图 2-1b），晶格的结点为粒子平衡中心位置。晶格的最小几何组成单元称晶胞（图 2-1c），好似单位建筑块，晶胞在空间的重复堆砌，便构成了晶格。因此，可以用晶胞来描述晶格。

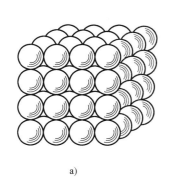
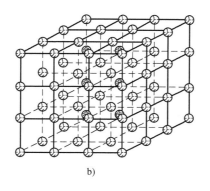
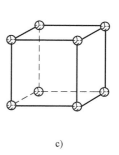

a)   b)   c)

图 2-1 简单立方晶格与晶胞的示意
a）晶体中原子排列 b）晶格 c）晶胞

晶体中由原子组成的任一平面称为晶面，由原子组成的任一列的方向称晶向。在晶体内不同晶面和晶向的原子排列情况不同。

2. 同素异构现象

同素异构是指一种元素具有不同晶体结构的现象。所形成的具有不同结构的晶体称为同素异构体。在一定条件下，同素异构体可以相互转变，称为同素异构转变。在具有同素异构现象的固体中，最典型的例子是铁，其同素异构转变过程将在后面介绍。

2.1.2 非晶态结构

内部原子在空间杂乱无规则排列的物质称为非晶体或无定型体。由于粒子排列状态与液态相似，故称为"被冻结的液体"，如玻璃、沥青、松香、石蜡和许多有机高分子材料等。非晶体物质没有固定的熔点，而且性能无方向性，即各向异性。

2.2 金属晶体结构

2.2.1 常见金属晶体的结构

所有晶体中，金属的晶体结构最简单。在晶格的结点上各分布一金属原子，便构成金属晶体结构。大多数金属，尤其是常用金属的晶格有体心立方、面心立方及密排六方三种。

（1）体心立方晶格 晶胞为立方体，原子分布在立方体各个结点和立方体中心（图 2-2 a）。属于这类晶格的金属有 α-Fe（910℃以下的纯铁）、铬、钼、钒、钨等。这类晶格一般具有较高的熔点、相当高的强度和良好的塑性。

（2）面心立方晶格 晶胞为立方体，原子分布在立方体的各个结点及六个棱面中心（图 2-2b）。属于这类晶格的金属有 γ-Fe（890～910℃时的纯铁）、铜、铝、镍、银、金等。这类金属往往有很好的塑性。

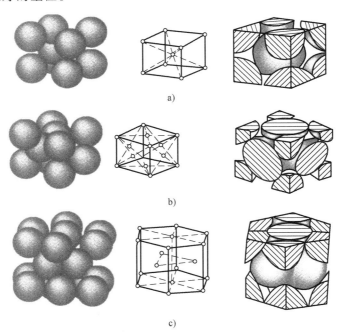

图 2-2 常见金属的晶格类型

a）体心立方晶格 b）面心立方晶格 c）密排六方晶格

（3）密排六方晶格 晶胞为六方柱体，柱体高度与边长不相等。原子分布在六方柱体的各结点及上下两个正六方底面中心，并在六方柱体纵向中心面上还分布三个原子，此三原子与分布在上下底面上的原子相切（图 2-2c）。属于这类晶格的金属有镁、锌、镉、铍等。这类金属具有一定的强度，但塑性较差。

2.2.2　实际金属的结构

结晶方位完全一致的晶体称为"单晶体"，如图 2-3a 所示。在单晶体中，所有晶胞均呈相同的位向，故单晶体具有各向异性。单晶体除具有各向异性外，它还有较高的强度、耐蚀性、导电性和其他特性，因此日益受到人们的重视。目前在半导体元件、磁性材料、高温合金材料等方面，单晶体材料已得到开发和应用。单晶体金属材料是今后金属材料的发展方向之一。

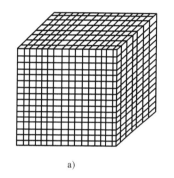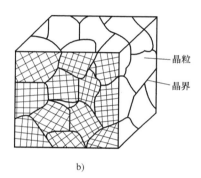

图 2-3　单晶体和多晶体

a）单晶体　b）多晶体

工业实际应用的金属材料是由许多外形不规则的晶体颗粒（简称晶粒）组成的，所以是多晶体，如图 2-3b 所示。这些晶粒内仍保持整齐的晶胞堆积，各晶粒之间的界面称为晶界。

在多晶体中各个晶粒内部的晶格形式是相同的，具有各向异性。但由于各晶粒的位向不同，使其各向异性受到了抵消，使得多晶体在宏观上并不表现出各向异性，即认为实际金属是各向同性的。

2.3　纯金属的结晶

金属由液态转变为晶体状态的过程称为结晶。研究金属的结晶过程是为了掌握结晶的基本规律，以获得所需要的组织与性能。

2.3.1　纯金属的结晶过程

1. 纯金属结晶的冷却曲线

冷却曲线是用来描述金属结晶的冷却过程的，它可以用热分析方法测量绘制。具体步骤：首先将金属熔化，然后以缓慢的速度进行冷却；在冷却过程中，每隔一定的时间记录其温度；以温度为纵坐标，时间为横坐标，将试验记录的数据绘制成温度与时间的关系曲线，如图 2-4 所示，该曲线即为该金属的冷却曲线。

由冷却曲线可见，开始时为液体状态，温度随时间下降；之后出现水平线，这是由于液体金属进行结晶时，内部放出的结晶潜热补偿了它向环境散失的热量，从而使温度保持不变，随后温度又随时间下降。

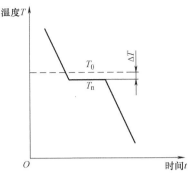

图 2-4　纯金属结晶的冷却曲线

2. 结晶的过冷现象

从图 2-4 可以看出，金属是冷却至 T_n 时才开始结晶的。金属的实际结晶温度低于理论结晶温度 T_0 的现象，称为过冷现象。理论结晶温度 T_0 与实际结晶温度 T_n 之差（$T_0 - T_n$）称为过冷度，用 ΔT 表示。试验表明，金属只有在低于理论结晶温度的条件下才能结晶。对同一金属来说，ΔT 不是恒定值，它与冷却速度有关。冷却速度越快，实际结晶温度越低，过冷度越大；反之，过冷度越小，实际结晶温度就越接近理论结晶温度。

3. 结晶的基本过程

液体金属的结晶过程是通过晶核形成（形核）和晶体长大（长大）两个基本过程进行的。图 2-5 所示为纯金属的结晶过程，结晶过程的变化按从左至右（图 2-5b～e）的顺序进行。

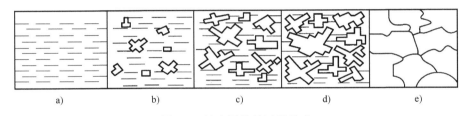

图 2-5　纯金属结晶过程示意
a）液态金属　b）形核　c）、d）长大　e）结晶过程完成

（1）形核　当液态金属（图 2-5a）温度下降到接近 T_1 时，某些局部地区会有一些原子呈规则排列，形成极细微的小晶体，但它很不稳定，遇到热流和振动，就会立即消失。但是，在有过冷度的条件下，稍大一点的细微小晶体的稳定性较好，有可能进一步长大，成为结晶核心，这些细微小晶体称为晶核（图 2-5b）。形成晶核的过程简称为形核。

（2）长大　晶核形成之后，会吸附周围液态中的原子，不断长大（图 2-5c、d）。晶核长大会使液态金属的相对量逐渐减弱。开始时各个晶核自由长大，且保持规则外形。当各自生长的小晶体彼此接触后，接触处的生长过程自然停止，形成晶粒。因此，晶粒外形呈不规则形状。最后全部液态金属耗尽，结晶过程完成（图 2-5e）。

从结晶过程可知，金属结晶的必要条件是具有过冷度。过冷度越大，实际结晶温度越低，晶核形成数量越多，晶核长大速率越快，结晶完成速度越快。

细晶粒金属的强度、韧性均比粗晶粒高。其原因是晶粒越细，晶界面越多，分布在晶界上的杂质越分散，它们对力学性能的危害也就越小；另外，晶粒越细，晶粒数量越多，凹凸不规则的晶粒之间犬牙相错，彼此相互紧固，则其强度、韧性得到提高。

2.3.2　细化晶粒的方法

（1）增加过冷度　金属结晶时，晶粒的大小随冷却速度的增大而减小，故可采用增加过冷度的方法细化晶粒，缓冷和急冷后的晶粒大小示意如图 2-6 所示。

（2）在液态金属中加入某些物质　这些物质的质点也可作为结晶时的晶核（称外来晶核，或不均匀形核），这相当于增加了晶核数，故使晶粒得到细化。这种处理过程称为变质处理。例如，钢中加钒、铸铁中加硅（这又称孕育处理）、铝液中加钠盐等。

（3）振动　振动可使枝晶尖端破碎而增加新的结晶核心。振动还能补充形核所需的能量，提高形核率，所以也能细化晶粒。

试验证明，过冷度与冷却速度有关，即冷却速度越大，则过冷度越大，实际结晶温度越低。目前生产中常用改变冷却速度的方法控制金属结晶。

2.3.3　金属的同素异构转变

多数金属结晶后的晶格类型保持不变，但有些金属（如 Fe、Co、Sn、Mn 等）的晶格类型会随温度的改变而改变。一种金属具有两种或两种以上的晶体结构，称为同素异构性。

金属在固态时随着温度的改变而改变其晶格结构的现象，称为同素异构转变，又称为重结晶。它同样遵循着形成晶核和晶核长大的结晶基本规律。

图 2-7 所示为纯铁的同素异构转变的冷却曲线。在 1394～1538℃ 时，铁为体心立方晶格，称为 δ-Fe；在 912～1390℃ 时，铁为面心立方晶格，称为 γ-Fe；在 912℃ 以下时，铁为体心立方晶格，称为 α-Fe。

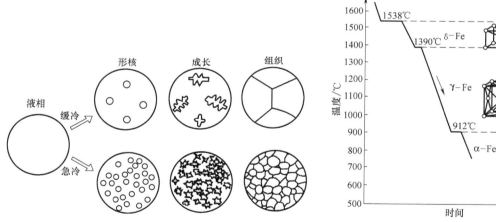

图 2-6　缓冷、急冷后晶粒大小示意图　　　　图 2-7　纯铁的冷却曲线和同素异构转变

铁在同素异构转变时有体积的变化。α-Fe 转变成 γ-Fe 时体积缩小，反之体积增大。晶体体积的改变，使金属材料内部产生内应力，这种内应力称为相变应力。

铁在 770℃ 产生磁性转变，但晶格结构没有改变。770℃ 以上铁会失去磁性。

2.4　合金的晶体结构

从制造观点看，金属是最重要的材料，它们经常作为被加工材料，而且用以制作完成这些加工的工具或机床。在前面已讨论了纯金属的一些特性。然而，对大多数生产来说，并不使用纯金属而使用合金。合金可定义为由两种或多种元素（其中至少有一种是金属）组成的具有金属特性的材料。当一种纯金属中加入其他元素而形成合金后，通常会引起其性能的变化。了解合金的知识，对于一定场合下合理选择材料是很重要的。

组成合金最基本的独立存在物质称为组元。通常，组元是组成合金的元素，稳定的化合物也可以看成组元。按组元数目，合金可分为二元合金、三元合金……，合金中的成分、结构及性能相同，且与其他部分有界面分开的均匀组成部分称为"相"。

合金的内部结构与纯金属不同，根据合金中各种元素间相互作用的不同，合金相结构可分为固溶体、金属化合物和机械混合物三类。

2.4.1　固溶体

合金中的固溶体是指组成合金的一种金属元素的晶格中包含其他元素的原子而形成的固态相。如 δ-Fe 中溶入碳原子便形成称为铁素体的固溶体。固溶体中含量较多的元素称为溶剂或溶剂金属；含量较少的元素称为溶质或溶质元素。固溶体保持其溶剂金属的晶格形式。

2.4.2　金属化合物

在合金系中，组元间发生相互作用，除彼此形成固溶体外，还可能形成一种具有金属性质的新相，即金属化合物。金属化合物具有它自己独特的晶体结构和性质，而与各组元的晶体结构和性质不同，一般可以用分子式来大致表示其组成。

2.4.3　机械混合物

当组成合金的各组元在固态下既不相互溶解，又不形成化合物，而是按一定质量比，以混合的方式存在的结构形式称为机械混合物。机械混合物中各组元的原子仍按各自原来的晶格类型结晶成晶体，在显微镜下可以区分出各组元的晶粒。

机械混合物可是纯金属、固溶体或化合物各自的混合物，也可是它们之间的混合物。

机械混合物不是单相组织，性能介于各组成相性能之间，且随组成相的形状、大小、数量及分布而变。工业上大多数合金是由机械混合物组成的，它往往比单一固溶体具有更高的强度和硬度，特别是在固溶体基体上分布均匀细小的金属化合物时，强度和硬度提高更为显著。

2.5　匀晶相图

相图是表示合金系中，合金的状态与温度、成分之间关系的图，是表示合金系在平衡条件下，在不同温度和成分时各相关系的图，因此又称为状态图或平衡图。

利用相图，可以一目了然地了解不同成分的合金在不同温度下由哪些相组成，各相的成分是什么。相图是学习和应用合金材料的十分重要的工具。

两组元不但在液态无限互溶，而且在固态下也无限互溶的二元合金系所形成的相图，称匀晶相图。具有这类相图的二元合金系，主要有 Cu-Ni、Ag-Au、Cr-Mo、Fe-Ni 等。这类合金在结晶时都是从液相结晶出固溶体，固态下呈单相固溶体，所以这种结晶过程称为匀晶转变。几乎所有的二元相图都包含有匀晶转变部分，因此掌握这一类相图是学习二元相图的基础。下面以 Cu-Ni 相图为例进行分析。

2.5.1   相图的建立

目前所用的相图大部分都是用试验方法建立起来的。通过试验测定相图时，首先配制一系列成分不同的合金，然后测定这些合金的相变临界点（温度），把这些点标在温度-成分坐标图上，把相同意义的点连接成线，这些线就在坐标图中划分出一些区域，这些区域即称为相区。将各相区所存在相的名称标出，相图的建立工作即告完成。

测定相变临界点的方法很多，如热分析法、金相法、膨胀法、磁性法、电阻法、X 射线结构分析法等。

2.5.2   相图分析

图 2-8 所示为 Cu-Ni 合金匀晶相图。其中上面的一条曲线为液相线，下面的一条曲线为固相线。相图被它们划分为三个相区：液相线以上为单相液相区 L，固相线以下为单相固相区 α，两者之间为液、固两相共存区（L+α）。

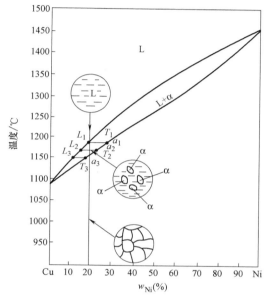

图 2-8   Cu-Ni 合金匀晶相图

2.5.3   合金的平衡结晶过程

平衡结晶是指合金在极其缓慢的冷却条件下进行结晶的过程。在此条件下得到的组织称为平衡组织。以含镍的质量分数 $w_{Ni} = 20\%$ 的 Cu-Ni 合金为例（图 2-8）。

1）当温度高于 T_1 时，合金为液相 L。

2）当温度降到 T_1（与液相线相交的温度）以下时，从液相中开始结晶出固溶体。随着温度的继续下降，从液相不断析出固溶体，液相成分沿液相线变化，固相成分则沿固相线变化。在 $T_1 \sim T_3$ 温度区间合金呈（L+α）共存。

3）当温度下降到 T_3 时，液相消失，结晶完毕，最后得到与合金成分相同的固溶体 α。

固溶体合金结晶时所结晶出的固相成分与液相的成分不同，这种结晶出的晶体与母相化学成分不同的结晶称为异分结晶，或称选择结晶。而纯金属结晶时，所结晶出的晶体与母相的化学成分完全一样，称为同分结晶。

*2.5.4   杠杆定律

在合金的结晶过程中，各相的成分及相对质量都在不断变化。在某一温度下处于平衡状态的两相的成分和相对质量可用杠杆定律确定。

1. 确定两平衡相的成分

参考图 2-8 所示的 Cu-Ni 合金相图。要想确定含 $w_{Ni} = 20\%$ 的合金 1 在冷却到 T 温度时两个平衡相的成分，可通过 T 做一水平线 arb，它与液相线的交点 a 对应的成分 C_L 即为此时液相的成分；它与固相线的交点 b 对应的成分 C_α 即为已结晶的固相的成分。

2. 确定两个平衡相的相对质量

设合金 I 的总质量为 1，液相的相对质量为 m_L，固相的相对质量为 m_a，则有

$$m_L + m_a = 1$$

此外，合金 I 中的 m_{Ni} 应等于液相中 m_{Ni} 与固相中 m_{Ni} 之和，即

$$m_L C_L + m_a C_a = 1 \times C$$

于是有

$$\frac{m_L}{m_a} = \frac{rb}{ar} \qquad (2\text{-}1)$$

如果将合金 I 成分 C 的 r 点看作支点，将 m_L、m_a 看作作用于 a 和 b 的力，则按力学杠杆原理就可得出式（2-1）（图 2-9 和图 2-10），因此式（2-1）称为杠杆定律。

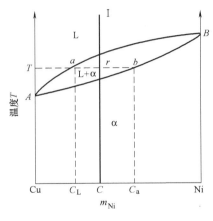

图 2-9　杠杆定律的证明

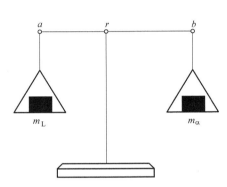

图 2-10　杠杆定律的力学比喻

式（2-1）也可以写成下列形式：

$$m_L = \frac{br}{ab} \times 100\% \qquad (2\text{-}2)$$

$$m_\alpha = \frac{ar}{ab} \times 100\% \qquad (2\text{-}3)$$

由式（2-2）和式（2-3）可以直接求出两相的相对质量。

杠杆定律只适用于两相区。因为对单相区无须计算，而对三相区又无法确定。

2.5.5　枝晶偏析

在实际生产中，合金液体浇入铸型后，冷却速度一般都不是很缓慢的，因此合金不可能完全按上述平衡过程进行结晶。由于冷却速度快，原子的扩散过程落后于结晶过程，合金成分的均匀化来不及进行，因此每一个温度下的固相平均成分将要偏离相图上固相线所示的平衡成分。这种偏离平衡条件的结晶称为不平衡结晶，不平衡结晶所得到的组织称为不平衡组织。

不平衡结晶将会使晶粒内部的成分不均匀，先结晶的晶粒心部与后结晶的晶粒表面的成分不同，由于它是在一个晶粒内的成分不均匀现象，所以称为晶内偏析。

固溶体结晶通常是以树枝状方式长大的。在快速冷却条件下，先结晶出来的树枝状晶轴高熔点组元的含量较多，而后结晶的分枝及枝间空隙则含低熔点组元较多，这种树枝状晶体中的成分不均匀现象称为枝晶偏析。枝晶偏析实际上也是晶内偏析。图 2-11 所示为 Cu-Ni 合金铸造组织的枝晶偏析，镍的质量分数高的主干不易被腐蚀，呈亮色；后结晶的枝晶铜的质量分数较高，易被腐蚀，呈黑色。

图 2-11　Cu-Ni 合金铸造组织的枝晶偏析

固溶体合金中的偏析大小，取决于相图的形状、原子的扩散能力及铸造时的冷却条件。相图中的液相线与固相线之间的水平距离与垂直距离越大，偏析越严重。偏析原子的扩散能力越大，则偏析程度越小。其他条件不变时，冷却速度越快，实际的结晶温度越低，则偏析程度越大。

枝晶偏析会使晶粒内部的性能不一致，从而使合金的力学性能降低，特别会使塑性和韧性降低，甚至使合金不易进行压力加工。因此，生产上总要想办法消除或改善枝晶偏析。

为了消除枝晶偏析，一般是将铸件加热到低于固相线以下 100～200℃ 的温度，进行较长时间保温，使偏析元素充分扩散，以达到成分均匀化的目的，这种方法称为扩散退火或均匀化退火。

2.6　共晶相图

在二元合金系中，两组元在液态下能完全互溶，固态下只能有限互溶，形成与两组元成分和结构完全不同的固相，并发生共晶转变，所构成的相图称为共晶相图。具有这类相图的合金有 Pb-Sn、Pb-Sb、Ag-Cu、Al-Si、Zn-Sn 等。

图 2-12 所示为 Pb-Sn 合金相图。其中，*adb* 为液相线，*acdeb* 为固相线。合金系有 3 种相：Pb 与 Sn 形成的液体 L 相，Sn 溶于 Pb 中的有限固溶体 α 相，Pb 溶于 Sn 中的有限固溶体 β 相。相图中有 3 个单相区（L、α、β 相区）；3 个双相区（L+α、L+β、α+β 相区）；一条 L+α+β 的三相共存线（水平线 *cde*）。d 点为共晶点，表示此点成分（共晶成分）的合金冷却到些点所对应的温度（共晶温度）时，共同结晶出 c 点成分的 α 相和 e 点成分的 β 相，即

$$L_d = \alpha_c + \beta_e$$

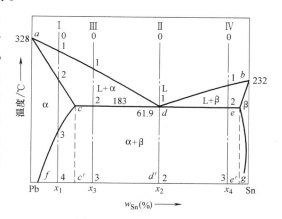

图 2-12　Pb-Sn 合金相图

发生共晶反应时有三相平衡共存，它们各自的成分是确定的，反应在恒温下进行。

共晶转变的产物为两个固相的机械混合物，称为共晶体。水平线 *cde* 为共晶反应线，合

金平衡结晶时都会发生共晶反应。

　　cf线为Sn在α中的溶解度线（或α相的固溶线）。温度降低，固溶体的溶解度下降。Sn含量大于f点的合金从高温冷却到室温时，从α相中析出β相以降低其Sn含量。从固态α相中析出的β相称为二次β，常写作β_{II}。这种二次结晶可表达为：α→β_{II}。

　　eg为Pb在β中的溶解度线（或β相的固溶线）。Sn含量小于g点的合金，冷却过程中同样发生二次结晶，析出二次α_{II}，即α：β→α_{II}。

2.7　合金的结晶

2.7.1　合金的结晶过程

　　合金结晶后可形成不同类型的固溶体、化合物或机械混合物。其结晶过程和纯金属一样，仍为晶核形成和晶核长大两个过程，需要一定的过冷度，最后形成多晶粒组成的晶体。

　　合金与纯金属结晶的不同之处如下：

　　1）纯金属结晶是在恒温下进行的，只有一个临界点；而合金则绝大多数是在一个温度范围内进行的，结晶的初始温度和结束温度不同，有两个或两个以上临界点（含重结晶）。

　　2）合金在结晶过程中，在局部范围内相的化学成分（即浓度）有变化，当结晶终止后，整个晶体的平均化学成分为原合金的化学成分。

　　3）合金结晶后，其组织一般有三种情况：①单相固溶体；②单相金属化合物或同时结晶出两相机械混合物（即共晶体或共析体）；③结晶开始形成单相固溶体（或单相化合物），剩余液体又同时结晶出两相机械混合物（共晶体）。

2.7.2　合金结晶的冷却曲线

　　合金的结晶过程比纯金属要复杂得多，但其结晶过程仍可用热分析法进行试验，用冷却曲线来描述不同合金的结晶过程。一般合金的冷却曲线有三种形式。

　　（1）形成单相固溶体的冷却曲线　　如图2-13中的曲线Ⅰ所示，组元在液态下完全互溶，固态下仍完全互溶，结晶后形成单相固溶体。曲线中a、b点分别为结晶开始温度和终止温度（又称上、下临界点）。因结晶开始后，随着结晶温度不断下降。剩余液体的成分将不断发生改变，另外晶体放出的结晶潜热又不能完全补偿结晶过程中向外散失的热量，所以ab为倾斜线段，结晶过程有两个临界点。

　　（2）形成单相化合物或共晶体的冷却曲线
如图2-13的曲线Ⅱ所示，组元在液态下完全互溶，在固态下完全不互溶或部分互溶。结晶后形成单相化合物或共晶体。曲线中a、a'两点分别为结晶开始临界点和终止临界点，其结晶温度是相同的。由于化合物的组成成分一定，

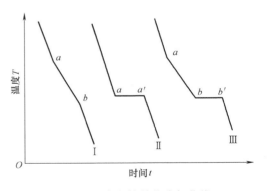

图2-13　合金结晶的冷却曲线

Ⅰ—形成单相固溶体　Ⅱ—形成单相化合物或
同时结晶出两相固溶体　Ⅲ—形成机械混合物

在结晶过程中无成分变化，与纯金属结晶相似，aa' 为一水平线段，只有一个临界点。

若从一定成分的液体合金中同时结晶出两种固相物质，这种转变过程称为共晶转变（共晶反应），结晶产物称为共晶体。试验证明共晶转变是在恒温下进行的。

（3）形成机械混合物的冷却曲线　如图 2-13 中的曲线Ⅲ所示。组元在液态下完全互溶，在固态下部分互溶，结晶开始形成单相固溶体后，剩余液体则同时结晶出两相共晶体。曲线中，a、b' 两点分别为结晶开始临界点终止临界点，在 ab 段结晶过程中，随着结晶温度不断下降，剩余的液体成分也不断改变，到 b 点时，剩余的液体将进行共晶转变，结晶将在恒温下继续进行，到 b' 点结束。结晶过程中有两个临界点。

实践证明，合金结晶过程中的冷却曲线，绝大多数合金有两个临界点，而只有在某一特定成分的合金系中才会出现一个临界点。液体结晶时出现共晶体称为共晶转变，在固态下进行重结晶，由一种单相固溶体同时结晶出两相固体物质，则这种转变称为共析转变（共析反应）。必须指出，无论共晶或共析转变必须在一定条件下才能发生。

复习思考题

2-1　解释单晶、多晶、晶粒，为什么单晶体呈各向异性，而多晶体不显示各向异性？

2-2　解释晶体结构及晶格，金属常见的晶体结构有几种？试绘出三种常用金属的典型晶格。

2-3　解释晶面、晶向。

2-4　解释同素异构转变（以铁为例说明）。

2-5　晶体和非晶体在性能上有何不同的特点？

2-6　试从金属的结晶过程分析影响晶粒粗细的因素。为什么铸铁断口的表层晶粒细小，而心部晶粒粗大？

2-7　解释枝晶偏析，枝晶偏析对合金的力学性能有何影响？如何消除枝晶偏析？

2-8　解释合金匀晶相图。

2-9　简述合金的结晶过程。合金与纯金属结晶的不同之处。

第 3 章

钢的热处理原理

3.1 热处理概述

　　热处理是一种重要的金属热加工工艺，它主要是指把固态金属材料在一定介质中加热、保温、冷却，以改变其组织，从而获得所需性能的一种热加工工艺，其热处理工艺曲线示意图如图 3-1 所示。金属材料在热处理过程中会发生一系列的组织变化，这些转变具有严格的规律性，因此，将金属材料组织转变的规律称为热处理原理。

　　热处理的本质是把金属材料在固态下加热到预定的温度，保温一定时间，然后以预定的方式冷却，以改变金属材料内部的组织结构，从而赋予工件预期的性能。热处理的目的在于改变工件的性能（改善金属材料的工艺性能，提高金属材料的使用性能）。热处理在机械工业占有非常重要的地位，通过热处理可以改变钢的组织和性能，充分发挥材料的潜力，调整材料的力学性能，满足机械零件在加工和使用过程中对性能的要求。

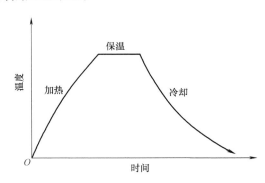

图 3-1　热处理工艺曲线示意图

在实际生产中，凡是重要的零部件一般都要经过适当的热处理。据统计，70%～80%的汽车、拖拉机零件需要进行热处理；各种模具、刀具和量具则 100%要进行热处理。另外，为了了解热处理对金属材料组织与性能的影响，必须研究其在加热和冷却过程中的相变规律。本章主要介绍钢在加热及冷却过程中的组织转变规律。

3.2 钢在加热时的转变

　　热处理时，大部分需要将钢加热到一定温度（临界点）进行奥氏体化或部分奥氏体化，获得奥氏体组织，然后再以适当方式（或速度）冷却，以获得所需要的组织。

　　通常把钢加热获得奥氏体的转变过程称为奥氏体化过程。值得注意的是，奥氏体化是使钢获得某种性能的手段而不是目的。

　　加热后形成的奥氏体成分、晶粒大小、均匀性以及是否存在碳化物或夹杂等其他相，这些因素对于随后冷却过程中得到的组织和性能等都有着直接的影响。因此，研究钢在加热过程中奥氏体的形成过程具有重要的理论和实践价值。

3.2.1　奥氏体转变温度与 Fe-Fe₃C 相图的关系

在 Fe-Fe₃C 相图中，在加热和冷却过程中共析钢经过 PSK 线（A_1 线）时，发生珠光体与奥氏体之间的相互转变，亚共析钢经过 GS 线（A_3 线）时，发生铁素体与奥氏体之间的相互转变，过共析钢经过 ES 线（A_{cm} 线）时，发生渗碳体与奥氏体之间的相互转变。A_1、A_2、A_{cm} 线为钢在平衡条件下的临界点温度线。在实际热处理过程中，加热和冷却不可能极其缓慢，其相变是在非平衡的条件下进行的。研究发现，上述转变往往会产生不同程度的滞后。实际转变温度与平衡临界温度之差称为过热度（加热时）或过冷度（冷却时）。过热度或过冷度随加热或冷却速度的增大而增大。图 3-2 为钢加热和冷却速度为 7.5℃/h 时对临界温度影响的图形。通常把加热时的临界

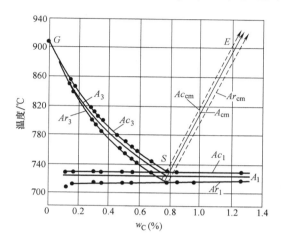

图 3-2　加热和冷却速度为 7.5℃/h 对临界温度的影响

温度加注 "c"，如 Ac_1、Ac_3、A_{cm}，而把冷却时的临界温度加注 "r"，如 Ar_1、Ar_3、Ar_{cm}。

3.2.2　奥氏体的形成

以共析钢为例讨论奥氏体的转变过程。共析钢室温时的平衡组织为珠光体，即由基体相铁素体（含碳量极少的体心立方晶格）和分散相渗碳体（含碳量很高的复杂斜方晶格）组成的两相混合物。珠光体的平均含碳量为 $w_C = 0.77\%$。当加热至 Ac_1 以上温度并保温一定时间后，珠光体将全部转变为奥氏体。即

$$F(w_C = 0.0218\%) + Fe_3C(w_C = 6.69\%) \xrightarrow{Ac_1} A(w_C = 0.77\%)$$

奥氏体的形成过程一般分为四个阶段：奥氏体形核、奥氏体晶核长大、残留渗碳体溶解和奥氏体成分均匀化，如图 3-3 所示。

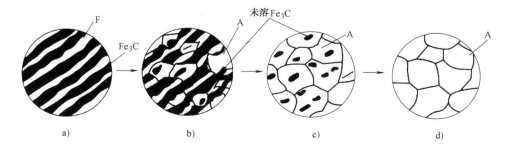

图 3-3　共析钢奥氏体形成过程示意图

a）奥氏体形核　b）奥氏体晶核长大　c）残留渗碳体溶解　d）奥氏体成分均匀化

1. 奥氏体形核

观察表明，奥氏体晶核通常优先在铁素体和渗碳体的相界面上形成。奥氏体的形核和液态结晶形核一样，需要一定的结构起伏、能量起伏和浓度起伏。而铁素体和渗碳体的相界面上碳浓度分布不均匀，位错密度较高、原子排列不规则，晶格畸变大，处于能量较高的状态，因此为奥氏体形核提供了能量和结构两方面的有利条件。另外，相界面处碳浓度处于铁素体和渗碳体的过渡处，容易形成较大的浓度起伏，使相界面某一微区能达到形成奥氏体晶核所需的含碳量。所以，奥氏体形核优先在相界面上形成。

2. 奥氏体晶核长大

奥氏体形核后便开始长大。奥氏体晶核一面与渗碳体相邻，另一面与铁素体相邻。设奥氏体与铁素体相邻的边界处碳浓度为 $C_{\gamma-a}$，奥氏体与渗碳体相邻的边界处碳浓度为 $C_{\gamma-c}$。此时，两个边界处于界面平衡状态，这是系统自由能最低的状态。由于 $C_{\gamma-c} > C_{\gamma-a}$，因此，在奥氏体中出现碳的浓度梯度，并引起碳在奥氏体中不断地由高浓度向低浓度扩散。使奥氏体与铁素体相邻边界处碳浓度升高，而与渗碳体相邻边界处碳浓度降低，破坏了相界面的平衡，使系统自由能升高。为了恢复平衡，渗碳体必须溶入奥氏体，使它们相邻界面的碳浓度恢复到 $C_{\gamma-c}$。与此同时，铁素体转变为奥氏体，使它们之间的界面恢复到 $C_{\gamma-a}$，从而恢复界面平衡，降低系统的自由能。这样，奥氏体的两个界面就向铁素体和渗碳体两个方向推移，使奥氏体晶核长大。由于奥氏体中碳的扩散不断打破相界面平衡，又通过渗碳体和铁素体向奥氏体转变而恢复平衡的过程循环往复地进行，奥氏体便不断地向铁素体和渗碳体中扩展，从而促进奥氏体长大。

可见，在 Ac_1 以上某温度，共析钢奥氏体晶核的长大是依靠铁、碳原子的扩散使铁素体不断地向奥氏体转变，渗碳体不断溶入奥氏体中进行的。

3. 残留渗碳体溶解

由于渗碳体的晶体结构和碳的质量分数与奥氏体差别较大，因此，渗碳体向奥氏体中溶解的速度必然落后于铁素体向奥氏体转变的速度。在铁素体全部转变完后，仍会有部分渗碳体尚未溶解，因而还需要一段时间继续向奥氏体溶解，直至全部渗碳体溶解完。

4. 奥氏体成分均匀化

当残留渗碳体全部溶解完，奥氏体的成分是不均匀的。原渗碳体存在的地方比铁素体存在的地方含碳量要高，只有继续延长保温时间，让碳原子充分扩散，才能获得均匀化的奥氏体。

亚共析钢和过共析钢的奥氏体化过程与共析钢基本相同。当加热温度刚刚超过 Ac_1 温度时，只能使原始组织中的珠光体部分转变为奥氏体，仍保留一部分先共析铁素体或先共析渗碳体，这种奥氏体化过程被称作"部分奥氏体化"或"不完全奥氏体化"。只有将温度加热到 Ac_3 或 Ac_m 以上并保温足够时间，才能获得均匀的单相奥氏体，常称作"完全奥氏体化"。

3.2.3 影响奥氏体转变速度的因素

奥氏体的形成是通过形核与长大实现的，整个过程受原子扩散控制。因此，一切影响扩散、形核和长大的因素都会影响奥氏体的转变速度。主要影响因素有加热温度、加热速度、原始组织和化学成分等。

1. 加热温度的影响

加热温度必须高于相应的 Ac_1、Ac_3、Ac_{cm} 线，珠光体才能向奥氏体转变。转变需要在孕育期后才能开始，而且温度越高，孕育期越短。

加热温度越高，奥氏体形成速度就越快，转变所需要的时间就越短。这是由两方面原因造成的：①温度越高则奥氏体与珠光体的自由能差越大，转变的推动力越大；②温度越高则原子扩散越快，因而碳的重新分布与铁的晶格重组就越快，奥氏体的形核、长大，残余渗碳体的溶解及奥氏体的均匀化都会进行得越快。可见，同一个奥氏体化状态，既可通过较低温度、较长时间的加热得到，也可由较高温度、较短时间的加热得到。因此，在制订加热工艺时，应全面考虑温度和时间的影响。

2. 加热速度的影响

加热速度对奥氏体化过程也有重要的影响，对于共析钢，加热速度越快，珠光体的过热度越大，相变驱动力越大，转变开始温度就越高。研究表明，随着形成温度的升高，形核率的增长速率快于长大速率。如 Fe-C 合金，当奥氏体转变温度从 740℃ 上升到 800℃ 时，形核率增大 270 倍，而长大速率增长 80 倍。因此，加热速度越快，奥氏体形成温度越高，起始晶粒越细小。

3. 原始组织的影响

在化学成分相同的情况下，原始组织中碳化物分散度越大，铁素体和渗碳体的相界面就越多，奥氏体的形核率就越大；原始珠光体越细，其层片间距越小，则相界面越多，越有利于形核；同时，由于珠光体层片间距小，则碳原子的扩散距离小，扩散速度加快，奥氏体形成速度加快。因此，钢的原始组织越细，奥氏体的形成速度越快。

4. 化学成分的影响

钢中含碳量增加，奥氏体的形成速度加快。这是因为随着含碳量增加，渗碳体的数量增加，铁素体和渗碳体相界面的面积增加，因此增大了奥氏体形核的部位，增大了奥氏体的形核率。同时，碳化物数量增加使碳的扩散距离减小，碳和铁原子的扩散系数增大，从而加快了奥氏体的长大速度。

钢中加入合金元素并不会改变珠光体向奥氏体转变的基本过程，但能影响奥氏体的形成速度，一般都使之减慢，原因如下：

1) 合金元素会改变钢的平衡临界点。镍、锰、铜等都会使临界点降低，而铬、钨、钒、硅等则使之升高。因此，在同一温度奥氏体化时，与碳素钢相比，合金元素改变了过热度，因而也就改变了奥氏体与珠光体的自由能差，这对于奥氏体的形核与长大都有重要影响。

2) 合金元素在珠光体中的分布不均匀。铬、钼、钨、钒、钛等能形成碳化物的元素，主要存在于共析碳化物中，镍、硅、铝等不形成碳化物的元素，主要存在于共析铁素体中。

因此，合金钢奥氏体化时，除了必须进行碳扩散外，还必须进行合金元素的扩散，使之重新分布。合金元素的扩散速度比碳原子要慢得多，所以合金钢奥氏体的均匀化相对缓慢。

3) 某些合金元素影响碳和铁的扩散速度。铬、钼、钨、钒、钛等都会显著减慢碳的扩散，钴、镍等则加速碳的扩散，硅、铝、锰等则影响不大。

4) 极易形成碳化物元素，如钛、钒、锆、铌、钼、钨等会形成特殊碳化物，其稳定性比渗碳体高，很难溶入奥氏体，必须进行较高温度、较长时间的加热才能完全溶解。因此合金钢的奥氏体形成速度一般比碳钢慢，尤其是高合金钢，其奥氏体化温度比碳钢高，保温时间也较长。

3.2.4　奥氏体的晶粒度及控制因素

钢加热时形成的奥氏体晶粒大小对冷却后转变产物的组织和性能有重要影响。奥氏体晶粒越细，冷却转变产物的组织也越细小，其强度和韧性也较好。一般情况下，奥氏体的晶粒度每细化一级，其转变产物的冲击韧度 a_K 值就提高 $2\sim4kg/cm^2$。因此，需要了解奥氏体晶粒的长大规律，以便在生产中控制晶粒大小，获得所需性能。

晶粒大小有两种表示方法：一是用晶粒尺寸表示，例如晶粒截面的平均直径、平均面积或单位面积内的晶粒数目等；二是用晶粒度级别来表示，一般，晶粒度分 8 级，1 级最粗，8 级最细。晶粒度的级别与晶粒大小的关系为 $n=2^{N-1}$，式中，n 为放大 100 倍进行金相观察时，每平方英寸（$6.45cm^2$）视野中所含晶粒的平均数目；N 为晶粒度的级别数。可见，晶粒度的级别数越高，晶粒就越多、越细。一般把晶粒度为 1~4 级的称为粗晶粒，5~8 级的称为细晶粒，如图 3-4 所示。

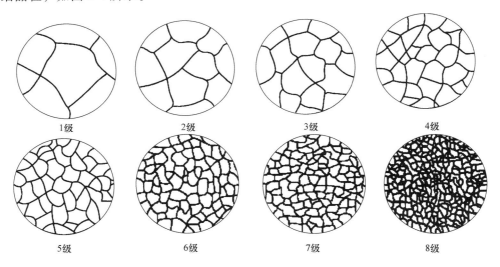

图 3-4　标准晶粒度等级示意图

根据奥氏体的形成过程及长大倾向，奥氏体的晶粒度可以用起始晶粒度、实际晶粒度和本质晶粒度等来描述。

1. 起始晶粒度

钢加热时，珠光体向奥氏体的转变刚完成时的奥氏体晶粒大小叫作"起始晶粒度"。起始晶粒一般较细小，若温度提高或时间延长，晶粒会长大。

2. 实际晶粒度

通常将在某一具体加热条件下所得到的奥氏体晶粒大小称为"实际晶粒度"。实际晶粒度为在具体的加热条件下加热时所得到奥氏体的实际晶粒大小，它直接影响钢在冷却以后的性能。

3. 本质晶粒度

本质晶粒度是用来表示钢加热时奥氏体晶粒长大倾向的晶粒度。钢的本质晶粒度取决于钢的成分和冶炼条件。对成分不同的钢进行加热，加热时奥氏体晶粒有的很容易长大，而有的就不容易长大，这说明不同钢的晶粒长大倾向是不同的。凡是奥氏体晶粒容易长大的钢就称为"本质粗晶粒钢"，反之，称为"本质细晶粒钢"。

本质晶粒度是根据标准 GB/T 6394—2017《金属平均晶粒度测定方法》测定的，即将试样加热到（860±10）℃，保温 1 h，冷却后测定奥氏体晶粒大小。通常是在放大 100 倍的情况下，与标准晶粒度等级图（图 3-4）进行比较评级。晶粒度是 1~4 级的定为本质粗晶粒钢，5~8 级的定为本质细晶粒钢。

奥氏体晶粒的长大是奥氏体晶界迁移的过程，本质是原子在晶界附近的扩散过程。所以一切影响原子扩散迁移的因素都能影响奥氏体晶粒长大。

1）加热温度越高，保温时间足够长，奥氏体晶粒越容易自发长大粗化。当加热温度确定后，加热速度越快，相变时过热度越大，相变驱动力也越大，形核率提高，晶粒越细，所以快速加热、短时保温是实际生产中细化晶粒的手段之一。加热温度一定时，随着保温时间的延长，晶粒也会不断长大。但保温时间足够长后，奥氏体晶粒就几乎不再长大而趋于相对稳定。若加热时间很短，即使在较高的加热温度下也能得到细小晶粒。

对于同一种钢，当奥氏体晶粒细小时，冷却后的组织也细小，其强度较高，塑性、韧性较好；当奥氏体晶粒粗大时，在同样冷却条件下，冷却后的组织也粗大。粗大的晶粒会导致钢的力学性能下降，甚至在淬火时会形成裂纹，所以，凡是重要的工件，如高速切削刀具等，淬火时都要对奥氏体晶粒度进行金相评级，以保证淬火后有足够的强度和韧性。可见，加热时如何获得细小的奥氏体晶粒常成为保证热处理性能的关键问题之一。

2）在一定范围内，随着钢中含碳量的增加，奥氏体晶粒长大的倾向增大，但是含碳量超过某一限度时，奥氏体晶粒反而变得细小。这是因为随着含碳量的增加，碳在钢中的扩散速度以及铁的自扩散速度均增加，故奥氏体晶粒长大的倾向变大。但是，当含碳量超过一定限度以后，钢中出现二次渗碳体，随着含碳量的增加，二次渗碳体数量增多，渗碳体可以阻碍奥氏体晶界的移动，故奥氏体晶粒反而细小。

3）钢中形成难熔化合物的合金元素，如 Ti、Zr、V、Al、Nb、Ta 等，可阻碍晶粒长大。因为这些元素形成的碳、氮化合物分布在晶界上，阻碍晶界的迁移，因此阻碍奥氏体晶粒长大；非碳化物形成元素有的会阻碍晶粒长大，如 Cu、Si、Ni 等，有的会促进晶粒长大，如 P、Mn。

4）一般来说，钢的原始组织越细，碳化物弥散度越大，奥氏体的起始晶粒越细小。

实际生产中因加热温度不当，使奥氏体晶粒长大粗化的现象叫"过热"，过热后使钢的性能恶化，因此，控制奥氏体晶粒大小是热处理和热加工制订加热温度时必须考虑的重要问题。

3.3　钢在冷却时的转变

钢的加热是为了获得细小、均匀的奥氏体，然而奥氏体化不是目的，因为大多数零件都是在室温下工作，高温奥氏体最终要冷却下来。奥氏体化后的钢只有通过适当的冷却才能得到所需的组织和性能，所以，冷却也是热处理的关键工序，它决定着钢在热处理后的组织和性能。研究不同冷却条件下钢中奥氏体组织的转变规律，对于正确制订热处理工艺，获得预期的性能具有重要的实际意义。

奥氏体化后的钢采用不同的冷却方式将获得不同的组织，性能也会明显不同。

生产中经常采用的冷却方式有两种：一种是等温冷却，如等温淬火、等温退火等，它是将奥氏体化后的钢由高温快速冷却到临界温度以下某一温度，保温一段时间以进行等温转变，然后再冷却到室温，如图 3-5 中的曲线 1 所示；另一种是连续冷却，如炉冷、空冷、油冷、水冷等，它是将奥氏体化后的钢从高温连续冷却到室温，使奥氏体在一个温度范围内发生连续转变，如图 3-5 中的曲线 2 所示。

奥氏体冷至临界温度以下，处于热力学不稳定状态，经过一定的孕育期后，才可发生转变。这种在临界点以下尚未转变的处于不稳定状态的奥氏体称为过冷奥氏体。钢在等温冷却的情况下，可以控制温度和时间两个因素，获得过冷奥氏体等温转变图。研究对过冷奥氏体转变的影响，从而有助于弄清过冷奥氏体的转变过程及转变产物的组织和性能。

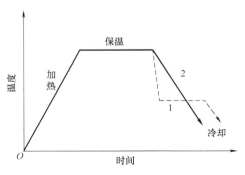

图 3-5　奥氏体不同冷却方式示意图
1—等温冷却　2—连续冷却

3.3.1　过冷奥氏体的等温转变图

过冷奥氏体的等温转变图综合反映了过冷奥氏体在不同过冷度下的等温转变过程，包括转变开始和转变终了时间、转变产物的类型以及转变量与时间、温度之间的关系等。

1. 过冷奥氏体等温转变曲线的建立

由于过冷奥氏体在转变过程中不仅有组织转变和性能变化，而且还有体积和磁性的转变，因此可以采用膨胀法、磁性法、金相-硬度法等来测定过冷奥氏体等温转变曲线。下面以金相-硬度法为例介绍共析钢过冷奥氏体等温转变曲线的建立过程。将共析钢加工成圆片状试样（$\Phi 10mm \times 1.5mm$），并分成若干组，每组试样 5～10 个。首先选一组试样加热至奥氏体化，迅速转入 A_1 以下一定温度（700℃、650℃、600℃、500℃）的盐浴中等温处理（每一温度下有一组样品），同时记录等温时间（等温时间可以从几秒到几天），每个试样停留不同时间，逐个取出，迅速淬入盐水中激冷，使尚未分解的过冷奥氏体转变为马氏体，这样在金相显微镜下就可观察到过冷奥氏体的等温分解过程，根据转变产物颜色和硬度的不同（转变产物呈暗黑色，未转变的奥氏体冷却后呈白亮色），记录过冷奥氏体向其他组织转变开始和转变终了的时间。等温时间不同，转变产物量就不同。一般将奥氏体转变量为 1%～3% 所需的时间定为转变开始时间，而把转变量为 98% 所需的时间定为转变终了时间。一组试样可以测出一个温度下转变开始和转变终了时间，多组试样在不同温度下进行试验，将各温度下的转变开始点和终了点描绘在温度-时间坐标系中，并将转变开始点和转变终了点分别连接成曲线，就可以得到共析钢的过冷奥氏体等温转变图，如图 3-6 所示。

2. 过冷奥氏体等温转变曲线分析

图 3-6 中的水平虚线 A_1 表示钢的临界点温度（723℃），即奥氏体与珠光体的平衡温度。A_1 线以上是奥氏体稳定区。图中的 Ms（230℃）为马氏转变开始温度线，Mf（-50℃）为马

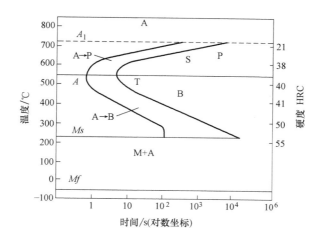

图 3-6　共析钢的过冷奥氏体等温转变图

氏体转变终了温度。Ms 线至 Mf 线之间区域为马氏体转变区，过冷奥氏体冷却至 Ms 线以下将发生马氏体转变。A_1 与 Ms 线之间有两条等温转变曲线，左侧一条为过冷奥氏体转变开始线，右侧为过冷奥氏体转变终了线。过冷奥氏体转变开始线与转变终了线之间区域为过冷奥氏体转变区，在该区域过冷奥氏体向珠光体或贝氏体转变。转变终了线右侧区域为过冷奥氏体转变产物区。A_1 线以下、Ms 线以上以及纵坐标与过冷奥氏体转变开始线之间的区域为过冷奥氏体区，过冷奥氏体在该区域不发生转变，处于亚稳定状态。在 A_1 温度以下某一温度，过冷奥氏体转变开始线与纵坐标之间的水平距离称为过冷奥氏体在该温度下的孕育期，孕育期的长短表示过冷奥氏体稳定性的高低。随着等温温度降低，孕育期缩短，过冷奥氏体转变速度增大，在 550℃ 左右共析钢的孕育期最短，过冷奥氏体稳定性最低，转变速度最快，称为等温转变曲线的"鼻尖"。此后，随着等温温度下降，孕育期又不断增加，转变速度减慢，因此使过冷奥氏体等温转变曲线呈 "C" 形。过冷奥氏体转变终了线与纵坐标之间的水平距离则表示在不同温度下转变完成所需要的总时间。转变所需的总时间随温度的变化规律和孕育期的变化规律相似。

过冷奥氏体的稳定性同时由两个因素控制：一个是新相与旧相之间的自由能差 ΔG；另一个是原子的扩散系数 D。等温温度越低，过冷度越大，自由能差 ΔG 也越大，过冷奥氏体的转变速度则越快。但原子扩散系数却随温度的降低而减小，从而减慢过冷奥氏体的转变速度。

3. 过冷奥氏体等温转变产物的组织及其性能

从前面的分析可知，过冷奥氏体冷却转变时，转变温度区间不同，转变方式不同，转变产物的组织性能也不同。以共析钢为例，在不同的过冷度下，奥氏体将发生三种不同的转变，即珠光体转变（高温转变）、贝氏体转变（中温转变）和马氏体转变（低温转变）：

（1）珠光体转变　共析成分的过冷奥氏体从 A_1 以下至等温转变曲线的"鼻尖"以上，即 $A_1 \sim 550℃$ 温度范围内会发生奥氏体向珠光体的转变，其反应式为 $A \rightarrow P$（$F+Fe_3C$）。

奥氏体转变为珠光体的过程也是一个形核和长大的过程。

当奥氏体过冷到 A_1 温度时，由于能量、成分、结构起伏满足形核条件，在奥氏体晶界处形成薄片状的渗碳体核心，如图 3-7 所示。Fe、C 的含碳量为 $w_C = 6.69\%$，它必须依靠周围的奥氏体不断供应碳原子而向奥氏体晶内长大，同时，渗碳体周围奥氏体的含碳量不断降低，为铁素体的形核创造了有利条件，铁素体晶核在渗碳体两侧形成，这样就形成了一个珠光体晶核。由于铁素体的含碳量很低，$w_C < 0.0218\%$，其长大过程中需将过剩的碳排出，使相邻奥氏体中的含碳量增高，这又为产生新的渗碳体创造了条件。随着渗碳体片层的不断长大，又将产生新的铁素体片，如此交替进行，奥氏体最终全部转变为铁素体和渗碳体片层相间的珠光体组织。珠光体转变是全扩散型转变，即在这一转变过程中既有碳原子的扩散又有铁原子的扩散运动。

可见，珠光体是等温形成的片层状铁素体和渗碳体的机械混合物。

研究发现，珠光体片层的粗细与等温转变温度密切相关，而片间距对其性能有很大的影响。等温温度越低，片层越细，片间距越小，珠光体的强度和硬度就越高，同时塑性和韧性也有所增加。

当温度为 $A_1 \sim 650\,^{\circ}\mathrm{C}$ 时，形成片层较粗的珠光体，硬度为 $10 \sim 20\mathrm{HRC}$。通常所说的珠光体就指这一类，用 "P" 表示，其片层形貌在 500 倍光学显微镜下就能分辨出来。

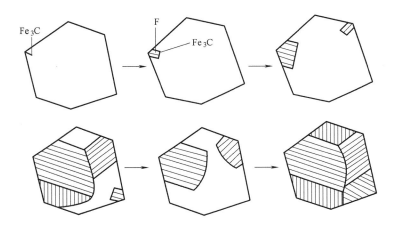

图 3-7　片状珠光体形成示意图

在 $650 \sim 600\,^{\circ}\mathrm{C}$ 温度时形成片层较细的珠光体，硬度为 $20 \sim 30\mathrm{HRC}$，称为索氏体，用 "S" 表示。在 $800 \sim 1500$ 倍的光学显微镜下才能分辨清楚。

在 $600 \sim 550\,^{\circ}\mathrm{C}$ 温度范围内形成片层极细的珠光体，硬度为 $30 \sim 40\mathrm{HRC}$，称为托氏体，用 "T" 表示。只有在电子显微镜下才能分辨出来。

珠光体、索氏体和托氏体都是由渗碳体和铁素体组成的层片状机械混合物，只是由于层片的大小不同，决定了它们的力学性能各异。表 3-1 给出了共析钢的珠光体转变产物类型、形成温度、层片间距及硬度等参考值。

表 3-1　共析钢珠光体转变产物参考表

组织类型	形成温度/℃	层片间距/μm	硬度　HRC
珠光体（P）	$A_1 \sim 650$	>0.4	5～27
索氏体（S）	650～600	0.4～0.2	27～33
托氏体（T）	600～550	<0.2	33～43

（2）贝氏体转变 把共析奥氏体过冷到等温转变曲线"鼻子"以下至 Ms 线之间，即 230~550℃，将发生奥氏体向贝氏体转变。贝氏体是由含碳过饱和的铁素体与渗碳体组成的两相混合物。和珠光体转变不同，在贝氏体转变中，由于过冷度很大，没有铁原子的扩散，而是靠切变进行奥氏体向铁素体的点阵转变，并由碳原子的短距离"扩散"进行碳化物的沉淀析出。因此，贝氏体转变的机理、转变产物的组织形态都不同于珠光体。贝氏体转变属于半扩散型转变，贝氏体有两种常见的组织形态，即上贝氏体和下贝氏体。

1）上贝氏体。过冷奥氏体在 350~550℃ 转变将得到羽毛状的组织，称为上贝氏体，用"$B_上$"表示。奥氏体向贝氏体转变时，首先沿奥氏体晶界析出过饱和铁素体，由于此时碳处于过饱和状态，有从铁素体中脱溶向奥氏体方向扩散的倾向。随着密排铁素体条的伸长和变宽，铁素体中的碳原子不断通过界面排到周围的奥氏体中，使条间奥氏体中的碳原子不断富集，当浓度足够高时，便在条间沿条的长轴方向析出碳化物，形成上贝氏体组织。在中、高碳钢中，当上贝氏体形成量不多时，在光学显微镜下可以观察到成束排列的铁素体条自奥氏体晶界平行伸向晶内，具有羽毛状特征，条间的渗碳体分辨不清，如图 3-8a 所示。在电子显微镜下可以清楚地看到在平行条状铁素体之间常存在断续的、粗条状的渗碳体，如图 3-8b 所示。上贝氏体中铁素体的亚结构是位错，其密度为 $10^6 \sim 10^9/cm^2$。上贝氏体硬度较高，可达 40~45HRC，但由于其铁素体片较粗，因此塑性和韧性较差，在生产中应用较少。

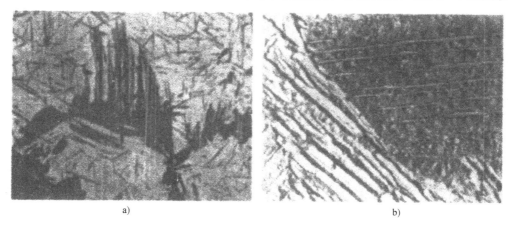

a)   b)

图 3-8 上贝氏体显微组织
a）光学显微组织 500×   b）电子显微组织 4000×

2）下贝氏体。下贝氏体的形成温度为 350℃ ~Ms，用"$B_下$"表示。下贝氏体可以在奥氏体晶界上形成，但更多的是在奥氏体晶粒内部形成。典型的下贝氏体是由含碳过饱和的片状铁素体和内部沉淀的碳化物组成的机械混合物。下贝氏体的空间形态呈双凸透镜状，与试样磨面相交呈片状或针状。在光学显微镜下，当转变量不多时，下贝氏体呈黑色针状或竹叶状，针与针之间呈一定角度，如图 3-9a 所示。在电子显微镜下可以观察到下贝氏体中碳化物的形态，它们细小、弥散分布，呈粒状或短条状，沿着与铁素体长轴成 55°~60° 的取向平行排列，如图 3-9b 所示。下贝氏体中铁素体的亚结构为位错，其位错密度比上贝氏体中铁素体要高。下贝氏体的铁素体内含有过饱和碳。由于细小碳化物弥散分布于铁素体针内，而针状铁素体又有一定的过饱和度，因此，弥散强化和固溶强化使下贝氏体具有较高的强度

（可达 50～60HRC）、硬度和良好的塑韧性，即具有比较优良的综合力学性能。生产中有时对中碳合金钢和高碳合金钢采用"等温淬火"方法获得下贝氏体，以提高钢的强度、硬度、韧性和塑性。

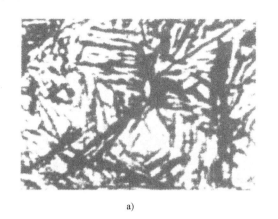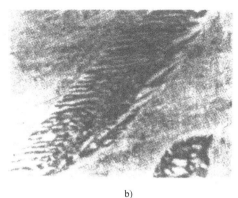

a)   b)

图 3-9　下贝氏体显微组织

a）光学显微组织 500×　　b）电子显微组织 12000×

由于贝氏体转变是发生在珠光体与马氏体转变之间的中温区，铁和合金元素的原子难以扩散，但碳原子还具有一定的扩散能力，这就决定了贝氏体转变兼有珠光体转变和马氏体转变的某些特点。与珠光体转变相似，贝氏体转变过程中发生碳在铁素体中的扩散；与马氏体转变相似，奥氏体向铁素体的晶格改组是通过共格切变方式进行的。因此，贝氏体转变是一个有碳原子扩散的共格切变过程。

贝氏体的性能主要取决于其组织形态。上贝氏体的形成温度较高，铁素体条粗大，碳的过饱和度低，因而其强度和硬度较低。另外，上贝氏体的碳化物颗粒粗大，且呈断续条状分布于铁素体条间，铁素体条和碳化物的分布具有明显的方向性，这种组织形态使铁素体条间易于产生脆断，同时铁素体条本身也可能成为裂纹扩展的路径，所以上贝氏体的冲击韧度较低。越靠近贝氏体区上限温度形成的上贝氏体，其韧性越差，强度越低。因此，在工程材料中一般应避免上贝氏体组织的形成。下贝氏体中的细小铁素体针分布均匀，在铁素体内沉淀析出大量弥散细小的碳化物，而且铁素体内含有过饱和的碳及高密度位错，因此下贝氏体不但强度高，而且韧性也好，即具有良好的综合力学性能，同时其缺口敏感性和脆性转折温度都较低，因此是一种理想组织。在生产中以获得下贝氏体组织为目的的等温淬火工艺得到了广泛的应用。

（3）马氏体转变　马氏体是碳在 α-Fe 中的过饱和固溶体，用"M"表示。钢从奥氏体化状态快速冷却，抑制其扩散性分解，在较低温度下（低于 Ms 点）发生的转变称为马氏体转变。

1）马氏体的组织形态。钢中马氏体的组织形态包括板条马氏体和片状马氏体两种类型，如图 3-10 所示。

① 板条马氏体。板条马氏体是在低、中碳钢及马氏体时效钢、不锈钢等铁基合金中形成的一种典型马氏体组织。图 3-11 为低碳钢中板条马氏体的组织示意图，由许多成群的、

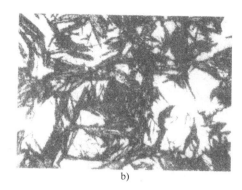

a) b)

图 3-10 马氏体显微组织
a) 板条马氏体 b) 片状（针叶）状马氏体

相互平行排列的板条组成，故称为板条马氏体。板条马氏体的空间形态是扁条状的，许多相互平行的板条组成板条束，一个奥氏体晶粒内可以有几个板条束（通常 3~5 个）。板条马氏体的亚结构是位错，故又称位错马氏体。

② 片状马氏体。片状马氏体是在中、高碳钢中形成的一种典型马氏体组织。图 3-12 所示为高碳钢中典型的片状马氏体组织示意图。片状马氏体的空间形态呈双凸透镜状，由于与试样磨面相截，在光学显微镜下则呈针状或竹叶状，故又称为针状马氏体。片状马氏体内部的亚结构主要为孪晶。孪晶间距为 5~10mm，因此片状马氏体又称为孪晶马氏体。

图 3-11 板条马氏体组织示意图　　　　　图 3-12 片状马氏体组织示意图

试验证明，钢的马氏体形态主要取决于钢的含碳量和马氏体的形成温度。对于碳钢，随着含碳量的增加，板条马氏体的数量相对减少，片状马氏体的数量相对增加。碳的质量分数小于 0.2% 的奥氏体几乎全部形成板条马氏体，而质量分数大于 1.0% 的奥氏体几乎只形成片状马氏体，质量分数为 0.2%~1.0% 的奥氏体则形成板条马氏体和片状马氏体的混合组织。一般认为，板条马氏体大多在 200℃ 以上形成，片状马氏体主要在 200℃ 以下形成。碳的质量分数为 0.2%~1.0% 的奥氏体在马氏体区较高温度先形成板条马氏体，然后在较低温度形成片状马氏体。

2）马氏体的性能。钢中马氏体力学性能的显著特点是具有高硬度和高强度。马氏体的硬度主要取决于含碳量，随着含碳量的增加而升高。当碳的质量分数达到 0.6% 时，淬火钢硬度接近最大值，含碳量进一步增加时，虽然马氏体的硬度会有所提高，但由于残留奥氏体量增加，反而使钢的硬度有所下降。合金元素对马氏体的硬度影响不大，但可以提高其强度。

马氏体具有高硬度、高强度的原因是多方面的，主要包括固溶强化、相变强化、时效强化以及晶界强化等原因。

① 固溶强化。过饱和的间隙原子碳在 α-Fe 晶格中造成晶格的正方畸变，形成一个强烈的应力场，该应力场与位错发生强烈的交互作用，阻碍位错的运动，从而提高马氏体的硬度和强度。

② 相变强化。马氏体转变时，在晶体内产生晶格缺陷密度很高的亚结构，如板条马氏体中高密度的位错、片状马氏体中的孪晶等，这些缺陷都将阻碍位错的运动，使得马氏体强度提高。

③ 时效强化。马氏体形成后，由于一般钢的 Mo 点大都处在室温以上，因此在淬火过程中及室温停留时，或在外力作用下都会发生"自回火"，即碳原子和合金元素原子向位错及其他晶体缺陷处的扩散偏聚或碳化物的弥散析出都会起到钉扎位错，使位错难以运动的效果，从而造成马氏体时效强化。

④ 晶界强化。原始奥氏体晶粒大小及板条马氏体束的尺寸对马氏体的强度也有一定的影响。原始奥氏体晶粒越细小、马氏体板条束越小，则马氏体强度越高，这是由于相界面阻碍位错运动产生了马氏体强化。

马氏体的塑性和韧性主要取决于马氏体的亚结构。片状马氏体具有高强度、高硬度，但韧性很差，其特点是硬而脆。在具有相同屈服强度的条件下，板条马氏体比片状马氏体的韧性要好得多。其原因在于片状马氏体中微细孪晶亚结构破坏了有效滑移系，使脆性增大；而板条马氏体中的高密度位错是不均匀分布的，存在低密度区，为位错提供了活动的余地，所以仍有相当好的韧性。此外，片状马氏体的碳浓度高，晶格的正方畸变大，这也使其韧性降低而脆性增大，同时，片状马氏体中存在许多显微裂纹，还存在较大的淬火内应力，这些也都使其脆性增大。而板条马氏体则不然，由于碳浓度低，再加上自回火，所以晶格正方度很小或没有，淬火应力也小，而且不存在显微裂纹。这些因素使板条马氏体的韧性相当好，同时，其强度、硬度也足够高，所以，板条马氏体具有高的强韧性。

由上可见，马氏体的力学性能主要取决于含碳量、组织形态和内部亚结构。板条马氏体具有优良的强韧性，片状马氏体的硬度高，但塑性、韧性差。通过热处理可以改变马氏体的形态，增加板条马氏体的相对数量，从而显著提高钢的强韧性，这是充分发挥钢材潜力的有效途径。

3）马氏体转变的主要特点为：①马氏体转变属于无扩散型转变，转变进行时，只有点阵作有规则的重构，而新相与母相并无成分的变化。②马氏体转变是在一定温度范围内完成的，为温度的函数。一般情况下，马氏体转变开始后，必须继续降低温度，才能使转变继续进行，如果中断冷却，转变便停止。在通常冷却条件下，马氏体转变的开始温度 M_0 与冷却速度无关。当冷却到某一温度以下，马氏体转变不再进行，此即马氏体转变的终了温度，也称 Ms 点。③通常情况下，马氏体转变不能进行到底，即当冷却到 Mf 点温度后不能获得100%的马氏体，而在组织中保留有一定数量的未转变的奥氏体，称之为残留奥氏体。淬火后钢中残留奥氏体量的多少和 $Ms \sim Mf$ 温度范围与室温的相对位置有直接关系，并且和淬火时的冷却速度以及冷却过程中是否停顿等因素有关。

3.3.2　过冷奥氏体的连续冷却转变图

在实际生产中，普遍采用的热处理方式是连续冷却，如炉冷退火、空冷正火、水冷淬火等。因此，研究过冷奥氏体在连续冷却过程中的组织转变规律具有很大的实际意义。

过冷奥氏体连续冷却转变的规律也可以用另一种等温冷却曲线表示，即"连续冷却曲线"，又称为"CCT"曲线。它反映了在连续冷却条件下过冷奥氏体的转变规律，是分析转变产物组织与性能的依据，也是制订热处理工艺的重要参考资料。

CCT 曲线是通过试验测定的。以共析钢为例，把若干组共析钢的小圆片试样经同样奥氏体化以后，每组试样各以一恒定速度连续冷却，每隔一段时间取出一个试样淬入水中，将高温分解的状态固定到室温，然后进行金相测定，求出每种转变的开始温度、开始时间和转变量。将各个冷却速度的数据绘制在温度-时间对数坐标中，图 3-13 所示即为共析钢的 CCT 曲线示意图。可以看到，珠光体转变区由三条曲线构成，左边是转变开始线 Ps，右边是转变终了线 Pf，下面是转变中止线 KK'。马氏体转变区则由两条曲线构成：一条是温度上限 M_0 线，另一条是冷速下线 v'_K。从图中可以看出：

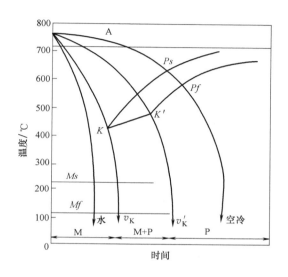

图 3-13　共析钢连续冷却转变示意图

1）当冷却速度 $v<v'_K$ 时，冷却曲线与珠光体转变开始线相交处发生奥氏体向珠光体的转变，与终了线相交时，转变结束，全部形成珠光体。

2）当冷速 $v'_K < v<v_K$ 时，冷却曲线只与珠光体转变开始线相交，而不再与转变终了线相交，但会与中止线相交，这时奥氏体只有一部分转变为珠光体。冷却曲线一旦与中止线相交就不再发生转变，只有一直冷却到 M_0 线以下才发生马氏体转变。并且随着冷速 v 的增大，珠光体转变量越来越少，而马氏体量越来越多。

3）当冷速 $v>v_K$ 时，冷却曲线不再与珠光体转变开始线相交，即不发生奥氏体向珠光体的转变，而全部过冷到马氏体时，只发生马氏体转变。

可见，v_K 是保证奥氏体在连续冷却过程中不发生分解而全部过冷到马氏体区的最小冷却速度，称为"上临界冷却速度"，通常也叫做"临界淬火冷速"。v'_K 则是保证奥氏体在连续冷却过程中全部分解而不发生马氏体转变的最大冷却速度，称为"下临界冷却速度"。

4）共析碳钢的连续冷却转变只发生珠光体转变和马氏体转变，不发生贝氏体转变，即共析碳钢在连续冷却时得不到贝氏体组织。

3.3.3　过冷奥氏体冷却转变图的应用

过冷奥氏体冷却转变图是制订热处理工艺的重要依据，也有助于了解热处理冷却过程中钢材组织和性能的变化。

1）可以利用等温转变图定性和近似地分析钢在连续冷却时组织转变的情况。例如要确定某种钢经某种冷却速度冷却后所能得到的组织和性能，一般是将这种冷却速度画到该材料的等温转变曲线上，按其交点位置估计其所能得到的组织和性能。

2）等温转变图对于制订等温退火、等温淬火、分级淬火以及变形热处理工艺具有指导作用。

3）利用连续冷却转变图可以定性和定量地显示钢在不同冷却速度下所获得的组织和硬度，这对于制订和选择零件热处理工艺有实际的指导意义，可以比较准确地确定钢的临界淬火冷却速度（v_K），正确选择冷却介质。利用连续冷却转变图可以大致估计零件热处理后表面和内部的组织及性能。

复习思考题

3-1 什么是热处理？热处理的目的是什么？

3-2 比较下列名词：

1）奥氏体、过冷奥氏体、残留奥氏体。

2）马氏体与回火马氏体、索氏体与回火索氏体、托氏体与回火托氏体、珠光体与回火珠光体。

3）起始晶粒度、实际晶粒度与本质晶粒度。

3-3 马氏体与贝氏体转变有哪些异同点？

3-4 试述影响 C 曲线形状和位置的主要因素。

3-5 马氏体的硬度主要取决于什么？说明马氏体具有高硬度的原因。

3-6 珠光体、贝氏体和马氏体的组织和性能有什么区别？

3-7 什么是残余奥氏体？它会引起什么问题？

3-8 什么是马氏体？其组织有哪几种基本形态？它们的性能各有何特点？

3-9 马氏体的硬度与奥氏体中含碳量有何关系？

3-10 残留奥氏体与含碳量有何关系？

3-11 判断下列说法是否正确：

1）钢在奥氏体化后，冷却时形成的组织主要取决于钢的加热温度。

2）低碳钢与高碳钢件为了方便切削，可预先进行球化退火。

3）钢的实际晶粒度主要取决于钢在加热后的冷却速度。

4）过冷奥氏体冷却速度越快，钢冷却后的硬度越高。

5）钢中合金元素越多，钢淬火后的硬度越高。

6）钢中的含碳量就等于马氏体的含碳量。

第4章

钢的热处理工艺

4.1 钢的热处理工艺分类

根据热处理时加热和冷却方式不同，常用的热处理工艺分类如下：

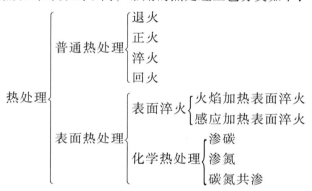

根据热处理工艺在零件生产工艺流程中的位置和作用，热处理又可分为预备热处理和最终热处理。

4.2 钢的普通热处理

钢的普通热处理是将工件整体进行加热、保温和冷却，使其获得均匀组织和性能的一种热加工工艺。普通热处理主要包括退火、正火、淬火和回火。

4.2.1 钢的退火与正火

1. 退火

退火是将钢加热到一定温度并保温一定时间，然后以缓慢的速度冷却，使之获得接近平衡状态组织的热处理工艺。退火是钢的热处理工艺中应用最广、种类最多的一种工艺，根据钢的成分和退火目的、要求不同，退火可分为完全退火、等温退火、球化退火、均匀化退火、去应力退火和再结晶退火等。各种退火的加热温度范围和工艺曲线如图 4-1 所示。

（1）完全退火　将钢件或毛坯加热到 Ac_3 以上 $20\sim30℃$，保温一定时间，使钢中组织完全奥氏体化后随炉缓慢冷却到 $500\sim600℃$ 出炉，然后在空气中冷却的热处理方式。

完全退火主要适用于碳的质量分数为 $0.25\%\sim0.77\%$ 的亚共析成分碳钢、合金钢和工程

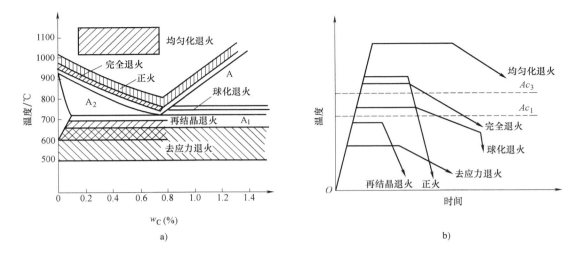

图 4-1 各种退火工艺规范示意图

a) 加热温度范围 b) 工艺曲线

铸件、锻件及热轧型材。过共析钢不宜采用完全退火，因为过共析钢加热至 Ac_{cm} 以上缓慢冷却时，二次渗碳体会以网状沿奥氏体晶界析出，使钢的强度、塑性和冲击韧性大大降低。

完全退火的目的是细化晶粒、降低硬度以改善切削加工性能和消除铸件、锻件及焊接件的内应力。

（2）等温退火 将钢件加热至 Ac_3（或 Ac_1）以上 20～30℃，保温一定时间，然后较快地冷却至过冷奥氏体等温转变曲线"鼻尖"温度附近（珠光体转变区）并保温一定时间，使奥氏体转变为珠光体后再缓慢冷却的热处理方式。

等温退火的目的与完全退火相似，但等温退火容易控制，能获得均匀的预期组织，对于大型制件及合金钢制件较适宜，可大大缩短退火周期。

（3）球化退火 将钢件或毛坯加热到略高于 Ac_1 温度，保温较长时间，使钢中的二次渗碳体自发地转变为颗粒状（或球状）渗碳体，然后以缓慢的速度冷却到室温的热处理方法。

球化退火主要适用于碳素工具钢、合金弹簧钢及合金工具钢等共析钢和过共析钢（碳的质量分数大于 0.77%）。

球化退火的目的是降低硬度、均匀组织、改善切削加工性能，为淬火作组织准备。

（4）均匀化退火 为减少铸件或钢锭的化学成分和组织的不均匀性，将其加热到略低于固相线温度（钢的熔点以下 100～200℃），长时间保温并缓慢冷却，使铸件或钢锭的化学成分和组织均匀化的热处理方式。由于扩散退火加热温度高，因此退火后晶粒粗大，可用完全退火或正火细化晶粒。

（5）去应力退火 去应力退火又称为低温退火，它是将钢件加热到 500～650℃（Ac_1 温度以下），保温一段时间，然后缓慢冷却到 300～200℃ 出炉的热处理方法。因去应力退火温度低，不改变工件原来的组织，故应用广泛。去应力退火的目的是为了消除铸件、锻件和焊接件内的残余应力以及冷变形加工时所产生的内应力。

（6）再结晶退火 将冷变形后的金属加热到再结晶温度以上，保温一定时间，使变形晶粒重新转变为均匀的等轴晶粒的热处理工艺。再结晶退火的加热温度一般比理论再结晶温度高 150~250℃，用于消除冷变形加工（如冷轧、冷拉、冷冲）产生的畸变组织，消除加工硬化。

2. 正火

正火是将钢加热到 Ac_3（亚共析钢）或 Ac_{cm}（过共析钢）以上 30~50℃，保温一段时间，然后在空气或在强制流动的空气中冷却到室温的热处理方法。正火比退火的冷却速度快，因而正火组织比退火组织细，强度和硬度也比退火组织高。由于正火的生产周期短，设备利用率和生产效率高，成本较低，因而在生产中应用比较广泛。正火的目的如下：

（1）改善切削加工性能　正火可改善低碳钢（碳的质量分数低于 0.25%）的切削加工性能。碳的质量分数低于 0.25% 的碳钢，退火后硬度过低，切削加工时容易"粘刀"，表面光洁度很差。通过正火可使硬度提高到接近最佳切削加工硬度，从而改善切削加工性能。

（2）作为预备热处理　截面较大的结构钢件，在淬火或调质处理（淬火加高温回火）前常先进行正火处理，以消除魏氏组织和带状组织，并获得均匀细小组织。对于碳的质量分数大于 0.77% 的碳钢和合金工具钢中存在的网状渗碳体，正火可减少其二次渗碳体量，并使其不形成连续网状，为球化退火作好组织准备。

（3）作为最终热处理　对强度要求不高的零件可把正火作为最终热处理。正火可以细化晶粒，均匀组织，从而提高钢的强度、硬度和韧性。

3. 退火与正火的选择

生产上主要是根据钢的种类、加工工艺（冷、热）、零件的使用性能及经济性等进行综合考虑。

对于含碳量 $w_C<0.25\%$ 的低碳钢，通常采用正火替代退火。因为正火具有以下优势：

1）较快的冷却速度。可以防止低碳钢沿晶界析出游离的三次渗碳体，从而提高冲压件的冷变形能力。

2）可以提高钢的硬度，改善低碳钢的切削加工性能。

3）可以细化晶粒，提高低碳钢的强度。

对于含碳量 $w_C=0.25\%~0.5\%$ 的中碳钢，也可以用正火替代退火，尽管对含碳量接近上限的中碳钢的正火处理会使硬度偏高，但还可以进行切削加工，而且正火的成本较低，生产效率高。但是，对于含合金元素的中碳合金钢，由于合金元素的存在，增加了过冷奥氏体的稳定性，即使在缓慢冷却的情况下仍可得到马氏体或贝氏体组织，因此，若采用正火处理会使硬度偏高，不利于切削加工，应采用完全退火。

对于含碳量 $w_C=0.5\%~0.75\%$ 的碳钢，一般采用完全退火，因为钢的含碳量较高，正火后的硬度显著高于退火的硬度，难以切削加工。因此采用退火降低硬度，以改善其切削加工性能。

对于含碳量 $w_C>0.75\%$ 的碳钢或工具钢，一般采用球化退火作为预备热处理。若有网状二次渗碳体存在，则应先进行正火消除。

另外，从钢的使用性能考虑，若钢或零件承载不大，性能要求不高，可直接用正火作为最终热处理来提高钢的力学性能。从经济方面考虑，由于正火比退火生产周期短，操作简便，工艺成本低。因此，在满足钢的使用性能和工艺性能的前提下，应尽可能采用正火代替退火。

4.2.2 钢的淬火与回火

淬火与回火是强化钢最常用的热处理工艺方法。先淬火再根据需要配以不同温度回火，获得所需的力学性能。

1. 淬火

淬火是以获得马氏体或（和）贝氏体为目的的热处理工艺方法。

（1）淬火加热温度 亚共析钢淬火加热温度为 Ac_3 以上 $30 \sim 50℃$；共析钢、过共析钢淬火加热温度为 Ac_1 以上 $30 \sim 50℃$。钢的淬火温度范围如碳钢淬火加热的温度范围如图 4-2 所示。

亚共析钢在上述淬火温度加热是为了获得晶粒细小的奥氏体，从而使淬火后能够获得细小的马氏体组织。若加热温度过高，则引起奥氏体晶粒粗化，淬火后得到的马氏体组织也粗大，从而使钢的性能严重脆化。若加热温度过低，如为 $Ac_1 \sim Ac_3$，则加热时组织为奥氏体+铁素体；淬火后，奥氏体转变为马氏体，而铁素体则被保留，此时的淬火组织为马氏体+铁素体（+残留奥氏体），这样就造成了淬火硬度不足。

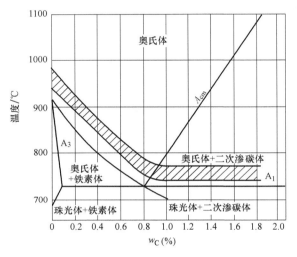

图 4-2　钢的淬火温度范围

共析钢和过共析钢在淬火加热之前已球化退火了，故加热到 Ac_1 以上 $30 \sim 50℃$ 不完全奥氏体化后，其组织为奥氏体和部分未溶的细粒状渗碳体颗粒。淬火后，奥氏体转变为马氏体，未溶渗碳体颗粒被保留。由于渗碳体硬度高，因此，它不但不会降低淬火钢的硬度，而且还可以提高它的耐磨性；若加热温度过高，甚至在 Ac_{cm} 以上，则渗碳体溶入奥氏体中的数量增多，奥氏体的含碳量增加，使未溶渗碳体颗粒减少，而且使 Ms 点下降，淬火后残留奥氏体量增多，降低钢的硬度与耐磨性。同时，加热温度过高会引起奥氏体晶粒粗大，淬火后的组织为粗大的片状马氏体，使显微裂纹增多，钢的脆性极大增加。粗大的片状马氏体还使淬火内应力增加，极易引起工件的淬火变形和开裂。因此加热温度过高是不适宜的。过共析钢的正常淬火组织为隐晶（即细小片状）马氏体的基体上均匀分布着细小颗粒状渗碳体以及少量残留奥氏体，这种组织具有较高的强度和耐磨性，同时又具有一定的韧性，符合高碳工具钢零件的使用要求。

（2）合理选择淬火冷却介质 淬火冷却介质是根据钢的种类及零件所要求的性能来选择的。但是，冷却速度必须略大于临界冷却速度。碳钢的淬火冷却介质常选用水，因为碳钢的淬透性较差，需要的冷却速度大，水能满足这一要求。合金钢的淬透性较好，应选用油，油的冷却速度比水低，用它来淬合金钢工件，变形小，裂纹倾向小。所谓钢的淬透性是指钢在淬火时获得马氏体的能力，是钢的一种属性，其大小用钢在一定条件下淬火所获得的淬透层的深度来表示。用不同材料制造出形状大小相同的零件，在相同的淬火条件下，淬透层较深钢件的淬透性较好，如图 4-3 所示。

淬透性和淬硬性是两个不同的概念，淬硬性是表示钢淬火时的硬化能力，用马氏体可能获得的硬度表示，它主要取决于钢中马氏体的碳含量，碳含量越高，钢的淬硬性就越高，显然淬硬性和淬透性没有必然联系。例如，高碳工具钢淬硬性很高，但淬透性很差；而低碳合金钢淬硬性不高，淬透性却很好。钢中马氏体硬度与碳含量的关系如图 4-4 所示。

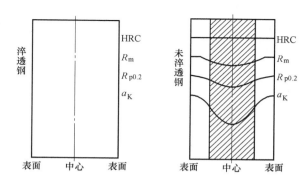

图 4-3　钢的淬透性

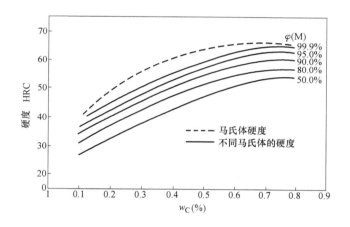

图 4-4　钢中马氏体硬度与碳含量的关系

（3）正确选择淬火方法　在生产中，淬火常用单介质淬火法，在一种介质中连续冷却至室温。这种淬火操作简单，便于实现机械化和自动化，故应用广泛。对于易产生裂纹、变形的钢，可采用先水淬后油淬的双介质淬火或分级淬火方法。

2. 回火

回火是将淬火后的钢重新加热到低于 Ac_1 以下某一温度，保温后，使淬火组织转变成为稳定的回火组织，再冷却到室温的热处理工艺。

淬火钢的组织主要是马氏体或马氏体加残留奥氏体组成，它是不稳定的组织，内应力大、脆、易变形或开裂。回火的目的是为了消除应力，稳定组织，提高钢件的塑性、韧性，获得塑性、韧性、硬度、强度适当配合的力学性能，满足工件的力学性能要求。

根据所需工件的力学性能要求，把回火温度分为如下三种：

（1）低温回火（150~200℃）　低温回火目的是消除应力，降低脆性，获得回火马氏体组织，保持高的硬度（56~64HRC）和耐磨性。低温回火广泛应用于刀具、刃具、冲模、滚动轴承和耐磨件等。

（2）中温回火（250~500℃）　组织是回火托氏体，它还保持着马氏体的形态，内应力基本消除。其目的是保持较高的硬度，获得高弹性的钢件。中温回火主要用于弹簧（如火车转向架的螺旋弹簧、枪机上的弹簧等）、发条、热锻模。

（3）高温回火（500~650℃）　淬火并高温回火的复合热处理工艺方法，称为调质。其目的是获得优良的综合性能，调质后的硬度为 25~35HRC。调质处理后的组织是回火索氏体，即细粒渗碳体和铁素体，与正火后的片状渗碳体组织相比，在载荷作用下，不易产生应力集中，使钢的韧性得到极大提高。高温回火主要用于重要的机械零件，如连杆、主轴、齿轮及重要的螺钉（汽车发动机盖上的螺钉）。

钢在回火时会产生回火脆性，在300℃左右产生的脆性称为不可逆回火脆性；在400~550℃产生的脆性称为可逆回火脆性。产生的原因是由于回火马氏体中分解出稳定的细片状化合物。钢的回火脆性使其冲击韧性显著下降，如图4-5所示。

某些合金钢（如含 Cr、Ni、Mn的钢）回火后缓慢冷却会产生回火脆性，但如果回火后快速冷却（空冷），则不产生脆性。

除上述三种回火方法之外，某些不能通过退火来软化的高合金钢也可以在 600~680℃进行软化回火。钢在

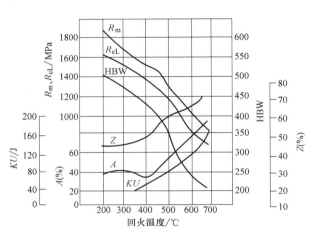

图 4-5　40Cr 钢经不同温度回火后的力学性能
（直径 $D = 12mm$，油淬）

不同温度下回火后其硬度随回火温度的变化如图4-6所示，钢的力学性能与回火温度的关系如图4-7所示。

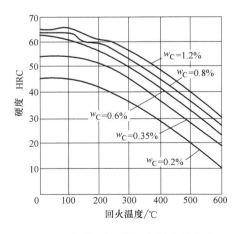

图 4-6　钢的硬度随回火温度的变化

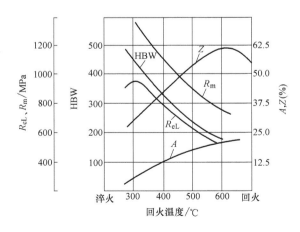

图 4-7　钢的力学性能与回火温度的关系图

许多机器零件如齿轮、凸轮、曲轴等都是在弯曲、扭转载荷下工作的，同时受到强烈的摩擦、磨损和冲击。这时应力沿工件断面的分布是不均匀的，越靠近表面其应力越大，越靠

近心部其应力越小。这种工件需要表层硬而耐磨，即一定厚度的表层得到强化，而心部仍可保留高韧性状态。要同时满足这些要求，仅依靠选材是比较困难的，用普通的热处理也无法实现，这时可通过表面热处理来满足工件的使用要求。

4.3　钢的表面热处理

某些机器零件在复杂应力条件下工作时，表面和心部承受不同的应力状态，往往要求零件表面和心部具有不同的性能。为此，除上述整体热处理外，还发展了表面热处理技术，其中包括只改变工件表面层组织的表面淬火工艺和改变工件表面层组织及表面化学成分的化学热处理工艺。为进一步提高零件的使用性能，降低制造成本，有时还把两种或几种加工工艺混合在一起，构成复合加工工艺。例如把塑性变形和热处理结合一起，形成形变热处理新工艺等。

4.3.1　钢的表面淬火

表面淬火是将工件快速加热到淬火温度，再迅速冷却，仅使表面层获得淬火组织的热处理方法。齿轮、凸轮、曲轴及各种轴类等零件在扭转、弯曲等交变载荷下工作，并承受摩擦和冲击，其表面要比心部承受更高的应力。因此，要求零件表面具有高的强度、硬度和耐磨性，要求心部具有一定的强度、足够的塑性和韧性。采用表面淬火工艺可以达到这种表硬心韧的性能要求。根据工件表面加热热源的不同，钢的表面淬火有很多种，例如感应加热、火焰加热、激光加热、电子束加热及等表面淬火工艺。这里仅介绍感应加热表面淬火和火焰加热表面淬火。

1. 感应加热表面淬火

（1）感应加热的原理及工艺　感应加热表面淬火是利用电磁感应原理，在工件表面产生密度很高的感应电流，并使之迅速加热至奥氏体状态，再快速冷却获得马氏体组织的淬火方法，如图 4-8 所示。当感应圈中通过一定频率交流电时，在其内外将产生与电流变化频率相同的交变磁场。若将工件放入感应圈内，在交变磁场作用下，工件内就会产生与感应圈内所通电流频率相同而方向相反的感应电流。由于感应电流沿工件表面形成封闭回路，故通常称为涡流。此涡流将电能变成热能，使工件加热。涡流在被加热工件中的分布由表面至心部呈指数规律衰减。因此，涡流主要分布于工件表面，工件内部几乎没有电流通过。这种现象叫做集肤效应或表面效应。感应加热就是利用集肤效应，依靠电流热效应把工件表面迅速加热到淬火温度。感应圈用纯铜管制作，内通冷却水。当工件表面在感应圈内加热到相变温度时，立即喷水或浸水冷却，实现表面淬火。

电流透入深度 δ（单位为 mm）在工程上定义为涡流强度由表向内降低至 I_0/e（I_0 为表面处的涡流强度，$e = 2.718$）处的深度。钢在 $800 \sim 900{}^{\circ}\!C$ 的电流透入深度 $\delta_{热}$ 及在室温 $20{}^{\circ}\!C$ 时的电流透入深度 $\delta_{冷}$ 与电流频率 f（单位为 Hz）有如下关系：

$$\delta_{热} = 500/\sqrt{f}$$

$$\delta_{冷} = 20/\sqrt{f}$$

$\delta_{热}$ 比 $\delta_{冷}$ 大几十倍，可见当工件加热温度超过钢的磁性转变点 A_2 时，电流透入深度将急剧增加。此外，感应电流频率越高，电流透入深度越小，工件加热层越薄。因此，感应加热透入工件表层的深度主要取决于电流频率。

生产上，根据零件尺寸及硬化层深度的要求选择不同的电流频率。根据不同的电流频率，可将感应加热表面淬火分为三类：

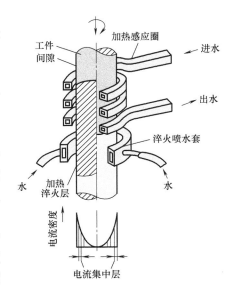

图 4-8　感应加热表面淬火示意图

1) 高频感应加热表面淬火。常用电流频率为 80~1000kHz，可获得的表面硬化层深度为 0.5~2mm。主要用于中小模数齿轮和小轴的表面淬火。

2) 中频感应加热表面淬火。常用电流频率为 2500~8000Hz，可获得 3~6mm 深的硬化层，主要用于要求淬硬层较深的零件，如发动机曲轴、凸轮轴、大模数齿轮、较大尺寸的轴和钢轨的表面淬火。

3) 工频感应加热表面淬火。常用电流频率为 50Hz，可获得 10~15mm 以上的硬化层，适用于大直径钢材的穿透加热及要求淬硬层深的大工件的表面淬火。

感应加热速度快，一般不进行保温，为使先共析相充分溶解，感应加热表面淬火可采用较高的淬火加热温度。高频加热表面淬火比普通加热淬火温度高 30~200℃。

感应加热淬火通常采用喷射冷却法，冷却速度可通过调节液体压力、温度及喷射时间控制。

工件表面淬火后应进行低温回火以降低残余应力和脆性，并保持表面高硬度和高耐磨性。回火方式有炉中回火和自回火。炉中回火温度为 150~18℃，时间为 1~2h。自回火层控制喷射冷却时间，利用工件内部余热使表面进行回火。

为了保证工件表面淬火后的表面硬度、心部强度及韧性，一般选用中碳钢及中碳合金钢，其表面淬火前的原始组织应为调质态或正火态。

（2）感应加热表面淬火的特点

1) 感应加热时，由于电磁感应和集肤效应，工件表面在极短时间里达到 Ac_1，以上很高的温度，而工件心部仍处于相变点之下。中碳钢高频淬火后，工件表面得到马氏体组织，内部是马氏体加铁素体加托氏体组织，心部为铁素体加珠光体或回火索氏体原始组织。

2) 感应加热升温速度快，保温时间极短。与一般淬火相比，淬火加热温度高，过热度大，奥氏体形核多，又不易长大，因此淬火后表面得到细小的隐晶马氏体，故感应加热表面淬火工件的表面硬度比一般淬火要高 2~3HRC。

3) 感应加热表面淬火后，工件表层强度高，由于马氏体转变产生体积膨胀，故在工件表层产生很大的残留压应力，因此可以显著提高其疲劳强度并降低了缺口敏感性。

4) 感应加热表面淬火后，工件的耐磨性比普通淬火要高。这显然与奥氏体晶粒细化、表面硬度高及表面压应力状态等因素有关。

5) 感应加热淬火件的冲击韧度与淬硬层深度和心部原始组织有关。同一钢种淬硬层深度相同时，原始组织为调质态，比正火态的冲击韧度高；原始组织相同时，淬硬层深度增加，冲击韧度降低。

6）感应加热淬火时，由于加热速度快，无保温时间，工件一般不产生氧化和脱碳问题，又因工件内部未被加热，故工件淬火变形小。

7）感应加热淬火的生产率高，便于机械化和自动化，淬火层深度又易于控制，适于批量生产形状简单的零件，因此得到广泛应用。

然而感应加热方法的缺点是设备费用昂贵，因此不适用于单件生产。

感应加热淬火通常采用中碳钢（如 40、45、50）和中碳合金结构钢（如 40Cr、40MnB），用于制造机床、汽车及拖拉机齿轮、轴等零件。很少采用淬透性高的 Cr 钢、Cr、Ni 钢及 Cr-Ni-Mo 钢进行感应加热表面淬火。这些零件在表面淬火前一般采用正火或调质处理。感应加热淬火也可采用碳素工具钢和低合金工具钢，用于制造量具、模具、锉刀等。用铸铁制造机床导轨、曲轴、凸轮轴及齿轮等，采用高、中频表面淬火可显著提高其耐磨性及抗疲劳性能。目前国内外还广泛采用低淬透性钢进行高频感应加热淬火，用于解决中、小模数齿轮因整齿淬硬而使心部韧性变差的表面淬火问题。这类钢是在普通碳钢的基础上，通过调整 Mn、Si、Cr、Ni 的成分，尽量降低其含量，以减小淬透性，同时附加 Ti、V 或 Al，在钢中形成未溶碳化物（TiC、VC）和氮化物（A1N），以进一步降低奥氏体的稳定性。

（3）感应加热应用举例 感应加热表面淬火一般适用于中碳钢和中碳低合金钢（$w_C = 0.4\% \sim 0.5\%$），如 45 钢、40Cr、40MnB 等。用于齿轮、轴类零件的表面硬化，提高耐磨性和疲劳强度。表面淬火零件一般先通过调质或正火处理，使心部保持较好的综合力学性能，表层则通过表面淬火 + 低温回火获得高硬度（大于 50HRC）、高耐磨性。

一般感应加热淬火零件的加工工艺路线为：下料→锻造→退火或正火→粗加工→调质→精加工→表面淬火→低温回火→（粗磨→时效→精磨）。

例：某机床主轴选用 40Cr 制造，其制作工艺为：下料→锻造成毛坯→退火或正火→粗加工→调质→精加工。高频感应加热淬火→低温回火→研磨→入库。

上例主轴在制作过程中有两道中间热处理工序，第一道为锻造之后的毛坯件退火（采用完全退火）或正火，目的是消除锻造应力，均匀成分，消除带状组织，细化晶粒，调整硬度，改善切削加工性能。第二道为精加工之前的调质热处理，它有两个重要目的：一是赋予主轴（整体）良好的综合力学性能；二是调整表层组织，为感应加热淬火作组织准备。感应加热淬火并低温回火属于最终热处理，赋予主轴轴颈部位（表层）的耐摩擦、耐磨损性能和高的接触疲劳强度。

2. 火焰加热表面淬火

火焰加热表面淬火是一种利用乙炔-氧气或煤气-氧气混合气体的燃烧火焰，将工件表面迅速加热到淬火温度，随后以浸水和喷水的方式进行激冷，使工件表层转变为马氏体而心部组织不变的工艺方法。图 4-9 为火焰加热表面热处理示意图。

火焰淬火淬硬层的深度一般为 1 ~ 6mm。火焰加热表面淬火的特点是设备简单、成本低、工件大小不受限制，但是淬火硬度和淬透性深度不易控制，常取决于操作工人的技

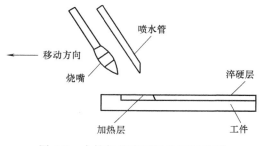

图 4-9 火焰加热表面热处理示意图

术水平和熟练程度，生产效率低，只适合单件和小批量生产。

4.3.2 钢的化学热处理

化学热处理是将钢件置于一定温度的活性介质中保温，使介质中的一种或几种元素原子渗入工件表层，以改变钢件表层化学成分和组织，进而达到改进表面性能、满足技术要求的热处理工艺。

表面化学成分的改变通过以下三个基本过程实现：

1）化学介质的分解，通过加热使化学介质释放出待渗元素的活性原子，例如渗碳时 $CH_4 \rightarrow 2H_2 + [C]$，渗氮时 $2NH_3 \rightarrow 3H_2 + 2[N]$。

2）活性原子被钢件表面吸收和溶解，进入晶格内形成固溶体或化合物。

3）原子由表面向内部扩散，形成一定的扩散层。

按表面渗入元素不同，化学热处理可分为渗碳、渗氮、碳氮共渗、渗硼和渗铝等。目前，生产上应用最广的化学热处理是渗碳、渗氮和碳氮共渗。

1. 钢的渗碳

渗碳通常是指为提高工件表层的含碳量而将工件在渗碳介质中加热、保温，使碳原子渗入工件表面的化学热处理工艺。渗碳用钢为低碳钢及低碳合金钢，如 20、20Cr、20CrMnTi 等。

渗碳的目的是通过渗碳及随后的淬火和低温回火，使工件表面具有高的硬度、耐磨性和良好的抗疲劳性能，使心部具有较高的强度和良好的韧性。渗碳并经淬火加低温回火与表面淬火不同，表面淬火不改变表层的化学成分，而是依靠表面加热淬火来改变表层组织，从而达到表面强化的目的；而渗碳并经淬火加低温回火则能同时改变表层的化学成分和组织，因而能更有效地提高表层的性能。

（1）渗碳方法 渗碳方法有气体渗碳、固体渗碳和液体渗碳。目前广泛应用的是气体渗碳法。气体渗碳法是将低碳钢或低碳合金钢工件置于密封的渗碳炉中，加热至完全奥氏体化（奥氏体溶碳量大，有利于碳的渗入），通常是 900~950℃，并通入渗碳介质使工件渗碳。气体渗碳可分为两大类：一是液体介质（含有碳氢化合物的有机液体），如煤油、苯、醇类和丙酮等，使用时直接滴入高温炉罐内，经裂解后产生活性碳原子；二是气体介质，如天然气、丙烷气及煤气等，使用时直接通入高温炉罐内，裂解后用于渗碳。图 4-10 所示为气体渗碳装置示意图。

气体渗碳具有生产效率高、劳动条件好、容易控制、渗碳层质量较好等优点，在生产中广泛应用。

固体渗碳是将工件装入渗碳箱中，周围填满固体渗碳剂，用盖子和耐火泥封好，送入加热炉内，加热至 900~950℃，保温足够长时间，从而得到一定厚度的渗碳层。固体渗碳剂通常是一定粒度的木炭与 15%~20% 的碳酸盐的混合物。木

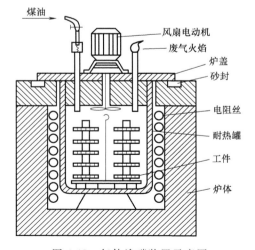

图 4-10　气体渗碳装置示意图

炭提供渗碳所需要的活性碳原子，碳酸盐起催化作用。与气体渗碳相比，固体渗碳生产效率低、劳动条件差、渗碳层质量不容易控制，因而在生产中较少应用。但由于所用设备简单，在小批量非连续生产中仍有采用。渗碳时间取决于渗碳层厚度的要求，一般按 0.1 ～ 0.15mm/h 渗碳层深度估算。

（2）渗碳后的组织　工件渗碳后渗层中的含碳量表面最高（碳的质量分数约为 1.0%），由表及里逐渐降低至原始含碳量。所以渗碳后缓冷，组织从工件表面至心部依次为过共析组织（珠光体+碳化物）、共析组织（珠光体）、亚共析组织（珠光体+铁素体），直至心部的原始组织。对于碳钢，渗层深度规定为从表层到过渡层一半（50%P+50%F）的厚度。

根据渗层组织和性能的要求，一般零件表层含碳量最好控制在 $w_C = 0.85\% \sim 1.05\%$，若含碳量过高，会出现较多的网状或块状碳化物，则渗碳层变脆，容易脱落；含碳量过低，则硬度不足，耐磨性差。渗碳层含碳量和渗碳层深度依靠控制通入的渗碳剂量、渗碳时间和渗碳温度来保证。当渗碳零件有不允许高硬度的部位时，如装配孔等，应在设计图样上予以注明。该部位可采取镀铜或涂抗渗涂料的方法来防止渗碳，也可采取多留加工余量的方法，待零件渗碳后在淬火前去掉该部位的渗碳层（即退碳）。

（3）渗碳后的热处理　工件渗碳后必须进行适当的热处理，否则就达不到表面强化的目的。渗碳后的热处理方法有直接淬火法、一次淬火法和二次淬火法，如图 4-11 所示。

工件渗碳后随炉冷却（图 4-11a）或出炉预冷（图 4-11b）到稍高于心部成分的 Ar_3 温度（避免析出铁素体），然后直接淬火，这就是直接淬火法。预冷的目的主要是减少零件与淬火介质的温差，以减少淬火应力和零件的变形。直接淬火工艺简单、生产效率高、成本低、氧化脱碳倾向小。但因工件在渗碳温度下长时间保温，奥氏体晶粒粗大，淬火后则形成粗大马氏体，性能下降，所以只适用于过热倾向小的本质细晶粒钢，如 20CrMnTi 等。零件渗碳终了出炉后缓慢冷却，再重新加热淬火，称为一次淬火法（图 4-11c）。这种方法可细化渗碳时形成的粗大组织，提高力学性能。淬火温度的选择应兼顾表层和心部要求，如果强化心部，则加热到 Ac_3 以上，使其淬火后得到低碳马氏体组织；如果强化表层，需加热到 Ac_1 以上温度。这种方法适用于组织和性能要求较高的零件，在生产中应用广泛。工件渗碳冷却后两次加热淬火，即为两次淬火法（图 4-11d）。第一次淬火加热温度一般为心部的 Ac_3 以上，其目的是细化心部组织，同时消除表层的网状碳化物。第二次淬火加热温度一般为 Ac_1 以上，使渗层获得细小粒状碳化物和隐晶马氏体，以保证获得高强度和高耐磨性。该工艺复杂、成本高、效率低、变形大，仅用于要求表面高耐磨性和心部高韧性的零件。

渗碳件淬火后都要在 160～180℃ 范围内进行低温回火。淬火加回火后，渗碳层的组织由高碳回火马氏体、碳化物和少量残留奥氏体组成，其硬度可达到 58～64HRC，具有高的耐磨性。心部组织与钢的淬透性及工件的截面尺寸有关。全部淬透时为低碳马氏体；未淬透时为低碳马氏体加少量铁素体或托氏体加铁素体。

一般渗碳零件的加工工艺路线为：下料→锻造→正火→机加工→*渗碳→淬火→低温回火→精加工。

汽车、机车、矿山机械、起重机械等用的大量传动齿轮都采用渗碳热处理工艺以提高其耐磨损性能。

2. 钢的渗氮

向钢件表面渗入氮元素，形成富氮硬化层的化学热处理称为渗氮，通常也称为氮化。

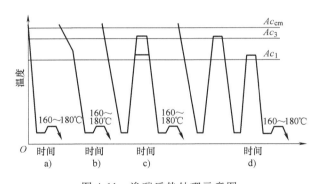

图 4-11 渗碳后热处理示意图

a）、b）直接淬火 c）一次淬火 d）二次淬火

和渗碳相比，钢件渗氮后具有更高的表面硬度和耐磨性。渗氮后钢件的表面硬度高达950~1200HV，相当于65~72HRC。这种高硬度和高耐磨性可保持到560~600℃而不降低，故渗氮钢件具有很好的热稳定性。由于渗氮层体积胀大，在表层形成较大的残留压应力，因此可以获得比渗碳更高的疲劳强度、抗咬合性能和低的缺口敏感性。渗氮后由于钢件表面形成致密的氮化物薄膜，因而具有良好的耐蚀性能。此外，渗氮温度低（500~600℃），渗氮后钢件无须热处理，因此渗氮件变形很小。由于上述性能特点，渗氮在机械工业中获得广泛应用，特别适宜许多精密零件的最终热处理，如磨床主轴、镗床镗杆、精密机床丝杠内燃机曲轴以及各种精密齿轮和量具等。

气体渗氮是将氨气通入加热到渗氮温度的密封渗氮罐中，使其分解出活性氮原子并被工件表面吸收、扩散形成一定深度的渗氮层。氮和许多合金元素都能形成氮化物，如CrN、Mo_2N、AlN等，这些弥散的合金氮化物具有高的硬度和耐磨性，同时具有高的耐蚀性。因此Cr-Mo-Al钢得到了广泛应用，其中最常用的渗氮钢为38CrMoAl。其中，Cr、Mo能提高钢的淬透性，有利于渗氮件获得强而韧的心部组织；Mo可以消除钢的回火脆性。钢件渗氮后一般不进行热处理。为了提高钢件心部的强韧性，渗氮前必须进行调质处理。

由于氨气分解温度较低，通常的渗氮温度为500~580℃。在这种较低的处理温层下，氮原子在钢中扩散速度很慢，渗氮所需时间很长，渗氮层也较薄。例如，38CrMoAl钢制压缩机活塞杆为获得0.4~0.6mm的渗氮层深度，渗氮保温时间需60h以上。

为了缩短渗氮周期，目前广泛应用离子渗氮工艺。低真空气体中总是存在微量带电粒子（电子和离子），当施加一高压电场时，这些带电粒子即作定向运动，其中能量足够大的群电粒子与中性的气体原子或分子碰撞，使其处于激发态，成为活性原子或离子。离子渗氮就是利用这一原理，把作为阴极的工件放在真空室，充以稀薄的H_2和N_2混合气体，在阴极和阳极之间加上直流高压后，产生大量的电子、离子和被激发的原子，它们在高压电场的作用下冲向工件表面，产生大量的热把工件表面加热，同时活性氮离子和氮原子为工件表面力吸附，并迅速扩散，形成一定厚度的渗氮层。氢离子则可以清除工件表面的氧化膜。离子渗氮适用于所有钢种和铸铁，渗氮速度快，渗氮层及渗氮组织可控，变形极小，可显著提高钢的表面硬度和疲劳强度。

3. 钢的碳氮共渗

向钢件表层同时渗入碳和氮的过程称为碳氮共渗，也叫做氰化。碳氮共渗有液体和气体碳氮共渗两种。液体碳氮共渗使用的介质氰盐是剧毒物质，污染环境，故逐渐为气体碳氮共渗所替代。根据共渗温度不同，碳氮共渗可分为高温（900~950℃）、中温（700~880℃）及低温（500~570℃）三种。目前工业广泛应用的是中温和低温气体碳氮共渗。其中低温气体碳氮共渗主要是提高耐磨性及疲劳强度，而硬度提高不多，故又称为软氮化，多用于工具和模具。中温气体碳氮共渗多用于结构零件。

中温气体碳氮共渗是将钢件放入密封炉内，加热到820~860℃，并向炉内通入煤油或渗碳气体，同时通入氨气。在高温下共渗剂分解形成活性碳原子［C］和氮原子［N］，被工件表面吸收并向内层扩散，形成一定深度的碳氮共渗层。在一定的共渗温度下，保温时间主要取决于要求的渗层深度。一般零件的渗层深度为0.5~0.8mm，共渗保温时间为4~6h。由于氮的渗入，提高了过冷奥氏体的稳定性，所以钢件碳氮共渗后可直接油淬，渗层组织为细针状马氏体加碳、氮化合物和少量残留奥氏体。淬火后钢件应进行低温回火。钢件碳氮共渗后可同时兼有渗碳和渗氮的优点。碳氮共渗温度虽低于渗碳温度，但碳氮共渗速度却显著高于单独的渗碳或渗氮。在渗层碳浓度相同的情况下，碳氮共渗件比渗碳件具有更高的表面硬度、耐磨性、耐蚀性、弯曲强度和接触疲劳强度。但耐磨性和疲劳强度低于渗氮件。

低温气体碳氮共渗是以渗氮为主的碳氮共渗过程。当氮和碳原子同时渗入钢中时，在表面很快形成很多细小的含氮渗碳体 $Fe_3(CN)$，它们是铁的氮化物的形成核心，加快了渗氮过程。低温碳氮共渗所用的渗剂一般采用吸热式气氛和氨气混合气，在软氮化温度下发生分解形成活性［C］、［N］原子。软氮化温度一般为（560±10）℃，保温时间一般为3~4h。到达保温时间后即可出炉空冷。为了减少钢件表面氧化以及防止某些合金钢的回火脆性，通常在油或水中冷却。低温碳氮共渗后，渗层外表面是由 Fe_2N、Fe_4N 和 Fe_3C 组成的化合物层，又称白亮层。往里为扩散层，主要由氮化物和含 N 的铁素体组成。白亮层硬度比纯气体渗氮低，脆性小，故低温碳氮共渗层具有较好的韧性。共渗层的表面硬度比纯气体渗氮稍低，但仍具有较高的硬度、耐磨性和高的疲劳强度，耐蚀性也有明显提高。低温碳氮共渗的加热温度低，处理时间短，钢件变形小，又不受钢种限制，适用于碳钢、合金钢和铸铁材料。可用于处理各种工、模具以及一些轴类零件。

4. 钢的渗硼

用活性硼原子渗入钢件表层并形成铁的硼化物的化学热处理工艺称为渗硼。渗硼能显著提高钢件的表面硬度（1300~2000HV）和耐磨性，同时具有良好的耐热性和耐蚀性。因此渗硼工艺得到了迅速发展。

目前用得最多的是盐浴渗硼，最常用的盐浴渗硼剂是由无水硼砂加碳化硼、硼铁或碳化硅组成。其中硼砂提供活性硼原子，碳化硅或碳化硼为还原剂。通常渗硼温度为900~950℃，时间为4~6h，渗硼层深度可达0.1~0.3mm。盐浴渗硼层的组织由化合物层和扩散层组成。常见的化合物层表面是 FeB，次层是 Fe_2B，或者是单相 Fe_2B。由于 FeB 硬度高、脆性大，所以当渗硼层由 FeB 和 Fe_2B 组成时，二者之间将产生应力，在外力作用下容易剥落。因此应尽可能减少 FeB，最好获得单相 Fe_2B。在渗硼过程中，随着硼化物的形成，钢中的碳被排向内侧，所以紧靠化合物层为富碳区，可以形成珠光体型组织，称为扩散层。由于硼化物层的硬度与冷却速度无关，所以有些只要求耐磨、不要求心部强度的钢件渗硼后可以不淬火，采用空冷以减小变形。若要求较高的心部硬度和强度，可以采用油淬或分级淬火，以减小内应力，防止渗层开裂，淬火后应及时回火。由于硼化物层具有很高的硬度，并且淬火、回火之后也不发生变化，因此钢件渗硼后，其耐磨性比渗碳和碳氮共渗都高，尤其高温下的耐磨性显得更为优越。渗硼层在800℃以下仍保持很高的硬度和抗氧化性，并且在硫酸、盐酸及碱中具有良好的耐蚀性（但不耐硝酸腐蚀）。因此，渗硼处理广泛应用于在高温下工作的工、模具及结构零件，使其使用寿命能成倍地增加。

4.4　钢的热处理新技术

随着科学技术的迅猛发展，热处理生产技术也发生着深刻的变化。先进热处理技术正走向定量化、智能化和精确控制的新水平，各种工程和功能新材料、新工艺为热处理技术提供了更加广阔的应用领域和发展前景。近代热处理技术的主要发展方向可以概括为八个方面，即少无污染、少无畸变、少无质量分散、少无能源浪费、少无氧化、少无脱碳、少无废品、少无人工。

4.4.1　可控气氛热处理

在炉气成分可控的热处理炉内进行的热处理称为可控气氛热处理。

在热处理时实现无氧化加热是减少金属氧化损耗、保证制件表面质量的必备条件。而可控气氛则是实现无氧化加热的最主要措施。正确控制热处理炉内的炉气成分可为某种热处理过程提供元素的来源，即金属零件和炉气通过界面反应，其表面可以获得或失去某种元素。也可以对加热过程的工件提供保护，如可使零件不被氧化，不脱碳或不增碳，保证零件表面的耐磨性和抗疲劳性，从而也可以减少零件热处理后的机加工余量及表面的清理工作。缩短生产周期，节能、省时，提高经济效益，可控气氛热处理已成为在大批量生产条件下应用最成熟最普遍的热处理技术之一。

1. 吸热式气氛

"吸热式气氛"是在气体反应中需要吸收外热源的能量才能使反应向正方向发生的热处理气氛。因此，吸热式气氛的制备均要采用有触媒剂（催化剂）的高温反应炉产生化学反应。

吸热式气氛可用天然气、液化石油气（主要成分是丙烷）、城市煤气、甲醇或其他液体碳氢化合物作为原料，按一定比例与空气混合后通入发生器进行加热，在触媒剂的作用下吸热而制成。吸热式气氛主要用作渗碳气氛和高碳钢的保护气氛。

2. 放热式气氛

"放热式气氛"是用天然气、乙烷、丙烷等作为原料，按一定比例与空气混合后，依靠自身的燃烧放热反应而制成的气体。由于反应时放出大量热量，故称为放热式气氛。如用天然气为原料制备反应气的反应式为

$$CH_4 + 2O_2 + 7.42N_2 \longrightarrow CO_2 + 2H_2O + 7.42N_2$$

放热式气氛是所有制备气氛中最便宜的一种，主要用于防止热处理加热时工件的氧化，在低碳钢的光亮退火、中碳钢的光亮淬火等热处理过程中普遍采用。

3. 滴注式气氛

用液体有机化合物（如甲醇、乙醇、丙酮、甲酰胺、三乙醇胺等）混合滴入或与空气

混合后喷入高温热处理炉内所得到的气氛称为"滴注式气氛"。它主要用于渗碳、碳氮共渗、软氮化、保护气氛淬火和退火等。

4.4.2 真空热处理

真空热处理是在 0.0133~1.33Pa 真空度的真空介质中对工件进行热处理的工艺。

真空热处理具有无氧化、无脱碳、无元素贫化的特点，可以实现光亮热处理，使零件脱脂、脱气，避免表面污染和氢脆；同时可以实现控制加热和冷却，减少热处理变形，提高材料性能；还具有便于自动化、柔性化和清洁热处理等优点。近年来已广泛采用，并获得迅速发展。

1. 真空热处理的优越性

真空热处理是和可控气氛并驾齐驱的应用面很广的无氧化热处理技术，也是当前热处理生产技术先进程度的主要标志之一。真空热处理不仅可以实现钢件的无氧化、无脱碳热处理，而且还可以实现生产的无污染和工件的少畸变。据国内外经验，工件真空热处理的畸变量仅为盐浴加热淬火的 1/3，因而它还属于清洁热处理和精密生产技术范畴。

真空热处理具有下列优点：

（1）可以减少工件变形 工件在真空中加热时，升温速度缓慢，因而工件内外温度均匀，所以热处理时变形较小。

（2）可以减少和防止工件氧化 真空中氧分压很低，金属在加热时的氧化过程受到有效抑制，可以实现无氧化加热，减少工件在热处理加热过程中的氧化、脱碳现象。

（3）可以净化工件表面 在真空中加热时，工件表面的氧化物、油污发生分解并被真空泵排出，因而可得到表面光亮的工件。洁净光亮的工件表面不仅美观，而且还会提高工件的耐磨性及疲劳强度。

（4）脱气作用 工件在真空中长时间加热时，溶解在金属中的气体会不断逸出并由真空泵排出。真空热处理的脱气作用有利于改善钢的韧性，提高工件的使用寿命。

除上述优点外，真空热处理还可以减少或省去热处理后的清洗和磨削加工工序，改善劳动条件，实现自动控制。

2. 真空热处理应用

由于真空热处理本身所具备的一系列特点，因此这项新的工艺技术得到了突飞猛进的发展。现在几乎全部热处理工艺均可以进行真空热处理，如退火、淬火、回火、渗碳、氮化、渗金属等。而且淬火介质也由最初仅能气淬发展到现在的油淬、水淬、硝盐淬火等。

4.4.3 离子渗扩热处理

离子渗扩热处理是利用阴极（工件）和阳极间的辉光放电产生的等离子体轰击工件，使工件表层的成分、组织及性能发生变化的热处理工艺。

1. 离子渗氮

离子渗氮是在真空室内进行的，图 4-12 所示为离子渗氮示意图，工件接高压直流电源的负极，真空钟罩接正极。将真空室的真空度抽到一定值后，充入少量氨气或氢气、氮气的混合气体。当电压调整到 400~800V 时，氨电离分解成氮离子、氢离子和电子，并在工件表面产生辉光放电。正离子受电场作用加速轰击工件表面，使工件升温到渗氮温度，氮离子在钢件表面获得电子，还原成氮原子而渗入钢件表面并向内部扩散，形成渗氮层。

离子渗氮表面形成的氮化层具有优异的力学性能，如高硬度、高耐磨性、良好的韧性和疲劳强度等，使得离子渗氮零件的使用寿命成倍提高。例如，W18Cr4V 钢刀具在淬火回火后再经 500~520℃ 离子氮化 30~60min，使用寿命可提高 2~5 倍。此外，离子渗氮节约能源，渗氮气体消耗少，操作环境无污染。离子渗氮速度快，是普通气体氮化的 3~4 倍。其缺点是设备昂贵，工艺成本高，不宜于大批量生产。

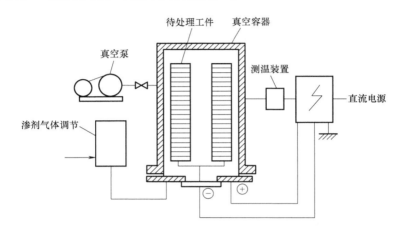

图 4-12　离子渗氮示意图

2. 离子渗碳

离子渗碳是指在低于一个大气压的渗碳气氛中，利用工件（阴极）和阳极之间产生的辉光放电进行渗碳的工艺。

离子渗碳从加热、渗碳到淬火处理都在同一装置内进行，这种真空热处理炉是具有辉光放电机构的加热渗碳室和油淬火室的双室型热处理炉。

离子渗碳的硬度、疲劳强度、耐磨性等力学性能比传统渗碳方法都高，而且渗碳速度快，特别是对狭小缝隙和小孔能进行均匀的渗碳，渗碳层表面碳浓度和渗层深度容易控制，工件不易产生氧化，表面洁净，耗电少和无污染。

根据同样的原理，离子轰击热处理还可以进行离子碳氮共渗、离子硫氮共渗、离子渗金属等，所以在国内外具有很大的发展前途。

4.4.4　形变热处理

1. 形变热处理

所谓形变热处理，指将形变强化与相变强化综合起来的一种复合强韧化处理方法。广义上来说，凡是将零件的成形工序与组织改善有效结合的工艺都叫形变热处理。形变热处理的强化机理是：奥氏体形变使位错密度升高，由于动态回复形成稳定的亚结构，淬火后获得细小的马氏体，板条马氏体数量增加，板条内位错密度升高，从而使马氏体强化。此外，奥氏体形变后位错密度增加，为碳氮化物弥散析出提供了条件，从而获得弥散强化效果。弥散析出的碳氮化物阻止了奥氏体长大，使转变后的马氏体板条更加细化，从而产生细晶强化。马氏体板条的细化及其数量的增加，碳氮化物的弥散析出等，都能使钢在强化的同时得到韧化。

*2. 钢的形变热处理工艺

形变热处理是指将塑性变形和热处理有机结合在一起的一种复合工艺。该工艺既能提高钢的强度，又能改善钢的塑性和韧性，同时还能简化工艺，节省能源。因此，形变热处理是提高钢的强韧性的重要手段之一。

根据形变温度以及形变所处的组织状态，形变热处理分很多种，这里仅介绍高温形变热处理和低温形变热处理。

（1）高温形变热处理　是将钢加热至 Ac_1 以上，在稳定的奥氏体温度范围内进行变形，然后立即淬火，使之发生马氏体转变并回火以获得需要的性能（图 4-13）。

由于形变温度远高于钢的再结晶温度，形变强化效果易于被高温再结晶削弱，故应严格控制变形后至淬火前的停留时间，形变后要立即淬火冷却。

高温形变热处理适用于一般碳钢、低合金钢结构零件以及机械加工量不大的锻件或轧材。如连杆、曲轴、弹簧、叶片及各种农机具零件。锻轧余热淬火是使用较成功的高温形变热处理工艺。我国的柴油机连杆等调质工件已在生产上采用此工艺。

高温形变热处理在提高钢的抗拉强度和屈服强度的同时，能改善钢的塑性和韧性。表 4-1 列出了 40CrNiMo 钢经时效后淬火并经 200℃ 回火 2h 后的力学性能。与一般热处理相比，形变加时效会使钢的强度得到较大幅度的提高，而塑性亦不减小。

形变温度和形变量能显著影响高温形变热处理的强化效果。形变温度高，形变至淬火停留时间长，容易发生再结晶软化，减弱形变强化效果，故一般终轧温度以 900℃ 左右为宜。形变量增加，强度增加，塑性下降。但当形变量超过 40% 以后，强度降低，塑性增加。这是由于形变热效应使钢温度升高，加快再结晶软化过程，故高温形变热处理的形变量控制在 20%~40% 以获得最佳的拉伸、冲击、疲劳性能及断裂韧度。

结构钢高温形变淬火不但能保留高温淬火得到的由残留奥氏体薄层包围的板条状马氏体组织，而且还能克服高温淬火晶粒粗大的缺点，使奥氏体晶粒及马氏体板条束更加细化。若形变后及时淬火，可保留较高位错密度及其他形变缺陷，并能促进 ε-碳化物的析出和改变奥氏体晶界析出物的分布。这些组织变化是高温形变热处理获得较高强韧性的原因。

（2）低温形变热处理　低温形变热处理是将钢加热至奥氏体（图 4-14），并迅速冷却至 Ac_1 点以下、Ms 点以上过冷奥氏体亚稳温度范围进行大量塑性变形，然后立即淬火并回火至所需要的性能。塑性变形可采用锻造、轧制或拉拔等加工方法。该工艺仅适用于珠光体转变区和贝氏体转变区之间（400~550℃）有很长孕育期的某些合金钢。在该温度区间进行变形可防止发生珠光体或贝氏体相变。低温形变热处理在钢的塑性和韧性不降低或降低不多的情况下，可以显著提高钢的强度和疲劳极限，提高钢的耐磨损和耐回火性。例如用 50CrMnSi 钢制造的直径 5mm 弹簧钢丝，奥氏体化后冷至 500℃ 经形变 50.5%，淬火后再经 400℃ 回火，可使抗拉强度提高至 392~490MPa。表 4-1 中的数据表明，低温形变热处理比高温形变热处理具有更高的强化效果，而塑性并不降低。

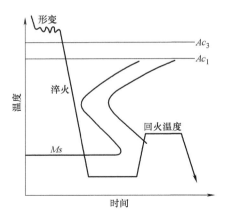

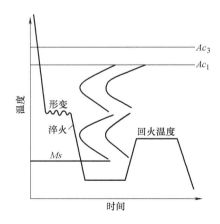

图 4-13　高温形变热处理工艺过程示意图　　　图 4-14　低温形变热处理工艺过程示意图

表 4-1　钢经不同处理并经 200℃ 回火 2h 后的力学性能

处 理 工 艺	维氏硬度 HV	抗拉强度 R_m /MPa	屈服强度 R_{eL} /MPa	断后伸长率 （%）
不形变，在 550℃ 时效 60min 淬火	654	2136.4	1734.6	11
低温形变 60%，在 550℃ 时效 60min 淬火	726	2557,8	2165.8	10
高温形变 60%，在 550℃ 时效 60min 淬火	715	2401.0	2038.4	10.5

　　低温形变热处理使钢显著强化的原因主要是钢经低温形变后，使亚晶细化，并使位错密度大大提高，从而强化了马氏体；形变使奥氏体晶粒细化，进而又细化了马氏体片，对强度也有贡献；对于含有强碳化物形成元素的钢，奥氏体在亚稳区形变时，会促使碳化物弥散析出，使钢的强度进一步提高。由于奥氏体内合金碳化物析出使其碳及合金元素量减少，提高了钢的 Ms 点，大大减少了淬火孪晶马氏体的数量，因而低温形变热处理钢还具有良好的塑性和韧性。

　　低温形变热处理可用于结构钢、弹簧钢、轴承钢及工具钢。低温形变热处理后，结构钢的强度和韧性得到显著提高；弹簧钢疲劳强度、轴承钢强度和塑性、高速工具钢切削性能和模具钢耐回火性均得到提高。

　　形变热处理虽有很大优点，但增加了变形工序，设备和工艺条件受到限制，对于形状复杂或尺寸较大的工件、变形后需要进行切削加工或焊接的工件不宜采用形变热处理。因此，此工艺的应用具有很大的局限性。

4.4.5　激光淬火和电子束淬火

　　激光淬火是利用专门的激光器发出能量密度极高的激光，以极快的速度加热工件表面，自冷淬火后使工件表面强化的热处理。

　　电子束淬火是利用电子枪发射成束电子，轰击工件表面，使之急速加热，自冷淬火后使工件表面强化的热处理。其能量利用率大大高于激光淬火，可达 80%。

　　这两种表面热处理工艺不受钢材种类限制，淬火质量高，基体性能不变，是很有发展前途的新工艺。

4.5　热处理工艺的应用

热处理在制造业中的应用相当广泛，它穿插在机械零件制造过程的各个冷、热加工工序之间，工序位置的正确、合理安排是一个重要的问题。另外，工件在热处理过程中，往往由于热处理工艺控制不当和材料质量、工件的结构工艺性不合理等原因，工件热处理后会产生许多缺陷，从而影响工件的热处理质量。因此，必须正确提出热处理技术条件和制订热处理工艺规范。

4.5.1　常见的热处理缺陷

1. 过热与过烧

由于加热温度过高或保温时间过长引起晶粒粗化的现象称为过热。一般采用正火来消除过热缺陷。

由于加热温度过高，使分布在晶界上的低熔点共晶体或化合物被熔化或氧化的现象称为过烧。过烧是无法挽救的，是不允许存在的缺陷。

2. 氧化与脱碳

氧化是指当空气为传热介质时，空气中的 O_2 与工件表面形成氧化物的现象。对于那些表面质量要求较高的精密零件或特殊金属材料，在热处理过程中应采取真空或保护气氛进行加热以避免氧化。

脱碳是指工件表层中的碳被氧化烧损而使工件表层中碳含量下降的现象。脱碳影响工件的表面硬度和耐磨性。

3. 变形与开裂

工件在热处理时，尺寸和形状发生变化的现象称为变形。一般只要控制变形量在一定范围内即可。当工件在热处理时产生的内应力值瞬间超过材料的抗拉强度时，工件就会开裂而报废。

4.5.2　热处理工件的结构工艺性

设计零件结构时，不仅要考虑到其结构适合零件结构的需要，而且要考虑加工和热处理过程中工艺的需要，特别是热处理工艺，结构设计不合理会给热处理工艺带来困难，甚至造成无法修补的缺陷，造成很大的经济损失。因此，在设计热处理工件时，其结构应满足热处理工艺的要求，应考虑以下原则：

1）避免尖角和棱角。

2）避免厚薄悬殊的截面。

3）尽量采用封闭结构。

4）尽量采用对称结构。

5）当有开裂倾向和特别复杂的热处理工件时，尽量采用组合结构，把整体件改为组合件。

4.5.3　热处理技术条件的标注及热处理工序位置安排

1. 热处理技术条件的标注

设计者依据工件的工作特性，提出热处理技术条件并在零件图上标出代号（企业标准，省、部颁标准，国家标准代号）。由于硬度检验属于非破坏性检验，因此在零件图上常标注硬度值。一般规定：布氏硬度变化范围在 30~40 个硬度单位，洛氏硬度变化范围为 5 个硬度单位。

对于非常重要的零件，在零件图上有时也标注抗拉强度、断后伸长率、金相组织等。表面淬火、表面热处理工件要标明处理部位、层深及组织等要求。

2. 热处理的工序位置

根据热处理目的不同，热处理可分为预备热处理和最终热处理两大类，它们的工序位置一般是按着下面的一些原则来安排的。

（1）预备热处理的工序位置　预备热处理包括退火、正火或调质等热处理工艺方法。主要是为了消除前一道工序的某些缺陷并为后一道工序做准备，一般安排在毛坯生产之后、切削加工之前或粗加工之后、精加工之前进行。

1）退火、正火工序的位置。一般在毛坯生产之后，切削加工之前进行，工序安排如下：

毛坯生产(铸造、锻压、焊接等)→正火(或退火)→切削加工

在一般情况下尽量选择操作方便、成本较低的正火工艺。但正火时由于冷却速度较快，对于某些钢尤其是一些高合金钢，正火后可能得到高硬度而不能进行切削加工或产生其他缺陷，退火是优先选择的工艺方法。

2）调质工序的位置。调质是为了提高工件的综合力学性能，减少工件的变形或为以后的表面热处理做好组织准备（有时调质处理也直接作为最终热处理使用）。因此，调质处理一般安排在粗加工之后、精加工之前进行。主要目的是为了保证淬透性差的钢种表面调质层（回火索氏体）组织不被切削掉，工序安排如下：

下料→锻造→正火(或退火)→粗加工→调质→半精加工

（2）最终热处理的工序位置　最终热处理包括各种淬火、回火、表面淬火、表面化学热处理等。在一般情况下，处理后的硬度较高，除磨削加工外很难再用其他切削方法加工。因此，最终热处理一般安排在半精加工之后、磨削加工之前进行。最终热处理决定工件的组织状态、使用性能与寿命。

1）整体淬火的工序为：

下料→锻造→退火(或正火)→粗、半精加工(留余量)→淬火、回火(低温、中温回火)→磨削

2）表面淬火的工序为：

下料→锻造→正火或退火→粗加工→* 调质→半精加工(留余量)→表面淬火、回火→磨削

3）渗碳淬火的工序为：

下料→锻造→正火→粗、半精加→ 渗碳、淬火→低温回火→磨削

4）渗氮的工序为：

下料→锻造→退火→粗加工,调质→半精、精加工→去应力退火→粗磨→渗氮→精磨或超精磨

上述热处理工序安排不是固定不变的，应根据实际生产情况作某些调整。如工件性能要求不高的大批大量生产的工件，就可以由原料不经热处理而直接进行切削加工等。

3. 确定热处理工序位置的实例

例题：一车床主轴由中碳结构钢制造（如 45 钢），为传递力的重要零件，它承受一般载荷，轴颈处要求耐磨。热处理技术条件为：整体调质，硬度为 220~250HBW；轴颈处表面淬火，硬度为 50~52HRC。现确定加工工艺路线，并指出其中热处理各工序的作用。

解：1）该轴的制造工艺路线为：

下料→锻造→正火→机加工(粗)→调质处理(淬火、高温回火)→机加工(半精加工)→轴颈处高频感应淬火、低温回火→磨削

2）该轴各热处理工序的作用

正火：作为预备热处理，其目的是消除锻件内应力，细化晶粒，改善切削加工性。

调质：获得回火索氏体，使该主轴整体具有较好的综合力学性能，为表面淬火做好组织准备。

轴颈处高频感应淬火、低温回火，作为最终热处理。高频感应淬火是为了使表面得到高的硬度、耐磨性和疲劳强度；低温回火是为了消除应力，防止磨削时产生裂纹，并保持高硬度和耐磨性。

复习思考题

4-1　什么是退火热处理？常用的退火分为哪几种？各有何特点？

4-2　什么叫球化退火？球化退火的目的是什么？主要用于什么钢？

4-3　什么是正火热处理？目的是什么？用于什么场合？

4-4　什么是淬火？淬火对冷却速度有何要求？

4-5　什么叫淬透性和淬硬性？它们各自的影响因素有哪些？

4-6　什么是回火？回火工艺的分类、目的、组织与应用是什么？

4-7　什么叫调质处理？调质处理获得什么组织？

4-8　什么叫表面热处理？常用的表面热处理有哪些？

4-9　什么叫化学热处理？常用的化学热处理的种类有哪些？

4-10　什么是渗碳处理？目的是什么？

*4-11　目前热处理新工艺有哪些？

第5章

金属材料综述

5.1 常用金属材料的种类和用途

5.1.1 认识金属材料

在国民经济建设和日常生活中，金属材料无所不在。飞机、轮船、火车、钢架结构的鸟巢、工程机械和各类生活用品几乎都是用金属制造的，如图5-1所示。可以说，没有金属材料人类将无法生存。

人类的进步和金属材料息息相关，青铜器、铁器、铝、钛，它们在人类的文明进程中都扮演着重要的角色。

苏联在1957年把第一颗人造卫星送入太空（图5-2），令美国震惊不已，认识到了在导弹火箭技术上的落后，关键是材料技术的落后。因此，在其后的几年里，美国在十多所大学陆续建立了材料科学研究中心，并把约2/3大学的冶金系或矿冶系改建成了冶金材料科学系或材料科学与工程系。

所谓金属，具有以下特性：光泽（即对可见光强烈反射）性好、延展性好、易导电和导热，如图5-3所示。在自然界中，绝大多数金属以化合物的形式存在，少数金属（如金、铂、银）以单质的形式存在。

我国古代将金属分为五类，俗称五金，是指金（俗称黄金）、银（俗称白金）、铜（俗称赤金）、铁（俗称黑金）、锡（俗称青金）五类金属。现在已将五金引申为常见的金属材料及金属制品，所以五金商店里销售的不仅仅是这五种金属产品。

元素周期表里的100多种元素中，金属元素占3/4。虽然都是金属元素，但由于它们的原子结构不同，它们的性能也存在很大的差异，密度、硬度、熔点等相差很大。目前所知的金属之最见表5-1。

表 5-1　金属之最

金属	性能或储量	金属	性能或储量
铬	硬度最高	银	导电性及导热性最好
铯	硬度最低	钙	人体中含量最高
钨	熔点最高	铝	地壳里含量最高
汞	熔点最低	铼	地壳里含量最低
锇	密度最大	铌	耐蚀性最好
锂	密度最小	钛	比强度（强度与密度的比值）最大
金	延展性最好		

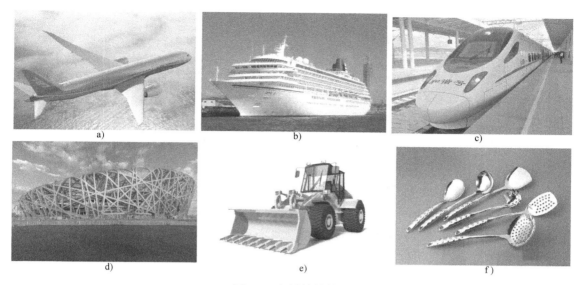

图 5-1　金属材料制品
a）飞机　b）轮船　c）火车　d）鸟巢　e）工程机械　f）生活用品

有光泽　　　　　能够导电　　　　　有延展性，能拉成丝

能展成薄片　　　　能够导热　　　　　能够弯曲

图 5-2　人造卫星及运载火箭　　　　　　图 5-3　金属的特性

5.1.2　金属材料的分类

金属材料的分类方法有多种，本书仅介绍工业上最常用的分类方法——按金属的颜色分。常用金属材料中，通常将铁及其合金（钢铁）因原始颜色接近黑色，故称为黑色金属材料。又因为黑色金属中主要成分是铁和碳，也称为铁碳合金。碳的质量分数小于 2.11%为钢，大于 2.11%为铁。

其他的非铁金属（如铜、铝等）及其合金（如铜合金、铝合金等）因其接近某种颜色，如铝银白色等，则称为有色金属材料。

5.2 碳素钢与合金钢概述

黑色金属材料是经济建设中使用最广、用量最大的金属材料，在现代工农业生产中占有极其重要的地位。黑色金属材料中的碳素钢，由于价格低廉，便于冶炼，容易加工，且通过含碳量的增减和不同的热处理工艺可使其性能得到改善，因此能满足很多生产上的要求，至今仍是应用最广泛的钢铁材料。但是，随着现代科学技术的发展，对钢铁材料的性能提出了越来越高的要求，即使采用各种强化途径，如热处理、塑性变形等，碳钢的性能在很多方面仍不能满足要求。总的来看，碳钢主要存在以下不足。首先，碳钢的力学性能差，以应用十分广泛的 Q235 钢为例，热轧空冷（相当于正火）后，其屈服强度为 240MPa，抗拉强度不足 400MPa。这样低的强度，势必使机器设备做得十分笨重，不能满足效率高、体积小、重量轻的要求。其次，碳钢的淬透性低。钢材只有通过淬火获得马氏体组织后才具有高的强度。例如超高强度合金钢 35Si2MnMoV 在截面直径为 60mm 时，油中淬火可以完全淬透，250℃低温回火后的 R_m>1700MPa、A>40%、a_K>490kJ/m^2。对于 35 钢，只有其截面厚度不大于 5mm 的薄零件在盐水中剧烈冷却淬火，并在 200℃ 低温回火后，力学性能才能接近以上水平。但是剧烈冷却将使零件产生严重的变形甚至开裂，因而当零件的形状复杂、尺寸较大时，碳钢就不能满足要求。其次，现代工业的发展对钢材提出了许多特殊性能要求，例如化工部门要求钢材具有耐酸不锈性能，仪表工业要求材料具有特殊的电磁性能，汽轮机制造部门则要求钢材具有良好的高温强度等，这些特殊的物理化学性能只有采用合金钢才能满足。

在碳钢的基础上加入一种或几种合金元素，使其使用性能和工艺性能得以提高的以铁为基的合金即为合金钢。但是应当指出，合金钢并不是一切性能上都优于碳钢，也有些性能指标不如碳钢，且价格比较昂贵，所以必须正确地认识并合理使用合金钢，才能使其发挥出最佳效用。

碳素钢与合金钢统称为工业用钢，是最主要的工程材料，是本书重点研究介绍的内容之一。

5.3 有色金属概述

有色金属是除钢铁材料以外的其他金属材料的总称，如铝、镁、铜、锌、锡、铅、镍、钛、金、银、铂、钒、钼等金属及其合金就属于有色金属。有色金属种类较多，冶炼困难，成本较高，故其产量和使用量远不如钢铁材料多。但是由于有色金属具有钢铁材料所不具备的某些物理性能和化学性能，因而是现代工业中不可缺少的重要金属材料，广泛应用机械制造、航空、航海、汽车、石化、电力、电器、核能及计算机等行业。

常用的有色金属有：铝及铝合金、铜及铜合金、钛及钛合金、滑动轴承合金、硬质合金等。

复习思考题

5-1　什么是金属？金属有何特性？

5-2　什么是五金？

5-3　金属材料是如何分类的？

5-4　为什么黑色金属材料是经济建设中使用最广、用量最大的金属材料？

第6章

工业用钢

6.1 工业用钢的分类

工业用钢的种类繁多，根据不同的需要，如使用、管理、贸易和行业特点等，可采用不同的分类方法，在有些情况下，还可以混合使用几种分类方法。

6.1.1 我国的习惯分类方法

（1）按钢的品质（指冶金质量，特别是硫、磷含量）　按品质不同，可分为普通质量钢、优质钢、高级优质钢。

（2）按冶炼方法　按冶炼方法不同，可分为平炉钢、转炉钢、电炉钢；根据炼钢时所用脱氧方法，可分为沸腾钢、镇静钢。

（3）按钢的用途　按用途不同，可分为建筑及工程用钢、机械制造用钢、工具钢、特殊性能钢、专业用钢（如桥梁、容器、锅炉、兵器用钢）等，每一大类又可分为许多小类。

（4）按钢中的含碳量不同　按含碳量可大致分为低碳钢（$w_C < 0.25\%$）、中碳钢（$w_C = 0.25\% \sim 0.6\%$）、高碳钢（$w_C > 0.6\%$）。

（5）合金钢按钢中的合金元素含量　按合金元素含量可分为低合金钢（$w_{Me} \leqslant 5\%$）、中合金钢（$w_{Me} = 5\% \sim 10\%$）、高合金钢（$w_{Me} > 10\%$）。

（6）根据钢中合金元素的种类　按合金元素种类可分为锰钢、铬钢、硼钢、硅锰钢、铬镍钢等。

（7）按合金钢在空气中冷却所得到的组织　按组织不同可分为珠光体钢、贝氏体钢、马氏体钢、奥氏体钢、莱氏体钢等。

（8）按加工方法　按加工方法分为热轧材和冷轧材、拔材、锻材、挤压材、铸件等。

（9）按轧制成品和最终产品（GB/T 15574—2016）　按轧制成品和最终产品可分为大型型钢、棒材、中小型型钢、盘条、钢筋混凝土用轧制成品、铁道用钢、钢板桩、扁平制品（热轧和冷轧薄板、厚板、钢带、宽扁钢）、钢管、中空棒材及经过表面处理的扁平成品、复合产品等。

国家标准 GB/T 13304—2008 是参照国际标准制定的。钢的分类分为"按化学成分分类""按主要质量等级和主要性能或使用特性的分类"两部分。

（1）按化学成分分类　依据钢中含有合金元素规定含量的界限值，将钢分成三大类，即非合金钢、低合金钢、合金钢，见表 6-1。

1）非合金钢。钢中的合金元素规定含量见表 6-1。这类钢主要是以 Fe 为基本元素，$w_C \leq 2\%$ 的 Fe-C 合金。依据铁碳合金中碳含量多少，把非合金钢分为：工业纯铁（$w_C < 0.04\%$）、低碳钢（$w_C < 0.25\%$）、中碳钢（$w_C = 0.25\% \sim 0.6\%$）和高碳钢（$w_C > 0.6\%$）。

2）低合金钢。钢中的合金元素规定含量见表 6-1。低合金钢中加入的合金元素的总量较少，一般不大于 5%。

3）合金钢。钢中的合金元素规定含量见表 6-1。根据加入合金元素总量的多少，合金钢可分为：低合金钢（合金元素总质量分数 $\leq 5\%$）、中合金钢（合金元素总质量分数 $5\% \sim 10\%$）和高合金钢（合金元素总质量分数 $> 10\%$）。

低合金钢中同时含有一组元素 Cr、Ni、Mo、Cu 或另一组元素 Nb、Ti、V、Zr 中的 2 种或 2 种以上时，应同时考虑这些元素的规定含量总和。如果钢中这些元素的规定含量总和大于表 6-1 中规定的每种元素最高界限值总和的 70%，则应划为合金钢。

此外，根据表 6-1 分类，采用"非合金钢"一词代替传统的"碳素钢"。但在 1992 年施行新的钢分类以前所制定的有关技术标准中均采用"碳素钢"。这类标准中，有的仍属于现行标准，故在本书中与此类标准有关的术语，仍为碳素钢，如碳素结构钢、碳素工具钢等术语。

表 6-1　非合金钢、低合金钢和合金钢中合金元素规定质量分数的界限值

合金元素	合金元素规定质量分数界限值（%）			合金元素	合金元素规定质量分数界限值（%）		
	非合金钢	低合金钢	合金钢		非合金钢	低合金钢	合金钢
Al	<0.10		≥0.10	Se	<0.10		≥0.10
B	<0.0005		≥0.0005	Si	<0.50	0.50～0.90	≥0.90
Bi	<0.10		≥0.10	Te	<0.10		≥0.10
Cr	<0.30	0.30～0.50	≥0.50	Ti	<0.05	0.05～0.13	≥0.13
Co	<0.10		≥0.10	W	<0.10		≥0.10
Cu	<0.10	0.10～0.50	≥0.50	V	<0.04	0.04～0.12	≥0.12
Mn	<1.0	1.00～1.40	≥1.40	Zr	<0.05	0.05～0.12	≥0.12
Mo	<0.05	0.05～0.10	≥0.10	La 系（每一种元素）	<0.02	0.02～0.05	≥0.05
Ni	<0.30	0.30～0.50	≥0.50				
Nb	<0.02	0.02～0.06	≥0.06	其他元素（S、P、C、N 除外）	<0.05		≥0.05
Pb	<0.40		≥0.40				

（2）按主要质量等级、主要性能或使用特性的分类

1）按钢的主要质量等级分类。钢的主要质量等级是指钢在生产过程中是否需要控制的质量要求以及控制质量要求的严格程度，含义更为广泛，如 S、P 含量，残余元素含量，力学性能，电磁性能，表面质量，非金属夹杂物，热处理要求等。依据主要质量等级不同，可把钢分成三类：

① 普通质量钢。普通质量钢分为普通质量非合金钢、普通质量低合金钢两类。

② 优质钢。优质钢分为优质非合金钢、优质低合金钢、优质合金钢三类。

③ 特殊质量钢。特殊质量钢分为特殊质量非合金钢、特殊质量低合金钢、特殊质量合金钢三类。

2）非合金钢。非合金钢按主要性能和使用特性分类。主要性能和使用特性是指规定或限制钢的主要性能指标，钢具有某种使用特性，这样，钢的用途可细化或专门化。

① 以规定最高强度（或硬度）为主要特性的非合金钢（如冷成形薄钢板）。

② 以规定最低强度为主要特性的非合金钢（如造船、压力容器等用的结构钢）。

③ 以限制碳含量为主要特性的非合金钢（如线材、调质钢）。

④ 非合金易切削钢。

⑤ 非合金工具钢。

⑥ 具有专门规定磁性或电性能的非合金钢（如电磁纯铁）。

⑦ 其他非合金钢。

3）低合金钢按主要性能和使用特性分类。

① 可焊接的低合金高强度结构钢。

② 低合金耐候钢。

③ 低合金混凝土用钢及预应力用钢。

④ 铁道用低合金钢。

⑤ 矿用低合金钢。

⑥ 其他低合金钢。

4）合金钢按主要性能和使用特性的分类。

① 工程结构用合金钢。工程结构用合金钢包括一般工程结构用合金钢、供冷成形用的热轧或冷轧扁平产品用合金钢（压力容器用钢、汽车用钢和输送管线用钢）、预应力用合金钢、矿用合金钢、高锰耐磨钢等。

② 机械结构用合金钢包括：

a. 调质处理合金结构钢。

b. 表面硬化合金结构钢（如渗碳钢、渗氮钢、感应加热表面淬火钢等）。

c. 合金弹簧钢。

d. 冷塑成形钢。

③ 不锈钢、耐蚀钢和耐热钢，包括不锈钢、耐酸钢、抗氧化钢和热强钢等。按金相组织不同，可分为：马氏体型钢、铁素体型钢、奥氏体型钢、奥氏体-铁素体型钢、沉淀硬化型钢等。

④ 工具钢。包括合金工具钢和高速工具钢。合金工具钢又可分为量具刃具钢、耐冲击工具用钢、冷作模具钢、热作模具钢、塑料模具钢、无磁模具钢等。高速工具钢又可分为钨系、钨钼系、钴系高速工具钢。

⑤ 轴承钢，包括高碳高铬轴承钢等。

⑥ 特殊物理性能钢，包括软磁钢等。

⑦ 其他合金钢类。渗碳轴承钢、不锈轴承钢、高温轴承钢等；永磁钢、无磁钢、高电阻钢与合金等。

6.1.2　常存杂质和合金元素在钢中的作用

钢在冶炼过程中，由于受所用原料、冶炼工艺方法等因素影响，不可避免地存在一些并非有意加入或保留的元素，如硅、锰、硫、磷、非金属夹杂物以及某些气体，如氮、氢、氧等，一般将它们作为杂质看待，这些杂质元素的存在将对钢的质量和性能产生影响。

为一定目的而加入到钢中，并起改善钢的组织和获得所需性能的元素，称为合金元素，常用的有铬、锰、硅、镍、钼、钨、钒、钴、钛、铝、铜、硼、氮、稀土、硫、磷等。

1. 钢中常存杂质元素对钢性能的影响

（1）锰的影响　锰在碳素钢中的质量分数一般小于0.8%。锰能溶于铁素体，使铁素体强化，也能形成合金渗碳体，以提高硬度。锰还能增加并细化珠光体，从而提高钢的强度和硬度。锰还可与硫形成MnS，以消除硫的有害作用，因此锰在钢中是有益元素。

（2）硅的影响　硅在碳素钢中的质量分数一般小于0.37%。硅能溶于铁素体使其强化，从而使钢的强度、硬度、弹性都得到提高，特别是有硅存在时，钢的屈强比提高，因此硅在钢中也是有益元素。

但是用作冲压件的非合金钢，常因硅对铁素体的强化作用，使钢的弹性极限升高，使冲压性能变差。因此冲压件常采用含硅量低的沸腾钢制造。

（3）硫的影响　硫是冶炼时由矿石和燃料中带入的有害杂质，炼钢时难以除尽。硫在固态铁中的溶解度很小，主要与铁形成硫化亚铁，以化合物形式存在于钢中。由于硫化亚铁（FeS）塑性差，同时FeS与Fe形成低熔点（985℃）的共晶体，分布在奥氏体的晶界上。

当钢加热到1200℃以上进行锻压加工时，奥氏体晶界上低熔点共晶体早已熔化，晶粒间的结合受到破坏，使钢在压力加工时沿晶界开裂，这种现象称为热脆性。

为了消除硫的影响，可提高钢中锰的含量，锰与硫优先形成高熔点（1620℃）的MnS，在高温时具有塑性，可避免钢的热脆性。

在易切削钢中，S与Mn形成的MnS易于断屑，方便切削。因此，在易切削钢中，它又是有利的合金元素。

（4）磷的影响　磷是在冶炼时由矿石带入的有害杂质，炼钢时很难除尽。在一般情况下，磷能溶入铁素体中，使铁素体的强度、硬度升高，但塑性、韧性显著下降。另外，磷在结晶过程中偏析倾向严重，使局部地区含磷量偏高，导致韧脆转变温度升高，从而发生冷脆。冷脆对高寒地带和其他低温条件下工作的结构件具有严重的危害性。

但是磷可提高钢的脆性，因此在易切削钢中可适当提高其含量。另外，爆炸性武器的作战部分用钢需要具备较高的脆性，可含有较高的磷。

硫、磷是钢中常见的有害杂质。因此，常以钢中硫、磷含量的多少来评定冶金质量。按硫、磷的含量，钢可分为以下几类。

1）普通质量钢。$w_S \leqslant 0.05\%$，$w_P \leqslant 0.045\%$。

2）优质钢。w_S、$w_P \leqslant 0.035\%$。

3）高级优质钢。$w_S \leqslant 0.025\%$，$w_P \leqslant 0.035\%$。

4）特高级质量钢。$w_S \leqslant 0.015\%$，$w_P \leqslant 0.025\%$。

高级优质钢牌号后面加"A"，特高级质量钢牌号后面加"E"。

（5）非金属夹杂物的影响　在炼钢过程中，少量炉渣、耐火材料及冶金反应产物都可能进入钢液，形成非金属夹杂物。例如氧化物、硫化物、氮化物、硼化物、硅酸盐等。它们都会降低钢的质量和性能，特别是力学性能中的塑性、韧性及疲劳强度。严重时，还会使钢在热加工与热处理时产生裂纹，或在使用时突然脆断。非金属夹杂物也促使钢形成热加工纤维组织与带状组织，使材料具有各向异性。严重时，横向塑性仅为纵向的一半，并使冲击韧度大为降低。故对于重要用途的钢，特别是要求疲劳性能的滚动轴承钢、弹簧钢等，要检查非金属夹杂物的数量、形状、大小与分布情况，并按相应的等级标准进行评级检验。

（6）气体的影响　在冶炼过程中钢要与空气接触，因而钢液中总会吸收一些气体，如氮、氧、氢等。它们对钢的质量和性能都会产生不良影响，特别是影响力学性能中的韧性和疲劳性能。尤其是氢对钢的危害性更大，它使钢变脆，称为氢脆，也可使钢中产生微裂纹，称为白点，严重影响钢的力学性能，使钢易于脆断。

氮和氧含量高时易形成微气孔和非金属夹杂物，和氢一样会影响钢的韧性和疲劳性能，使钢易于发生疲劳断裂。

2. 合金元素在钢中的作用

铁（Fe）、碳（C）合金是合金钢的基本组元，由于它们之间作用不同，因而可使钢获得不同的组织与性能。

（1）合金元素与碳的作用　钢中的碳常与铁形成 Fe_3C，而合金元素存在于钢中时也会与碳发生反应。依据合金元素是否与碳形成碳化物，可将合金元素分成两大类。

1）形成碳化物的合金元素。合金元素如 Zr、Ti、Nb、V、W、Mo、Cr、Mn、Fe 等，可与碳形成碳化物。按照这些合金元素与 C 亲合力的强弱，又可分为：

① 强碳化物形成元素。如 Zr、Ti、Nb、V 等，这些碳化物在钢中主要形成稳定的特殊碳化物，如 VC、TiC、NbC 等，它们是具有简单晶格的间隙相碳化物。

② 中强碳化物形成元素。如 W、Mo、Cr 等，这些元素在钢中形成的碳化物性质视含量而定。当合金元素含量较高时，会形成特殊碳化物，如 Fe_3W_3C、Cr_7C_3、$Cr_{23}C_6$ 等，它们具有复杂晶格类型。当合金元素含量较低时，形成合金渗碳体，如 $(Fe，W)_3C$、$(Fe，Cr)_3C$ 等。

合金渗碳体是一般低合金钢中碳化物的主要存在形式。

③ 弱碳化物形成元素。如 Mn、Fe 等，这些元素只能形成合金渗碳体或渗碳体，如 $(Fe，Mn)_3C$ 等。

强碳化物形成元素即使含量较少，但只要有足够的碳，就倾向于形成特殊碳化物；而中强碳化物形成元素，只有当其质量分数较高（大于 5%）时，才倾向于形成特殊碳化物。

碳化物的稳定性从高到低的顺序为特殊碳化物、合金渗碳体和渗碳体，特别是特殊碳化物中的间隙碳化物，具有最高的熔点、硬度和耐磨性，最为稳定，不易分解。

碳化物的稳定性越高，就越难溶于奥氏体，也越不易聚集长大。随着碳化物数量的增加，钢的硬度、强度提高，塑性、韧性下降。而稳定性差的碳化物，利用加热与冷却时的溶解析出，可直接影响钢的相变和性能。

合金碳化物的种类、性能和在钢中的分布状态会直接影响钢的性能及热处理时的相变。例如，当钢中存在弥散分布的特殊碳化物时，将显著提高钢的强度、硬度和耐磨性，而不降低韧性，这对提高工具的使用性能是极为有利的。

2）非碳化合物合金元素。如 Ni、Si、Al、CO、Cu 等，这些元素只能溶入铁素体形成固溶体或以第二相形式分布在钢中。

（2）合金元素与铁的作用　合金元素溶入到铁素体中形成合金铁素体，产生固溶强化。合金元素溶入铁素体对其性能的影响如图 6-1 所示。

根据合金元素对 Fe 同素异晶转变点的影响，可把这些合金元素分成两类，如图 6-1 所示。

1）加入能扩大 γ 相区的合金元素。使 Fe 的 A_3 点下降，A_4 点（γ-Fe 与 δ-Fe 的同素异晶转变点，1394℃）上升，结果扩大 γ 相区同时缩小 α 相区的状态。当合金元素增加到 E 点或 E 点以右时，会得到单相 α 相，如图 6-2a 所示。这类合金元素主要有 Mn、Ni、Co 等。

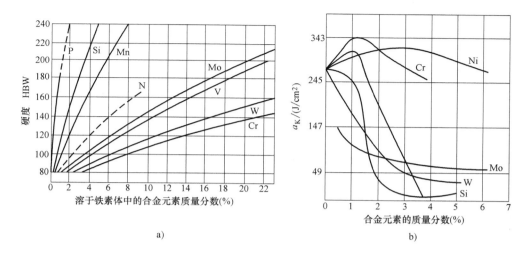

图 6-1　合金元素对铁素体性能的影响

a）对硬度的影响　b）对韧性的影响

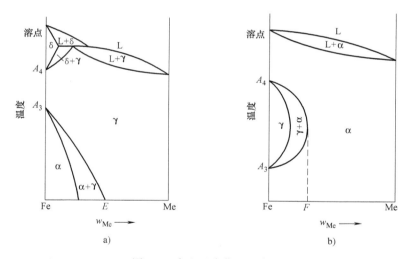

图 6-2　合金元素作用示意图

a）扩大 γ 相区的合金元素　b）扩大 α 相区的合金元素

2）加入能扩大 α 相区的合金元素。使 Fe 的 A_3 点上升，A_4 点下降，结果扩大 α 相区的同时也缩小 γ 相区的状态。当合金元素增加到 F 点以及 F 点以右时，会得到单相 α 相，如图 6-2b 所示，这类合金元素主要有 Cr、V、Mo 等。

实际上，α 相、γ 相中总是有 C 元素存在。因此，可形成相应的奥氏体和铁素体相。只要加入一定量的合金元素，就可在室温下获得单相的奥氏体、单相的铁素体，这是不锈钢的基本原理之一。

（3）合金元素对 Fe-Fe$_3$C 相图的影响　既然加入合金元素后对 Fe 的同素异晶转变点有影响，因而，也必然对 Fe-Fe$_3$C 相图中的 S 点、E 点的位置产生影响。

1）凡是扩大 γ 相区的合金元素，会使 S 点、E 点向左下方移动。凡是扩大 α 相区的合金元素，会使 S 点、E 点向左上方移动。

2）S 点左移，意味着共析点（S）碳含量的降低。如当钢中 $w_{Cr}=12\%$ 时，共析点变成 0.4% 左右的碳含量。如钢中 $w_C=0.4\%$ 时的碳素钢属于亚共析钢，该钢 $w_{Cr}=12\%$ 时，该钢由亚共析成分变成共析成分的合金。

3）E 点左移，意味着得到莱氏体的碳含量降低，从而有可能在钢中也会出现莱氏体。如高速工具钢在铸态组织中出现莱氏体，也称为莱氏体钢。

4）S 点、E 点上升或下降，使钢的相变点也发生了变化，因而影响了热处理的工艺。

（4）合金元素对钢热处理工艺的影响

1）合金元素对钢加热时奥氏体化的影响　合金钢的奥氏体化过程基本上是由碳的扩散来控制的。碳化物形成元素加入钢后减慢了碳的扩散速度，因而降低了奥氏体的形成速度，提高了奥氏体化的温度。为了能充分发挥合金元素的作用，就需要更高的加热温度和更长的保温时间。

除 Mn 以外，几乎所有的合金元素均能阻止加热时奥氏体晶粒的长大。因此，合金钢在相同的奥氏体化条件下获得的晶粒比碳素钢要细小。

2）合金元素对钢冷却转变的影响

① 合金元素对等温转变图的影响。合金元素（Co、Al 除外）的加入稳定了奥氏体，使等温转变图右移。有些强碳化物形成元素，不仅使等温转变图右移，而且使等温转变图的形状也发生了变化，出现了两个鼻尖，而在两个鼻尖中，出现了一个稳定的奥氏体区，如图 6-3 所示。由于等温转变图右移，降低了马氏体临界冷却速度，即在冷却能力弱的淬火冷却介质中淬火也能得到马氏体。因而，提高了钢的淬透性，减少了变形。

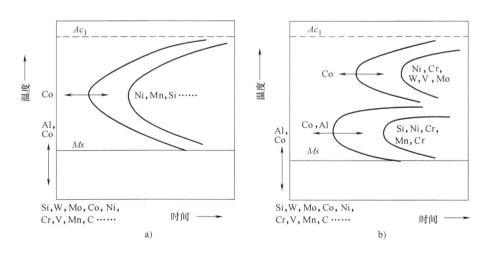

图 6-3　合金元素对等温转变图的影响
a）只改变位置　b）位置、形状均改变

② 合金元素对过冷奥氏体马氏体转变的影响。除 Co、Al 外，大多数合金元素均能降低弧点，使残留奥氏体量增加。影响最显著的合金元素是 Mn、Ni、Cr、Mo 等。

3）合金元素对钢回火转变的影响。

① 合金元素提高了耐回火性。由于合金元素阻碍了马氏体在回火过程中的转变，在相

同回火温度下，合金钢的硬度高于碳素钢。若需硬度相同，则合金钢的回火温度要高于碳素钢，因而提高了耐回火性，如图 6-4 所示。

　　② 在含有大量 W、Mo、V、Co 等的高合金钢中，淬火后在 500～600℃ 回火时，由于特殊碳化物弥散析出，使回火钢的硬度不但不降低反而升高，这种现象称为二次硬化。这类钢淬火后产生大量的残留奥氏体。残留奥氏体在 500～600℃ 回火时也要析出合金碳化物，使残留奥氏体中的碳及合金元素的含量降低，而使弧点上升，使残留奥氏体在回火冷却时转变为马氏体而使硬度升高，也称为二次淬火。这是产生二次硬化的另一个重要原因。二次硬化可使合金钢在较高温度工作时仍保持较高硬度

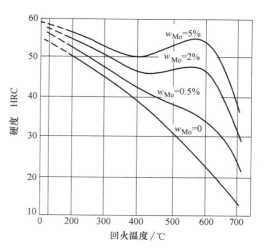

图 6-4　回火温度与硬度的关系

（58～60HRC），这种性能称为热硬性（也称为红硬性）。

　　③ 某些含有 Mn、Cr、M、V 等合金元素的钢，在高温回火（500～600℃）后缓冷时，会使钢的韧性下降，称为回火脆性。为避免这类回火脆性产生，经常在钢中加入 Mo、W 等合金元素来降低此类脆性。对于中小工件来说，高温回火后快冷也可避免此类回火脆性产生。

6.2　非合金钢

6.2.1　非合金钢的种类、牌号、性能和用途

非合金钢分为碳素结构钢、优质碳素结构钢和碳素工具钢三类，下面加以简要说明。

1. 非合金钢牌号表示方法

（1）碳素结构钢牌号表示方法　碳素结构钢牌号由代表屈服强度的"屈"字的汉语拼音第一个字母 Q+屈服强度数值+质量等级代号+脱氧方法组成。质量等级代号有 A、B、C、D 四个级别，表示由 A 至 D，钢中 S、P 含量依次降低。脱氧方法是用符号 F、Z 分别表沸腾钢和镇静钢，Z 可以省略。如 Q235AF 的碳素结构钢，表示屈服强度 $R_{eL} \geqslant 235MPa$，质量等级为 A 级的沸腾钢。

（2）优质碳素结构钢牌号表示方法　优质碳素结构钢牌号是由两位数字（平均万分数）表示钢中的碳的质量分数。按钢中锰含量多少，将优质碳素结构分为普通含锰量组（$w_{Mn} = 0.25\% \sim 0.8\%$）和较高含锰量组（$w_{No} = 0.7\% \sim 1.2\%$）并在两位数字后面加"Mn"符号表示。如 45 钢表示平均碳含量 $w_C = 0.45\%$ 的普通含锰量组的优质碳素结构钢。45Mn 钢表示平均碳含量 $w_C = 0.45\%$ 的较高含锰量组的优质碳素结构钢。它们的牌号分别为：08F、10F、15F、08、10、15、20、25、30、35、40、45、50、55、60、65、70、75、80、85、15Mn、20Mn、25Mn、30Mn、35Mn、40Mn、45Mn、50Mn、60Mn、65Mn、70Mn。

（3）碳素工具钢牌号表示方法　碳素工具钢为 $w_C = 0.65\% \sim 1.40\%$ 的高碳钢，用于制造

各种低速切削刀具和一般量具用模具。这类钢使用时，都应经过淬火再加低温回火热处理，以保证高硬度和良好的耐磨性。

碳素工具钢牌号是由"碳"的汉语拼音第一个字母"T"后加数字组成的。用名义千分数表示钢中碳的质量分数。碳素工具钢均为优质钢。当钢号末尾有"A"符号时，表示该钢为高级优质钢（$w_S \leqslant 0.02\%$，$w_P \leqslant 0.03\%$）。如T13A，表示$w_C = 1.3\%$的高级优质碳素工具钢。碳素工具钢牌号有T7、T8、T8Mn、T9、T10、T11、T12、T13及牌号后面加"A"组成的牌号等。

2. 常用的非合金钢的种类、牌号、性能和用途

常用的非合金钢的种类、牌号、性能和用途见表6-2。

表6-2 非合金钢的种类、牌号、性能和用途

种类	牌　　号	性　　能	用　　途
碳素结构钢	Q195、Q215A、Q215B	塑性好,强度一般	板料、型材等,钢结构、普通螺钉、螺帽、铆钉等
	Q235A、Q235B、Q235C、Q235D	强度较高	拉杆、心轴、链条及焊接件等
	Q255A、Q255B、Q275	强度更高	工具、主轴、制动件、轧辊等
优质碳素结构钢	08	含碳量低、塑性好、强度低、可焊性好	垫片、冲压件和强度要求不高的焊接件等
	10、15、20、25	含碳量低、塑性好,可焊性好	薄钢板、各种容器、冲压件和焊接结构件、螺钉、螺母、垫圈等
	30、35、40、45、50	含碳量中等,强度较高,韧性、加工性好	经淬火、回火等热处理后,用于制成轴类、齿轮、丝杠、连杆、套筒等
	55、60、70	含碳量较高,弹性较高	经淬火处理后,用于制造各种弹簧、轧辊和钢丝等
碳素工具钢	T7、T8	硬度中等,韧性较高	冲头、錾子等
	T9、T10、T11	硬度高,韧性中等	丝锥、钻头等
	T12、T13	硬度高,韧性差	量具、锉刀等

6.2.2　碳素结构钢

碳素结构钢是指适用于制造机器和机械零件或构件的钢。

碳素结构钢可分为普通碳素结构钢、优质碳素结构钢、易切削结构钢、其他特殊用途优质碳素结构钢、铸造碳钢等。

1. 普通碳素结构钢

用于建筑及其他工程结构的铁碳合金称为普通碳素结构钢。这类钢冶炼简单、价格低廉，能满足一般工程结构与普通机械结构零件的性能要求，用量很大。此类钢对化学成分要求不严格，钢的磷、硫含量较高（$w_P \leqslant 0.045\%$，$w_S \leqslant 0.055\%$），但必须保证其力学性能。

这类钢通常以各种规格（圆钢、方钢、工字钢、钢筋等）在热轧空冷状态下供货，一般不进行热处理，在热轧状态下直接使用。

（1）用途　普通碳素结构钢适用于一般工程用热轧钢板、钢带、型钢、棒钢等，可供

焊接、铆接、栓接构件使用，如图6-5所示。

a)　　　　　　　　　　　　　　　b)

图6-5　普通碳素结构钢的应用举例

（2）成分特点和钢种　普通碳素结构钢碳的平均质量分数为0.06%~0.38%，虽然含有较多的有害杂质元素和非金属夹杂物，但能满足一般工程结构及普通零件的性能要求，因而应用较广。表6-3为其牌号、化学成分、力学性能和应用。

表6-3　普通碳素结构钢的牌号、化学成分、力学性能和应用

牌号	等级	化学成分（质量分数，%）					力学性能		应用
		C	Mn	Si	S	P	σ_b/MPa	δ_5（%）	
					不大于				
Q195		0.06~0.12	0.25~0.50	0.30	0.050	0.045	315~390	33	螺钉、螺母、垫圈，焊接件、冲压件等金属构件
Q215	A	0.09~0.15	0.25~0.55	0.33	0.050	0.045	335~410	31	
	B				0.045				
Q235	A	0.14~0.22	0.30~0.68	0.30	0.050	0.045	375~470	26	
	B	0.12~0.20			0.045				
	C	≤0.18			0.040	0.040			
	D	≤0.17			0.035	0.035			
Q255	A	0.18~0.28	0.40~0.70	0.30	0.050	0.045	410~510	24	小轴、销子、连杆
	B				0.045				
Q275		0.28~0.38	0.50~0.80	0.35	0.050	0.045	490~610	20	

　　碳素结构钢一般以热轧空冷状态供应。Q195与Q275牌号的钢是不分质量等级的，出厂时同时保证力学性能和化学成分。

　　Q195钢碳含量很低，塑性好，常用作铁钉、铁丝及各种薄板等。Q275钢属中碳钢，强度较高，能代替30钢、40钢制造零件。Q215、Q235、Q255等钢，当质量等级为A时，出厂时保证力学性能及硅、磷、硫等成分，其他成分不保证。而Q195、Q275钢的力学性能及化学成分均保证。

2. 优质碳素结构钢

　　优质碳素结构钢是w_C=0.05%~0.90%、w_{Mn}=0.25%~1.2%的铁碳合金，为优质钢。它们主要用于制造重要机械结构零件的结构钢，在机械制造中应用极为广泛，一

一般是经过热处理后使用，以充分发挥其性能潜力。优质碳素结构钢的牌号和应用途见表 6-4 所示。

表 6-4　优质碳素结构钢的牌号和应用

牌号	应　用
05F	冶炼不锈钢、耐酸钢、耐热不起皮钢的炉料，也可代替工业纯铁使用，还用于制造薄板、钢带等
08	薄板，制造深冲制品、油桶、高级搪瓷制品，也可用于制成管子、垫片及心部强度要求不高的渗碳和碳氮共渗零件，电焊条等
10	制造锅炉管、油桶顶盖、钢带、钢丝、钢板和型材，也可制作机械零件
15	机械上的渗碳零件、紧固零件、冲锻模件及不需热处理的低负荷零件，如螺栓、螺钉、拉条、法兰盘及化工机械用贮存器、蒸汽锅炉等
20	不经受很大应力而要求韧性的各种机械零件，如拉杆、轴套、螺钉、起重钩等；也用于制造在 884MPa、450℃ 以下非腐蚀介质中使用的管子和导管等；还可用于心部强度要求不高的渗碳零件及碳氮共渗零件，如轴套、链条的滚子、轴以及不重要的齿轮、链轮等
25	热锻和热冲压的机械零件，机床上的渗碳零件及碳氮共渗零件，以及重型和中型机械制造中负荷不大的轴、辊子、连接器、垫圈、螺栓、螺母等，还用作铸钢件
30	热锻和热冲压的机械零件、冷拉丝、重型和一般机械用的轴、拉杆、套环，以及机械上用的铸件，如气缸、汽轮机机架、轧钢机机架和零件、机床机架、飞轮等
35	热锻和热冲压的机械零件，冷拉和冷顶镦钢材，无缝钢管，机械制造中的零件，如转轴、曲轴、轴销、杠杆、连杆、横梁、星轮、套筒、轮毂、钩环、垫圈、螺钉、螺母等；还可用来制造汽轮机机身、轧钢机机身、飞轮、均衡器等
40	制造机器的运动零件，如辊子、轴、曲柄销、传动轴、活塞杆、连杆、圆盘等，以及火车车轴
45	制造蒸汽轮机、压缩机、泵的运动零件，还可用来代替渗碳钢制造齿轮、轴、活塞销等零件，零件需经高频或火焰表面淬火，并可用作铸件
50	耐磨性要求高、动载荷及冲击作用不大的零件，如铸造齿轮、拉杆、轧辊、轴摩擦盘、次要的弹簧、农机上的掘土犁铧、重负荷的心轴与轴等
55	制造齿轮、连杆、轮圈、轮缘、扁弹簧及轧辊等，也可用作铸件
60	制造轧辊、轴、偏心轴、弹簧圈、各种垫圈、离合器、凸轮、钢丝绳等
65	制造气门弹簧、弹簧圈、轴、轧辊、各种垫圈、凸轮及钢丝绳等
70	弹簧

选材案例 1　减速器输出轴的选材及热处理

（1）减速器输出轴的工作情况　图 6-6 所示一级圆柱齿轮减速器（立体装配图）是通过装在箱体内的一对啮合型轮的转动将外界动力从主动齿轮轴（输入轴）以至从动轴（输出轴）以实现减速的。输出轴上安装有端盖、滚动轴承、从动齿轮等零件。减速器输出轴主要承受弯曲和扭转载荷。

（2）减速器输出轴的选材及热处理　选用 45 钢并调质（淬火+高温回火）处理。

3. 易切削结构钢

易切削结构钢是钢中加入一种或几种元素，利用其本身或与其他元素形成一种对切削加

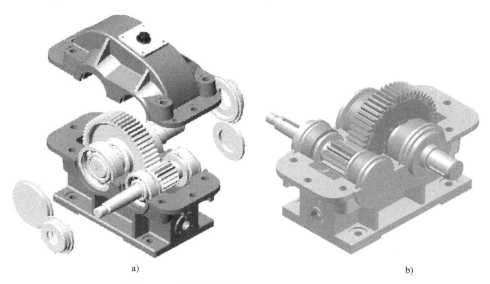

a)　　　　　　　　　　　　　　　b)

图 6-6　一级圆柱齿轮减速器立体装配关系图

工有利的夹杂物，从而改善钢材的切削加工性。目前常用元素是 S、P、Pb、Ca 等。易切削结构钢的牌号是在同类结构钢牌号前冠以"Y"，以区别其他结构用钢。例如牌号 Y15Pb 中的 $w_P = 0.05\% \sim 0.10\%$，$w_S = 0.23\% \sim 0.33\%$，$w_{Pb} = 0.15\% \sim 0.35\%$。采用高效专用自动机床加工的零件大多采用低碳易切削钢。Y12、Y15 是硫磷复合低碳易切钢，用来制造螺栓、螺母、管接头等不重要的标准件；Y45Ca 钢适合于高速切削加工，比用 45 钢的生产效率提高 1 倍以上，用来制造重要的零件，如机床的齿轮轴、花键轴等热处理零件。

4. 其他特殊用途优质碳素结构钢

特殊用途优质碳素结构钢是为了适应某些专业的特殊用途，对优质碳素结构钢的成分和工艺作一些调整，并对性能作出补充规定，即派生出锅炉与压力容器、船舶、桥梁、汽车、农机、纺织机械等一系列专业用钢，并已制定了相应的国家标准。

5. 铸造碳钢（碳钢）

铸钢是指 $w_C = 0.15\% \sim 0.60\%$ 的铸造碳钢。在机械制造业中，用锻造方法难以生产的、力学性能要求较高，而使用铸铁难以达到性能要求的复杂形状零件，常用铸造碳钢来制造。它广泛用于制造重型机械、矿山机械、冶金机械、机车车辆的某些零件构件。但铸钢的铸造性能与铸铁相比较差，特别是流动性差，凝固收缩率大，易偏析。

工程用铸造碳钢是用废钢等有关原料配料后在电弧炉或感应电炉（工频或中频）中熔炼，然后浇注而成的。一般工程用铸钢，只考虑保证强度，对化学成分不作要求。

（1）铸钢牌号　工程用铸造碳钢牌号前面为"铸钢"汉语拼音字母组合"ZG"，随后的一组数字表示屈服强度，第二组数字表示抗拉强度。例如，ZG230-450 表示屈服强度不小于 230MPa、抗拉强度不小于 450MPa 的工程用铸钢。若牌号末尾标字母 H（焊），则表示该钢是焊接结构用碳素铸钢。

（2）常用铸钢的牌号、成分、力学性能及用途常用铸钢的牌号、成分、力学性能及用途见表 6-5。

表 6-5　常用铸钢的牌号、成分、力学性能及用途（摘自 GB/T 11352—2009）

牌号	主要化学成分 w_{Me}（%）				室温力学性能						用途举例
	C ≤	Si ≤	Mn ≤	P、S ≤	$R_{eH}(R_{p0.2})$ /MPa	R_m /MPa	A （%）	Z （%）	KV /J	KU /J	
ZG200-400	0.20	0.60	0.80	0.035	200	400	25	40	30	47	良好的塑性、韧性和焊接性，用于受力不大的机械零件，如机座、变速箱壳等
ZG230-450	0.30	0.60	0.90	0.035	230	450	22	32	25	35	一定的强度和好的塑性、韧性，焊接性良好。用于受力不大、韧性好的机械零件，如钻座、外壳、轴承座、阀体、犁柱等
ZG270-500	0.40	0.60	0.90	0.035	270	500	18	25	22	27	较高的强度和较好的塑性，铸造性良好。焊接性尚好，切削加工性好。用于轧钢机机架、轴承座、连杆、箱体、曲轴、缸体等
ZG310-570	0.50	0.60	0.90	0.035	310	570	15	21	15	24	强度和切削性良好，塑性、韧性较低。用于载荷较高的大齿轮、缸体、制动轮、辊子等
ZG340-640	0.60	0.60	0.90	0.035	340	640	10	18	10	16	有较高的强度和耐磨性，切削加工性好，焊接性较差，流动性好，裂纹敏感性较大。用于齿轮、棘齿等

6.2.3　碳素工具钢

碳素工具钢为 w_C = 0.65% ~ 1.40% 的高碳钢，用于制造各种低速切削刀具和一般量具的模具。这类钢使用时，都应经过淬火再加低温回火热处理，以保证高硬度和良好的耐磨性。

碳素工具钢的牌号是由"碳"的汉语拼音第一个字母"T"后加数字组成的。用名义千分数表示钢中碳的质量分数。碳素工具钢均为优质钢。当钢号末尾有"A"符号时，表示该钢为高级优质钢（w_S ≤ 0.02%，w_P ≤ 0.03%）。如 T13A，表示 w_C = 1.3% 的高级优质碳素工具钢。碳素工具钢牌号有 T7、T8、T8 Mn、T9、T10、T11、T12、T13 及牌号后面加"A"组成的牌号等。

在碳素工具钢中，T7 ~ T9 钢主要用作受力不大、形状较简单的冲击工具，如冲头、铆钉模、铁锤、剪刀和木工工具等；T10 ~ T13 钢主要用作硬而耐磨，但不受冲击的工具，如锉刀、刮刀、钻岩石钻头、丝锥、钟表工具和医疗外科工具等。碳素工具钢的工作温度较低，超过 200℃ 时，硬度和耐磨性会急剧降低而丧失工作能力，所以只能用作各种形状简单而尺寸不大的手工工具。碳素工具钢（非合金工具钢）生产成本较低，加工性能良好，可用于制作低速、手动刀具及常温下使用的工具、模具、量具等。各种牌号的碳素工具钢淬火后的硬度相差不大，但随着含碳量增加，未溶的二次渗碳体增多，钢的耐磨性提高，韧性降低。碳素工具钢牌号是在 T（碳的汉语拼音字首）的后面加数字表示，数字表示钢中碳的平均质量分数为千分之几。例如 T9 表示平均 $w_C = 0.9\%$ 的碳素工具钢。碳素工具钢都是优质钢。

（1）化学成分特点　碳的质量分数为 0.65% ~ 1.35%，其碳含量范围可保证淬火后有足够高的硬度。虽然该类钢淬火后硬度相近，但随着含碳量增加，未溶渗碳体增多，使钢的耐磨性增加，而韧性下降。

（2）热处理特点　碳素工具钢的预备热处理为球化退火，其目的是降低硬度，改善切削加工性，为后面的淬火工艺做组织准备。最终热处理是淬火+低温回火，淬火温度为 780℃，回火温度为 180℃，组织为回火马氏体+粒状渗碳体+少量残留奥氏体。

（3）性能特点　碳素工具钢的锻造及切削加工性好，价格便宜。但缺点是淬透性低，水中淬透直径小于 15mm，且用水作为冷却介质时易淬裂、变形。另外，淬火温度范围窄，易过热；耐回火性也差，只能在 200℃ 以下使用。因此，这类钢仅用来制造截面较小、形状简单、切削速度低的工具，用来加工低硬度材料。

（4）钢种、牌号与用途　常用碳素工具钢的牌号、成分及应用见表 6-6，应用举例如图 6-7 所示。

表 6-6　常用碳素工具钢的牌号、成分及应用

牌号	化学成分（质量分数，%）			硬　度		应　用
	C	Si	Mn	供应状态（不大于）	淬火后 HRC（不小于）	
T7 T7A	0.65 ~ 0.74			187		承受冲击,塑性较好,硬度适当的工具。如扁铲、手锚、大锤、旋具、木工工具
T8 T8A	0.75 ~ 0.84		<0.40	187		承受冲击,要求较高硬度的工具、如冲头。压缩空气工具、木工工具
T8Mn T8MnA	0.83 ~ 0.90		0.40 ~ 0.60	187		同 T8、T8A,但淬透性较高,可制作截面较大的工具
T9 T9A	0.85 ~ 0.94	≤0.35		192	62	韧性中等,但硬度要求高的工具,如冲头、木工工具、攀岩工具
T10 T10A	0.95 ~ 1.04			197		不受剧烈冲击,要求高硬度耐磨的工具,如车刀、铣刀、丝锥、钻头、干锯条
T11 T11A	1.05 ~ 1.14		<0.40	207		同 T10、T10A
T12 T12A	1.15 ~ 1.24			207		不受冲击,要求高硬度耐磨的工具,如锉刀、刮刀、精车刀、丝锥、量具
T13 T13A	1.25 ~ 1.35			217		同 T12、T12A,要求更耐磨的工具,如刮刀、剥刀

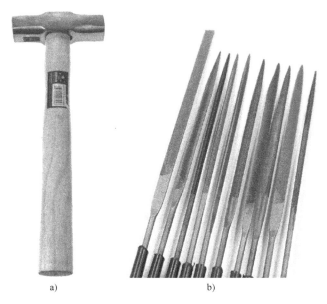

a)   b)

图 6-7   碳素工具钢的应用举例

6.3   合金钢

如前所述，在碳钢的基础上有意地加入一种或几种合金元素，使其使用性能和工艺性能得以提高的以铁为基的合金即为合金钢。

6.3.1   合金钢的分类方法

合金钢品种繁多，常用的分类方法如下所述

1. 按合金元素含量分

（1）低合金钢   钢中合金元素总含量 $w_{总量} \leqslant 5\%$。

（2）中合金钢   钢中合金元素总含量 $w_{总量} = 5\% \sim 10\%$。

（3）高合金钢   钢中合金元素总含量 $w_{总量} > 10\%$。

2. 按合金元素种类分类

根据主加合金元素不同，分别称为铬钢、锰钢、铬镍钢、铬钼钢、硅锰钢、铬镍锰钢及硅锰钼钒钢等。

3. 按主要用途分类

（1）低合金结构钢   低合金结构钢主要用于强度、塑性和韧度要求较高的建筑、工程结构和各种机械零件。

（2）合金工具钢   合金工具钢主要用于硬度、耐磨性和热硬性等要求高的各种刀具、工具和模具。

（3）特殊性能钢   特殊性能钢包括要求特殊物理、化学或力学性能的各种不锈钢、耐热钢、耐磨钢、磁钢和超强钢等。

4. 合金钢牌号的表示方法

（1）普通低合金钢、合金结构钢牌号的表示方法　我国低合金钢、合金钢牌号的表示方法是按钢的碳含量及所含合金元素的种类及含量来确定的。牌号由"两位数字+元素符号+数字"来表示。前面的两位数字是以平均万分数表示钢中碳的质量分数，加入的合金元素用化学符号表示，其后的数字表示该合金元素的质量分数。当合金的质量分数≤1.5%时不标明数字；当合金元素含量为1.5分别标出2、3、4、5……。例如20Cr，表示平均碳含量 $w_C = 0.2\%$、$w_{Cr} \leq 1.0\%$ 的合金结构钢。

（2）合金工具钢牌号　合金工具钢牌号表示方法为当 $w_C < 1\%$ 时，牌号前以千分数表示碳的质量分数（一位数字）；当 $w_C \geq 1\%$ 时，牌号前面无数字。合金元素的表示方法与合金结构钢相同。如 CrWMn，表示钢中平均 $w_C \geq 1.00\%$，并含有 Cr、W、Mn，其质量分数均小于或等于1.5%的合金工具钢。又如9CrWMn，表示钢中平均 $w_C = 0.90\%$，Cr、W、Mn 的质量分数均小于或等于1.5%的合金工具钢。但高速工具钢的牌号例外。

（3）滚动轴承钢牌号　其牌号是用"滚"的汉语拼音第一个字母"G"为首位，其后加入合金元素 Cr 的平均质量千分数来表示。如 GCrl5，表示钢中平均 $w_C = 1.5\%$ 的滚动轴承钢。

（4）不锈钢和耐热钢牌号　碳含量用两位或三位阿拉伯数字表示碳含量最佳控制值（以万分之几或十万分之几计）。只规定碳含量上限，当碳的质量分数上限不大于0.10%时，以其上限的3/4表示碳含量；当碳的质量分数上限大于0.10%时，以其上限的4/5表示碳含量。对超低碳不锈钢（即碳的质量分数不大于0.030%），用三位阿拉伯数字表示碳含量最佳控制值（以十万分之几计）。规定上、下限者，以平均碳的质量分数乘以100表示。合金元素含量以化学元素符号及阿拉伯数字表示，表示方法与合金结构钢相同。钢中有意加入的铌、钛、锆、氮等合金元素，虽然含量很低，也应在牌号中标出。如 06Cr19Ni10，表示 $w_C \leq 0.08\%$、$w_{Cr} = 18.00\% \sim 20.00\%$、$w_{Ni} = 8.00\% \sim 11.00\%$ 的不锈钢。

常用的合金结构钢的牌号及用途如表6-7所示。

表6-7　常用合金钢的牌号及用途

种　类	牌　号	性　能	用　途
普通低合金钢	16Mn，14MnNi，15MnTi，15MnV	强度较高，塑性，韧性、焊接性和耐蚀性较好	桥梁、钢结构、压力容器等
渗碳钢	20Cr、20MnV、20CrMoTi，20CrNi4A	含碳量低、塑性、韧性较好	轴、齿轮、活塞销、蜗杆等
调质钢	40Cr、42CrMo、40MnB，38CrMoAl	强度高，塑性、韧性好，力学性能良好	广泛用于机械零件，如齿轮、轴、连杆等
弹簧钢	65Mn，60Si2Mn，50CrVA，60Si2CrVA	强度高	各种弹簧、板簧等
合金工具钢	9SiCr，W18Cr4V	较高的硬度和耐磨性，一定的红硬性	工具、刃具、模具、量具

6.3.2 合金结构钢

1. 低合金高强度钢

低合金结构钢，一般是在低碳钢的基础上，加入少量合金元素（$w_{总量}<3\%$）而形成的合金钢。这类钢冶炼比较方便，生产成本与碳钢相近，但强度比一般低碳钢高 $10\%\sim30\%$，并具有足够的塑性和韧度，故又称为低合金高强度钢。

低碳低合金工程结构用钢可用于代替普通碳素结构钢，其屈服强度可提高 $25\%\sim100\%$，质量可减轻 30%，零件使用更可靠、耐久。这些构件的特点是尺寸大，需冷弯及焊接成形，形状复杂，大多在热轧或正火条件下使用，且可能长期处于低温或暴露于一定的环境介质中，因而要求钢材必须具有：①较高的强度和屈强比；②较好的塑性和韧性；③良好的焊接性；④较低的缺口敏感性和冷弯后低的时效敏感性；⑤较低的韧脆转变温度。低合金钢是一类可焊接的低碳低合金工程结构用钢，主要用于房屋、桥梁、船舶、车辆、铁道、高压容器及大型军事工程等工程结构件。

低合金高强度结构钢牌号与碳素结构钢牌号相似，由代表屈服强度"屈"字的汉语拼音第一个字母 Q+屈服强度数值+质量等级代号组成。质量等级代号有 A、B、C、D、E 五个级别，并由 A 至 E，钢中的 S、P 含量依次降低。如 Q460E，表示屈服强度 $R_{eL}>460MPa$，质量等级数为 E 级的低合金高强度结构钢，低合金高强度结构钢牌号有 Q345、Q390、Q420、Q460、Q500、Q550、Q620、Q690。低合金高强度钢牌号新旧标准对照及应用见表6-8。

表 6-8　低合金高强度钢牌号新旧标准对照及应用

新标准	旧　标　准	应　用
Q295	09MnV、09MnNb、09Mn2、12Mn	车辆的冲压件、冷弯型钢、螺旋焊管、低压锅炉气包、中低压化工容器、输油管道、储油罐、油船等
Q345	12MnV、14MnNb、16Mn、18Nb、16MnRE	船舶、铁路车辆、桥梁、管道、锅炉石油储罐、起重及矿山机械、电站设备
Q390	15MnTi、16MnNb、10MnPNbRE、15MnV	中高压锅炉气包、中高压石油化工容器、桥梁、车辆、起重机及其他较高载荷件
Q420	15MnVN、14MnVTiRE	大型船舶、桥梁、机车车辆、中压或高压锅炉容器及其他大型焊接结构件等
Q460		可淬火加回火后用于大型挖掘机、起重运输机械、钻井平台等

为了适应某些专业的特殊需要，对低合金高强度结构钢的成分、工艺及性能作了相应的调整和补充规定，从而发展了门类众多的低合金专业用钢，例如锅炉、各种压力容器、船舶、桥梁、汽车、农机、自行车、矿山、建筑钢筋等，许多已纳入国家标准。如汽车用低合金钢是一类用量极大的专业用钢，广泛用于汽车大梁、托架及车壳等结构件。

低合金工程结构用钢的应用举例如图6-8所示。

低合金高强钢由于力学性能和加工性能良好，需热处理，因此受到重视，是近年来发展最快、最具经济价值的一类合金钢。我国1951年开始试制生产低合金高强钢，现已有很大

a)   b)

图6-8 低合金工程构用钢的应用举例

发展，目前其产量已占钢总产量的 15.4% 左右，是今后钢铁生产的发展方向之一。这类钢的强度级别在不断提高，现已达到 800MPa 级，相当于调质钢的水平。当前主要的发展方向如下：

（1）通过合金化和热处理改变基体组织以提高强度 加入较多种类的合金元素，如 Cr、Mn、Mo、Ni、Si、B 等，通过淬火和高温回火使钢获得低碳索氏体组织，得到良好的综合力学性能和焊接性能。这类钢发展很快，强度已达 800MPa 级，低温韧性非常好，已用于重型车辆、桥梁及舰艇。

（2）超低碳化 为了充分保证韧性和焊接性能，进一步降低含碳量，碳的质量分数甚至降到 0.02%~0.04%，此时需采用真空冶炼或真空去气冶炼工艺。

（3）控制轧制 把细化晶粒与合理轧制工艺结合起来，实现控制轧制。Nb、V 等元素在轧制温度下溶入奥氏体中，能抑制或延缓奥氏体的再结晶过程，使钢获得小于 5μm 的超细晶粒，从而保证其具有高强度和高韧性。

（4）发展专用钢 为了适应各种专门用途的需要，对某些常用普通低合金高强钢的成分、性能和质量作了一定调整，即派生出了一系列专用钢，例如低温用钢，耐海水、大气腐蚀用钢，钢轨用钢等。

选材案例 2：南京长江大轿的选材分析

（1）南京长江大桥简介 大桥如图6-9所示，位于长江下游，是长江上第一座由我国自行设计、建造的双层式铁路、公路两用桥，主跨为 160m，桥体为钢结构。

（2）桥体材料要求 桥体材料要有足够的强度和很好的抗疲劳强度，同时焊接性要好，还要具有一定的大气腐蚀能力。

（3）选材分析及选定 20 世纪 50 年代建造的武汉长江大桥，其主跨为 128m，采用 Q235 制造。而在 20 个世纪 60 年代，我国独立设计研发建造的南京长江大桥，所在位置为长江下游，江面宽，主跨增加到 160m。对桥体材料更严苛。

在选材时，考虑到 Q345 钢（16Mn）是我国低合金高强度结构钢中用量最多、产量最大的钢种。强度比普通碳素结构钢 Q235 高约 20%~30%，耐大气腐蚀性能高 20%~38%，且可使结构自重减轻，使用可靠性提高。

经科学试验，综合对比，采用了 Q345（16Mn）制造！

a)

b)

图 6-9 南京长江大桥
a）竣工后 b）施工中

2. 渗碳钢

许多机械零件，如汽车中的变速齿轮，工作时载荷主要集中在啮合的轮齿上，会在局部产生很大的压应力、弯曲应力和摩擦力，因而要求表面必须具有很高的硬度、耐磨性以及高的疲劳强度。而在传递动力的过程中，又要求这些零件具有足够的强度和韧性，能承受大的冲击载荷。为解决这一矛盾，首先应从保证零件具有足够的韧性和强度入手，选用含碳量低的钢材，通过渗碳使表面变成高碳，经淬火+低温回火后，心部和表面同时满足要求。

齿轮常见的失效方式为麻点剥落、磨损或轮齿断裂。对其提出的性能要求是：渗碳层表面具有高硬度、高耐磨性、高疲劳抗力及适当的塑韧性；心部具有高的韧性和足够高的强度，即具有良好的综合性能。

（1）用途与性能特点 合金渗碳钢通常是指经渗碳淬火、低温回火后使用的合金钢。合金渗碳钢主要用于制造承受强烈冲击和摩擦磨损的机械零件，如汽车、拖拉机中的变速齿轮，内燃机上的凸轮轴、活塞销等。渗碳钢的应用举例如图 6-10 所示。要求其工作表面具有高硬度、高耐磨性，心部具有良好的塑性和韧性。

a)

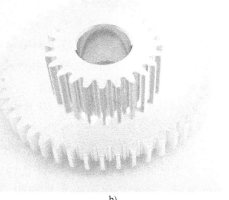
b)

图 6-10 渗碳钢的应用举例

（2）化学成分特点 为了保证心部具有足够的强度和良好的韧性，渗碳钢中碳的质量分数为 0.10%～0.25%，其主加元素为 Si、Mn、Cr、Ni、B，辅加元素为 V、Ti、W、Mo。

渗碳钢中合金元素的主要作用是：①Si、Mn、Cr、Ni、B 可提高淬透性；②V、Ti、W、Mo 可细化晶粒，在渗碳阶段防止奥氏体粗大，从而获得良好的渗碳性能；③碳化物形成元素（Cr、V、Ti、W、Mo）可增加渗碳层硬度，提高耐磨性。

（3）热处理特点 渗碳钢的最终热处理是在渗碳后进行的。对于在渗碳温度下仍保持细小奥氏体晶粒的钢，如 20CrMnTi，渗碳后如不需要机加工，则可在渗碳后预冷并直接淬火+低温回火。而对于渗碳时容易过热的钢，如 20Cr，渗碳后需先正火消除过热组织，再进行淬火+低温回火，得到心部为低碳回火马氏体，表面为高碳回火马氏体+合金渗碳体+少量残留奥氏体的组织。20CrMnTi 是应用最广泛的合金渗碳钢，用于制造汽车、拖拉机的变速齿轮、轴等零件，表面硬度一般为 58～64HRC，而心部组织则视钢的淬透性高低及零件尺寸大小而定，可得到低碳回火马氏体或珠光体加铁素体组织。

（4）钢种、牌号及应用 常用渗碳钢的牌号、成分、热处理性能及应用见表 6-9。合金渗碳钢按淬透性或强度不同分为低淬透性、中淬透性及高淬透性三类。

1）低淬透性渗碳钢。水淬临界淬透直径为 20～35mm。典型钢种有 20Mn2、20Cr、20MnV 等，用于制造受力不大、要求耐磨并承受冲击的小型零件。

2）中淬透性渗碳钢。油淬临界淬透直径为 25～60mm。典型钢种有 20CrMnTi、20Mn2TiB 等，用于制造尺寸较大、承受中等载荷或重要的耐磨零件，如汽车齿轮。

3）高淬透性渗碳钢。油淬临界淬透直径为 100mm 以上，属于马氏体钢。典型钢种有 20Cr2Ni4A、18Cr2Ni4WA、15CrMn2SiMo 等，用于制造承受重载与强烈磨损或极为重要的大型零件，如航空发动机及坦克齿轮等。

选材案例3 汽车变速箱齿轮的选材及热处理

（1）汽车变速箱齿轮的作用 汽车变速箱齿轮（图 6-11）位于汽车传动部分，用于传递扭矩与动力，起改变速度的作用。

a) b)

图 6-11 汽车变速箱齿轮

a）变速箱 b）齿轮

（2）齿轮选材要求 齿轮的轮齿要承受较大的弯曲载荷和交变载荷，表面还要承受强烈的摩擦，齿轮还要承受变速时的冲击与碰撞。

表 6-9　常用渗碳钢的牌号、成分、热处理、力学性能及应用

类别	牌号	主要化学成分（质量分数,%）							热处理温度/℃				力学性能（不小于）					应用
		C	Mn	Si	Cr	Ni	V	其他	渗碳	预备热处理	淬火	回火	σ_b/MPa	σ_s/MPa	δ_s(%)	ϕ(%)	σ_g/kJ·m^{-1}	
低淬透性	15	0.12~0.19	0.35~0.65	0.17~0.37						890~910（空）	770~800（水）	200	500	300	15	55		活塞阀
	20Mn2	0.17~0.24	1.40~1.80	0.20~0.40						850~870	720~800（油）	200	820	600	10	47	600	小齿轮、小轴、活塞销
	20Cr	0.18~0.24	0.50~0.80	0.20~0.40	0.70~1.00					880（水、油）	880	200	850	550	10	40	600	齿轮、小轴、活塞销
	20MnV	0.17~0.24	1.30~1.60	0.20~0.40			0.07~0.12			880	880（水、油）	200	800	600	10	40	700	锅炉、高压容器管道
	20CrV	0.17~0.24	0.50~0.80	0.20~0.40	0.80~1.10		0.07~0.12				800（水、油）	200	850	600	12	45	700	齿轮、小轴、活塞销、顶杆、耐热垫圈
中淬透性	20CrMn	0.17~0.24	0.90~1.20	0.20~0.40	0.90~1.20						850（油）	200	950	750	10	45	600	蜗杆、轴、活塞销、摩擦轮
	20CrMnTi	0.17~0.24	0.80~1.10	0.20~0.40	1.00~1.30			Ti0.06~0.12	930	830（油）	850（油）	200	1100	850	10	45	700	汽车、拖拉机上的变速箱齿轮
	20Mn2TiB	0.17~0.24	1.50~1.80	0.20~0.40				Ti0.06~0.12 B0.001~0.004			860（油）	200	1150	950	10	45	700	代20CrMnTi
	20SiMnVB	0.17~0.24	1.30~1.60	0.50~0.80			0.07~0.12	B0.001~0.004		850~880（油）	780~800（油）	200	1200	1000	10	45	700	代20CrMnTi
高淬透性	18Cr2Ni4WA	0.13~0.19	0.30~0.60	0.20~0.40	1.35~1.65	4.00~4.50		W0.80~1.20		950（空）	850（空）	200	1200	850	10	45	1000	大型渗碳齿轮和轴类件
	20Cr2Ni4A	0.17~0.24	0.30~0.60	0.20~0.40	1.25~1.75	3.25~3.75				880（油）	780（油）	200	1200	1100	10	45	800	大型渗碳类件
	15CrMn2SiMo	0.13~0.19	2.00~2.40	0.40~0.70	0.40~0.70			Mo0.40~0.50		880~920（空）	850（油）	200	1200	900	10	45	800	大型渗碳齿轮、飞机齿轮

表6-10　常用调质钢的牌号、成分、热处理、力学性能及应用

牌号	主要化学成分(质量分数,%)								热处理温度/℃		力学性能(不小于)						应用
	C	Mn	Si	Cr	Ni	Mo	V	其他	淬火	回火	σ_b/MPa	σ_s/MPa	δ_5(%)	ϕ(%)	σ_g/kJ·m^{-2}	HBW	
45Mn2	0.42~0.49	1.40~1.80	0.17~0.37						840(油)	550(水、油)	885	735	10	45	47	217	重要螺栓和轴类件
40MnB	0.37~0.44	1.10~1.40	0.17~0.37					B0.0005~0.0035	850(油)	500(水、油)	980	785	10	45	47	207	中、小截面重要调质件
40MnVB	0.37~0.44	1.10~1.40	0.17~0.37				0.05~0.10	B0.0005~0.0035	850(油)	520(水、油)	980	785	10	45	47	207	代40Cr
35SiMn	0.32~0.40	1.10~1.40	1.10~1.40						900(水)	570(水、油)	885	735	15	45	47	229	代40Cr
40Cr	0.37~0.44	0.50~0.80	0.17~0.37	0.80~1.10					850(油)	520(水、油)	980	785	9	45	47	217	汽车后半轴,机床齿轮、轴、花键轴,顶尖套
38CrSi	0.35~0.43	0.30~0.60	1.00~1.30	1.30~1.60					900(油)	600(水、油)	980	835	12	50	55	255	作承受大载荷的轴类件及车辆上的重要调质件
40CrMn	0.37~0.45	0.90~1.20	0.17~0.37						840(油)	550(水、油)	980	835	9	45	47	229	代40CrNi
30CrMnSi	0.27~0.34	0.80~1.10	0.90~1.20	0.80~1.10					880(油)	520(水、油)	1080	835	10	45	39	229	高强度钢,作高速载荷砂轮轴、车轴上的内外摩擦片

（续）

牌号	主要化学成分（质量分数，%）								热处理温度/℃		力学性能（不小于）						应用
	C	Mn	Si	Cr	Ni	Mo	V	其他	淬火	回火	σ_b/MPa	σ_s/MPa	δ_5（%）	ϕ（%）	σ_g/kJ·m^{-2}	HBW	
35CrMo	0.32~0.40	0.40~0.70	0.17~0.37	0.80~1.10		0.15~0.25			850（油）	550（水、油）	980	835	12	45	63	229	重要调质件，如曲轴、连杆
38CrMoAlA	0.35~0.42	0.30~0.60	0.20~0.45	1.35~1.65		0.15~0.25		Al 0.70~1.10	940（水、油）	640（水、油）	980	835	14	50	71	229	渗氮零件
40CrNi	0.37~0.44	0.50~0.80	0.17~0.37	0.45~0.75	1.00~1.40				820（油）	500（水、油）	980	785	10	45	55	241	大截面和重要的曲轴、主轴
37CrNi3	0.34~0.41	0.30~0.60	0.17~0.37	1.20~1.60	3.00~3.50				820（油）	500（水、油）	1130	980	10	50	47	269	大截面、高强度、高韧性的零件
37SiMn2MoV	0.33~0.39	1.60~1.90	0.17~0.37			0.40~0.50	0.05~0.12		870（水、油）	650（水、空）	980	835	12	50	63	269	大截面、重载荷的轴、连杆、齿轮
40CrMnMo	0.37~0.45	0.90~1.20	0.17~0.37	0.90~1.20		0.20~0.30			850（油）	600（水、油）	980	785	10	45	63	217	相当于40CrNiMo
25Cr2Ni4WA	0.21~0.28	0.30~0.60	0.17~0.37	1.35~1.65	4.00~4.50			W 0.80~1.20	850（油）	550（水）	1080	930	11	45	71	269	制造力学性能要求很高的大截面零件
40CrNiMoA	0.37~0.44	0.50~0.80	0.17~0.37	0.60~0.90	1.25~1.65	0.15~0.25			850（油）	600（水、油）	980	835	12	55	78	269	高强度零件
45CrNiMoVA	0.42~0.49	0.50~0.80	0.17~0.37	0.80~1.10	1.30~1.80	0.20~0.30	0.10~0.20		860（油）	460（油）	1470	1330	7	35	31	269	高强度、高弹性零件

（3）汽车变速箱齿轮选选材和处理的选择　汽车变速箱齿轮应选用具有良好力学性能和工艺性能的 20CrMnTi（中淬透性的渗碳钢）；进行热处理的预处理为：正火（950～970℃），非合金钢（碳素钢），机械加工后再渗碳（920～950℃，6～8h），预冷到875℃左右油淬，最后低温回火（180～200℃）。

3. 合金调质钢

调质钢主要采用调质处理得到回火索氏体，其综合力学性能好，用作轴、杆类零件。

以轴类零件为例，其作用是传动力矩，且其工作对象受扭转、弯曲等交变载荷，也会受到冲击，因此在配合处有强烈摩擦。其失效主要是由于硬度低、耐磨性差而造成的花键磨损，以及承受交变的扭转、弯曲载荷所引起的疲劳破坏。因此，对轴类零件提出的性能要求是具有高强度，尤其是高疲劳强度、高硬度、高耐磨性及良好的塑韧性。

（1）应用与性能特点　合金调质钢是指经调质后使用的钢，主要用于制造在重载荷下又受冲击载荷的一些重要零件，如汽车、拖拉机、机床等的齿轮、轴、连杆、高强度螺栓等，如图 6-12 所示。它是机械结构用钢的主体，要求零件具有高强度、高韧性相结合的良好综合力学性能。

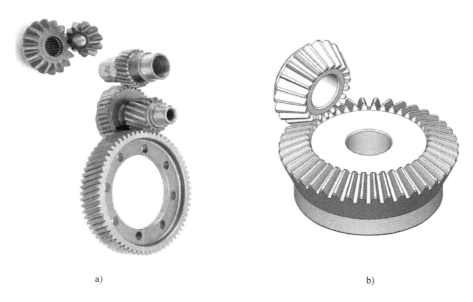

a)　　　　　　　　　　　　　　　　b)

图 6-12　合金调质钢的应用举例

（2）化学成分特点　调质钢中碳的质量分数为 0.25%～0.50%。若含碳量过低，则不易淬硬，回火后强度不足；若含碳量过高，则韧性不够。

调质钢合金化的主要添加元素为 Mn、Cr、Si、Ni，辅助添加元素为 V、Mo、W、Ti。合金元素的主要作用是提高淬透性（Mn、Cr、Si、Ni 等），降低第二类回火脆性倾向（Mo、W），细化奥氏体晶粒（V、Ti），提高钢的耐回火性。典型的牌号为 40Cr、40CrNiMO、40CrMnMo。

（3）热处理特点　调质钢的最终热处理通常采用淬火+高温回火处理，如汽车、拖拉机上连杆选用 40Cr，锻造成形后采用正火，粗加工后采用调质处理。

选材案例4：汽车、拖拉机连杆的选材及热处理

（1）连杆的工作　连杆位于汽车、拖拉机传动部分的连杆，如图 6-13a 所示，其作用是连接活塞与曲轴，把活塞所承受的压力传给曲轴，将活塞的往复运动变成曲轴的旋转运动；连杆是由小头、杆身、大头三部分组成，如图 6-13b 所示，小头与活塞一起作往复运动，大头与曲轴一起作旋转运动，杆身作复杂的平面摆动。

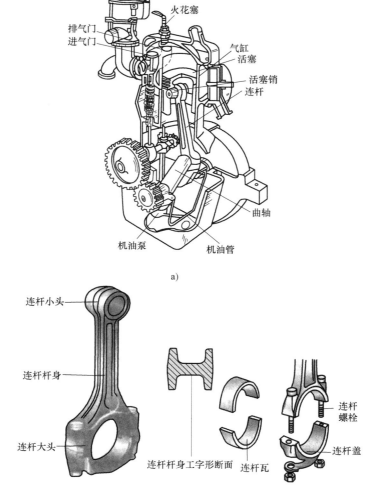

图 6-13　汽车、拖拉机上的连杆
a）单缸发动机结构示意图　b）连杆机构

（2）对连杆材料的要求　要求连杆在工作中除受到交变的拉、压载荷外，就会承受弯曲载荷，就会产生摩擦和磨损，工作环境很复杂，因此要求材料既有高的屈服强度和疲劳强度，又有很好的塑性和冲击韧度，即良好的综合力学性能。

（3）连杆材料的选择 汽车、拖拉机上的连杆选用40Cr，锻造成形后采用正火，粗加工后进行调质处理。

4. 合金弹簧钢

按结构形态不同，可将弹簧分为螺旋弹簧和板簧，弹簧可通过弹性变形储存能量，以达到消振、缓冲或驱动的作用。

在长期承受冲击、振动的周期交变应力下，板簧会出现反复的弯曲，螺旋弹簧会出现反复的扭转，因而其失效方式通常为弯曲疲劳或扭转疲劳破坏，也可能由于弹性极限较低而引起弹簧的过量变形或永久变形而失去弹性。因此弹簧必须具有高的弹性极限与屈服强度，高的屈强比，高的疲劳极限及足够的冲击韧性和塑性。另外，由于弹簧表面受力最大，表面质量会严重影响疲劳极限，所以弹簧钢表面不应有脱碳、裂纹、折叠、夹杂等缺陷。

（1）应用与性能特点 合金弹簧钢是专用结构钢，主要用于制造弹簧等弹性元件。弹簧类零件应有高的弹性极限和屈强比，还应具有足够的疲劳强度和韧性。

（2）化学成分特点 碳素弹簧钢中碳的质量分数为 0.6%~0.9%，合金弹簧钢中碳的质量分数为 0.45%~0.70%，中高碳含量主要用来保证高的弹性极限和疲劳极限。其合金化主加元素为 Mn、Si、Cr，辅加元素为 Mo、V、Nb、W。

合金元素的主要作用是提高淬透性（Mn、Si、Cr），提高耐回火性（Cr、Si、Mo、W、V、Nb），细化晶粒，防止脱碳（Mo、V、Nb、W），提高弹性极限（Si、Mn）等，典型牌号为 60Si2Mn、65Mn。

（3）热处理特点 弹簧按加工工艺不同可分为冷成形弹簧和热成形弹簧两种。对于大型弹簧或复杂形状的弹簧，热轧成形后淬火+中温回火（450~550℃）工艺，获得回火托氏体组织，保证高的弹性极限、疲劳极限及一定的塑韧性。对于小尺寸的弹簧，按其强化方式和生产工艺的不同可分为三种类型。

1）铅浴等温淬火冷拉弹簧钢丝。冷拔前将钢丝加热到 $Ac_3(Ac_{cm})+(100~200)$℃，完全奥氏体化，再在铅浴（480~540℃）中进行等温淬火，得到塑性高的索氏体组织，经冷拔后绕卷成形，再进行去应力退火（200~300℃），这种方法能生产强度很高的钢丝。

2）油淬回火弹簧钢丝。冷拔钢丝退火后冷绕成弹簧，再进行淬火+中温回火处理，得到回火托氏体组织。

3）硬拉弹簧钢丝。冷拔至要求尺寸后，利用淬火+回火进行强化处理，再冷绕成弹簧，并进行去应力退火，之后不再进行热处理。

（4）钢种、牌号及应用

1）以 Si、Mn 元素合金化的弹簧钢，代表性钢种是 60Si2Mn。其淬透性显著优于碳素弹簧钢，可制造截面尺寸较大的弹簧。Si、Mn 复合合金化的性能比只加 Mn 要好，这类钢主要用于汽车、拖拉机及机车上的板簧和螺旋弹簧，如图6-14 所示。

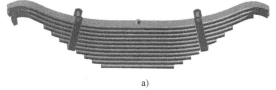

a)

b)

图6-14 常用弹簧钢的应用举例

a）板簧 b）螺旋弹簧

2）含 Cr、V、W 等元素的弹簧钢，具有代表性的钢种是 50CrVA。Cr、V 的复合加入不仅使钢具有较高的淬透性，而且具有较高的高温强度、韧性和较好的热处理工艺性能。因此，这类钢可制作在 350~400℃ 下承受重载的较大型弹簧，如阀门弹簧、高速柴油机气门弹簧等。

常用弹簧钢的牌号、化学成分、热处理、力学性能及用途见表 6-11。

选材实例 5：汽车板弹簧的选材及热处理

（1）汽车板弹簧的工作　钢板弹簧（图 6-15a）是汽车悬架中应用最广泛的一种弹性元件，它是由若干片等宽但不等长（厚度可以相等，也可以不相等）的合金弹簧片组合而成的一根近似等强度的弹性梁，如图 6-15b 所示。当钢板弹簧安装在汽车悬架中，所承受的垂直载荷为正向时，各弹簧片都受力变形，有向上拱弯的趋势。这时，车桥和车架便相互靠近。当车桥与车架互相远离时，钢板弹簧所受的正向垂直载荷和变形便逐渐减小，可以缓冲和减轻车厢的振动。

（2）对弹簧材料的要求　汽车板弹簧在工作中承受很大的交变弯曲载荷和冲击载荷，需要高的屈服强度和疲劳强度。

（3）汽车板弹簧选用选　汽车板弹簧选用 60Si2Mn 热轧扁钢制造，进行淬火及中温回火，最后喷丸处理。

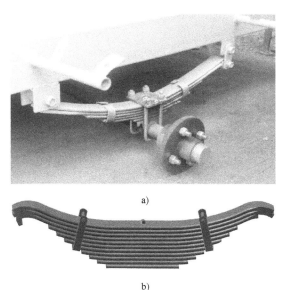

a)

b)

图 6-15　钢板弹簧

a）钢板弹簧在车桥上的安装示意图　b）钢板弹簧

5. 滚动轴承钢

滚动轴承钢主要用于制造滚动轴承的滚动体、内外套圈。当轴转动时，位于轴承正下方的钢球承受轴的颈向载荷最大。由于接触面积小，其接触应力可达 1500~5000MPa，应力交变次数达每分钟数万次。常见的失效方式为，由于接触疲劳破坏而产生麻点或剥落，由于长期摩擦造成磨损而丧失精度，由于处于润滑油环境而产生锈蚀。因此对这类零件提出的性能要求为具有高的接触疲劳强度、高硬度、高耐磨性，以及良好的耐蚀性。

表6-11　常用弹簧钢的牌号、化学成分、热处理、力学性能及用途

类别	牌号	主要化学成分（质量分数,%）						热处理温度/℃		力学性能（不小于）				应用
		C	Si	Mn	Cr	V	其他	淬火	回火	σ_b/MPa	σ_s/MPa	δ_5(%)	ϕ(%)	
碳素弹簧钢	65	0.62~0.70	0.17~0.37	0.50~0.80				840（油）	500	800	1000	9	35	直径小于12mm的一般机器上的弹簧
	85	0.82~0.90	0.17~0.37	0.50~0.80				820（油）	480	1000	1150	6	30	直径小于12mm的一般机器上的弹簧
	65Mn	0.62~0.70	0.17~0.37	0.90~1.20				830（油）	540	800	1000	8	30	直径小于12mm的一般机器上的弹簧
合金弹簧钢	55Si2Mn	0.52~0.60	1.50~2.00	0.60~0.90				870（油）	480	1200	1300	6	30	直径20~25mm的弹簧，工作温度低于230℃
	60Si2Mn	0.56~0.60	1.50~2.00	0.60~0.90				870（油）	480	1200	1300	5	25	直径25~30mm的弹簧，工作温度低于300℃
	50CrVA	0.46~0.54	0.17~0.37	0.50~0.80	0.80~1.10	0.10~0.20		850（油）	500	1150	1300	10(δ_5)	40	直径30~50mm的弹簧，工作温度低于210℃的气阀弹簧
	60Si2CrVA	0.56~0.64	0.90~1.20	0.17~0.37	0.90~1.20	0.10~0.20		850（油）	410	1700	1900	6(δ_5)	20	直径小于50mm的弹簧，工作温度低于250℃
	50SiMnMoV	0.52~0.60	0.80~1.10	0.90~1.20		0.08~0.15	Mo0.20~0.30	880（油）	550	1300	1400	6	30	直径小于75mm的弹簧，重型汽车、越野汽车大截面弹簧

（1）应用与性能特点　滚动轴承钢主要用于制造滚动轴承的内、外套圈以及滚动体，此外还可用于制造某些工具，如模具、量具等，如图 6-16 所示。由于滚动轴承在工作时承受很大的交变载荷和极大的接触应力，受到严重的摩擦磨损，并受到冲击载荷、大气和润滑介质腐蚀的作用，这就要求滚动轴承钢必须具有高而均匀的硬度和耐磨性、高的接触疲劳强度、足够的韧性和对大气的耐蚀能力。

a)
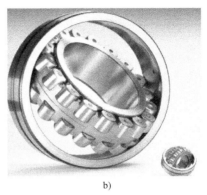
b)

图 6-16　滚动轴承钢应用举例

（2）化学成分特点　滚动轴承钢中碳的质量分数为 0.95% ~ 1.10%，以保证具有高硬度、高耐磨性和高强度。其主加元素为 Cr，辅加元素为 Si、Mn、V、Mo。

Cr 的作用是能提高淬透性，并形成（Fe，Cr）$_3$C，细小且均匀分布，从而提高耐磨性和接触疲劳强度；能提高耐回火性及耐蚀性。其缺点是 $w_C > 1.65\%$ 时，会增大残留奥氏体量，并增大碳化物的带状分布趋势，使硬度和疲劳强度下降。因此，为进一步提高淬透性，补加 Mn、Si 来制造大型轴承。而通过加入 V、Mo，可阻止奥氏体晶粒长大，防止过热，还可进一步提高钢的耐磨性。

（3）热处理特点　滚动轴承钢的最终热处理是淬火+低温回火，组织为极细回火马氏体、均匀分布的细粒状碳化物及微量的残留奥氏体，硬度为 61 ~ 65HRC。淬火温度要求十分严格，过高会引起奥氏体晶粒长大，出现过热；过低则奥氏体中铬与碳溶解不足，影响硬度。

对于精密轴承，为稳定其尺寸，保证长期存放和使用中不变形，淬火后可立即进行冷处理，并且在回火和磨削加工后在 120 ~ 130℃ 下保温 5 ~ 10h 的尺寸稳定化处理，尽量减少残留奥氏体量，并充分去除应力。

（4）钢种、牌号与应用　我国轴承钢主要分为两类：

1）铬轴承钢。最有代表性的是 GCr15，使用量占轴承钢的绝大部分。由于其淬透性不是很高，多用于制造中、小型轴承，也常用来制造冷冲模、量具、丝锥等。可添加 Si、Mn 提高淬透性（如 GCr15MnSi 钢等），用于制造大型轴承，见表 6-12。

2）无铬轴承钢。为了节约铬，在 GCr15 的基础上研究出了以 Mo 代 Cr，并加入稀土，使钢的耐磨性有所提高的无铬轴承钢，如 GSiMnV、GSiMnMoVRE 等，其性能与 GCr15 相近。

表 6-12　滚动轴承钢的牌号、成分及硬度

| 牌号 | 化学成分（质量分数，%） | | | | | | | | | | 退火硬度 HBW |
| | C | Si | Mn | Cr | Mo | P | S | Ni | Cu | |
						不大于					
GCr4	0.95~1.05	0.15~0.30	0.15~0.30	0.35~0.50	≤0.08	0.025	0.020	0.25	0.20	179~207
GCr15	0.95~1.05	0.15~0.35	0.25~0.45	1.40~1.65	≤0.10	0.025	0.025	0.30	0.25	179~207
GCr15SiMn	0.95~1.05	0.45~0.75	0.95~1.25	1.40~1.65	≤0.10	0.025	0.025	0.30	0.25	179~217
GCr15SiMo	0.95~1.05	0.65~0.85	0.20~0.40	1.40~1.70	0.30~0.40	0.027	0.025	0.30	0.25	179~217
GCr18Mo	0.95~1.05	0.20~0.40	0.25~0.40	0.65~1.95	0.15~0.25	0.025	0.020	0.25	0.25	179~207

6.3.3　特殊性能钢

用于制造在特殊工作条件或特殊环境（腐蚀、高温等）下具有特殊性能要求的构件和零件的钢材，称为特殊性能钢。特殊性能钢一般包括不锈钢、耐热钢、耐磨钢等。

1. 不锈钢

要了解这类钢是如何通过合金化及热处理来保证钢的耐蚀性能，首先应了解钢的腐蚀过程及提高耐蚀性的途径。

（1）钢的腐蚀　按化学原理不同，分为化学腐蚀和电化学腐蚀。

1）化学腐蚀。化学腐蚀是指金属与化学介质直接发生化学反应而造成的腐蚀，如铁的氧化，反应式为 $4Fe+3O_2 \longrightarrow 2Fe_2O_3$，其特征是腐蚀产物覆盖在工件的表面，它的结构与性质决定了材料的耐蚀性。若产生的腐蚀膜结构致密，化学稳定性高，能完全覆盖工件表面并且与基体牢固结合，就会有效隔离化学介质和金属，阻止腐蚀的继续进行。因此，提高金属耐化学腐蚀性的主要措施之一是加入 Si、Cr、Al 等能形成致密保护膜的合金元素进行合金化。

2）电化学腐蚀。是指金属在腐蚀介质中由于形成原电池，在其表面有微电流产生而不断腐蚀的电化学反应腐蚀过程。原电池的形成过程如图 6-17a 所示，阳极失去电子变成离子溶解进入液体介质 H_2SO_4 中，电子跑向阴极，被介质中能够吸收电子的物质所接受，从而形成电流。如果金属或相之间有电位差，能构成原电池的两极，且在大气、海水及酸、碱、盐溶液中相互连通或接触，如图 6-17b 所示则很容易形成电化学腐蚀。因此，提高材料耐电化学腐蚀的能力可以采用以下方法：①减少原电池形成的可能性，使金属具有均匀的单相组织，并尽可能提高金属的电极电位；②形成原电池时，尽可能减少两极的电极电位差，提高阳极的电极电位；③减少甚至阻断腐蚀电流，使金属"钝化"，即在表面形成致密的、稳定的保护膜，将金属与介质隔离。

金属在大气、海水及酸碱盐介质中工作，腐蚀会自发地进行。统计表明，全世界每年有 15% 的钢材在腐蚀中失效。为了提高材料在腐蚀介质中的寿命，人们研究了一系列不锈钢。不锈钢是不锈耐酸钢的简称，指在自然环境（大气、水蒸气）或一定工业介质（盐、酸、碱等）中具有高的化学稳定性，能耐腐蚀的一类钢。有时，仅把能耐大气腐蚀的钢称为不锈钢，而在某些侵蚀性强烈的介质中能耐腐蚀的钢称为耐酸钢。这些材料除要求在相应的环境下具有良好的耐蚀性外，还要考虑其受力状态、制造条件等因素，因

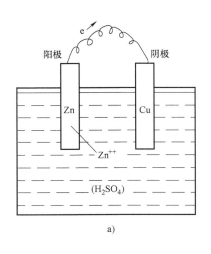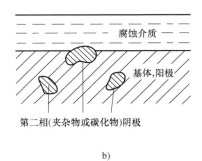

图 6-17　电化学腐蚀过程示意图

a）Zn-Cu 原电池　b）实际金属

而要求它具备下列性能要求：①良好的耐蚀性；②良好的力学性能；③良好的工艺性能；④价格低廉。

（2）应用与性能特点　不锈钢主要用来制造在各种腐蚀性介质中工作的零件或构件，如化工装置中的各种管道、阀门和泵，医疗手术器械，防锈刀具和量具等，其应用举例如图 6-18 所示。对不锈钢性能的要求最重要的是耐蚀性能，还要有合适的力学性能，良好的冷、热加工和焊接工艺性能。对不锈钢的耐蚀性要求越高，其碳含量应越低。加入 Cr、Ni 等合会元素可提高钢的耐蚀性。

图 6-18　不锈钢的应用举例

（3）化学成分特点　不锈钢中碳的质量分数为 0.08% ~ 1.2%，主加元素为 Cr、Cr-Ni，且铬的质量分数至少为 10.5%，辅加元素有 Ti、Nb、Mo、Cu、Mn、N 等。

在不锈钢中，碳的变化范围很大，其选取主要考虑两个方面，从耐蚀性考虑，碳含量越低越好。因为碳会与铬形成碳化物 $Cr_{23}C_6$，沿晶界析出，使晶界周围基体严重贫铬。当铬贫化到耐蚀所必需的最低含量（$w_{Cr} \approx 12\%$）以下时，贫铬区即迅速被腐蚀，造成沿晶界发展的晶间腐蚀，如图 6-19 所示，金属产生沿晶脆断的危险。大多数不锈钢中碳的质量分数为 $0.1\% \sim 0.2\%$；另外从力学性能考虑，含碳量越高，钢的强度、硬度、耐磨性也会相应地提高，因而对于要求高硬度、高耐磨性的刀具和滚动轴承钢，其含碳量要高（$w_C = 0.85\% \sim 0.95\%$），同时要相应提高铬的含量，以保证形成碳化物后基体铬的质量分数仍高于 12%。

铬是不锈钢中最重要的合金元素。它能按 $n/8$ 规律显著提高基体的电极电位，即当铬的加入量的原子比达到 1/8、2/8、3/8…时，会使钢基体的电极电位产生突变。铬是缩小奥氏体区的元素，当铬含量达到一定值时，能获得单一的铁素体组织。另外，铬在氧化性介质（如水蒸气、大气、海水、氧化性酸等）中极易钝化，生成致密的氧化膜，使钢的耐蚀性大大提高。

镍为扩大奥氏体区元素，它的加入主要是配合铬调整组织形式，当 $w_{Cr} \leq 18\%$、$w_{Ni} > 8\%$ 时，可获得单相奥氏体不锈钢。在此基础上进行调整，可获得不同组织形式。如果适当提高铬含量，降低镍含量，可获得铁素体+奥氏体双相不锈钢。对于原为单相铁素体的 10Cr17 钢，加入质量分数为 2% 的镍后就变为马氏体型不锈钢 10Cr17Ni2；另外，还可得到 11-7 型奥氏体，马氏体超高强度不锈钢。

钛、铌作为与碳的亲和力强的碳化物形成元素会优先与碳形成碳化物，使铬保留在基体中，避免晶界贫铬，从而减轻钢的晶间腐蚀倾向。

钼、铜的加入可提高钢在非氧化性酸中的耐蚀性。

锰、氮也为扩大奥氏体区元素，它们的加入是为了部分取代镍，以降低成本。

（4）常用不锈钢及其热处理特点　根据成分与组织特点不同，不锈钢可分为以下几种类型。

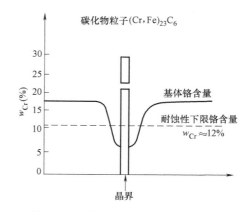

图 6-19　不锈钢中的晶界腐蚀示意图

1）奥氏体型不锈钢。这类钢的成分范围为 $w_C \leq 0.1\%$、$w_{Cr} \leq 18\%$、$w_{Ni} > 8\%$，有时为了避免晶间腐蚀，还加入少量 Ti、Nb。其热处理方式为固溶处理（850~950℃加热，水冷），得到单相奥氏体组织，或者再加一个稳定化退火（850~950℃加热，空冷），以避免晶间腐蚀。

这类钢的耐蚀性很好，同时也具有优良的塑性、韧性和焊接性。其缺点是强度较低。

2）铁素体型不锈钢。这类钢的成分范围为 $w_C < 0.15\%$、$w_{Cr} > 17\%$，加热和冷却时不发生相变，不能通过热处理改变其组织和性能，通常在退火或正火状态下使用。这类钢具有较好的塑性，强度不高，对硝酸、磷酸有较好的耐蚀性。

3）马氏体型不锈钢。这类钢的成分范围分为两种，即 $w_C = 0.1\% \sim 0.4\%$ 的 Cr13 型、

$w_C = 0.8\% \sim 1.0\%$ 的 Cr18 型。该类钢淬透性很高，正火即可得到马氏体组织。其热处理方式为：12Cr13、20Cr13 采用淬火＋高温回火，类似调质钢，作为结构件使用；30Cr13、40Cr13、95Cr18 采用淬火＋低温回火工艺，类似于工具钢，具有高硬度、高耐磨性。马氏体不锈钢具有很好的力学性能，但其耐蚀性、塑性及焊接性稍差。

4）奥氏体-铁素体型双相不锈钢。双相不锈钢是指不锈钢中同时具有奥氏体和铁素体两种金相组织结构的不锈钢。这类钢的成分范围为 $w_C = 0.03\% \sim 0.14\%$、$w_C = 22\%$、$w_W = 5\%$，钢中既有奥氏体又有铁素体组织结构，而且两相组织独立存在，含量都较大，一般认为最少相的含量应大于 15%。而实际工程中应用的奥氏体＋铁素体双相不锈钢多以奥氏体为基体并含有不少于 30% 的铁素体，最常见的是两相各占约 50% 的双相不锈钢。双相不锈钢的英文简写是 DSS（Duplex Stainless Steel）。

由于具有（$\alpha+\gamma$）双相组织结构，双相不锈钢兼有奥氏体不锈钢和铁素体不锈钢的特点。与铁素体不锈钢相比，双相不锈钢的韧性高，脆性转变温度低，耐晶间腐蚀性能和焊接性能均显著提高，同时又保留了铁素体不锈钢的一些特点，如 475℃ 脆性、热导率高、线膨胀系数小、超塑性、有磁性等。与奥氏体不锈钢相比，仅（$\alpha+\gamma$）双相不锈钢的强度高，特别是屈服强度显著提高，且耐晶间腐蚀、耐应力腐蚀、耐疲劳腐蚀等性能都有明显改善。

常用不锈钢的牌号、成分、热处理及力学性能见表 6-13 所示。

表 6-13 常用不锈钢的牌号、成分、热处理及力学性能

类别	牌号	化学成分（质量分数，%）			热处理温度/℃		力学性能（不小于）				
		C	Cr	其他	淬火	回火	$R_{p0.2}$/MPa	R_m/MPa	A_5（%）	Z（%）	硬度 HBW
马氏体型	12Cr13	≤0.15	11.50~13.50	Si≤1.00 Mn≤1.00	950~1000 油冷	700~750 快冷	345	540	25	55	≥159
	20Cr13	0.16~0.25	12.00~14.00	Si≤1.00 Mn≤1.00	920~980 油冷	600~750 快冷	440	635	20	50	≥192
	30Cr13	0.26~0.35	12.00~14.00	Si≤1.00 Mn≤1.00	920~980 油冷	600~750 快冷	540	735	12	40	≥217
	40Cr13	0.36~0.45	12.00~14.00	Si≤0.60 Mn≤0.80	1050~1100 油冷	200~300 空冷					≥50HRC
	95Cr18	0.90~1.00	17.00~19.00	Si≤0.80 Mn≤0.80	1000~1050 油冷	200~300 油、空冷					≥55HRC
铁素体型	10Cr17	≤0.12	16.00~18.00	Si≤1.00 Mn≤1.0	退火 780~850 空冷或缓冷		205	450	22	50	≤183

（续）

类别	牌号	化学成分（质量分数,%）			热处理温度/℃		力学性能（不小于）				
		C	Cr	其他	淬火	回火	$R_{p0.2}$ /MPa	R_m /MPa	A_5 (%)	Z (%)	硬度 HBW
奥氏体型	06Cr19Ni10	≤0.08	18.00~ 20.00	Ni8.00~ 11.00	固溶 1010~1150 快冷		205	520	40	60	≤187
	12Cr18Ni9	≤0.15	17.00~ 19.00	Ni8.00~ 10.00	固溶 1010~1150 快冷		205	520	40	60	≤187
奥氏体-铁素体型	022Cr18 Ni5Mo3Si2	≤0.03	18.00~ 19.50	Ni4.5~5.5 Mo2.5~3.0 Si1.3~2.0 Mn1.0~2.0	固溶 920~1100 快冷		390	590	20	40	≤300
奥氏体-马氏体沉淀硬化型	07Cr17Ni7Al	≤0.09	16.00~ 18.00	Ni6.50~ 7.75 Al0.75~ 1.50	固溶 1010~1150 冷处理、塑性变形或调整处理（750 加热,空冷）时效处理（400~500）		1030	1230	4	10	≤388

注：1. 表中所列奥氏体不锈钢的 $w_{Si} \leq 1\%$、$w_{Mn} \leq 2\%$。
　　2. 表中所列各钢种的 $w_P \leq 0.035\%$、$w_S \leq 0.030\%$。

2. 耐热钢

耐热钢是指在高温下具有高的热化学稳定性和热强性的特殊钢，以便能够在 300℃ 以上（有时高达 1200℃）的温度下长期工作。

（1）应用及性能特点　耐热钢主要用于热工动力机械（汽轮机、燃气轮机、锅炉和内燃机）、化工机械、石油装置和加热炉等高温条件下工作的构件，如图 6-20 所示。这类钢的失效有两方面因素：①温度升高会带来钢的剧烈氧化，形成氧化皮，使工作截面不断缩小，最终导致破坏；②温度升高会引起强度更急剧的下降而导致破坏。因此对耐热钢提出的性能要求是：高的抗氧化性；高的高温力学性能（抗蠕变性、热强性、热疲劳性、抗热松弛性等）；组织稳定性高；膨胀系数小，导热性好；工艺性及经济性好。

（2）化学成分特点　按性能和应用耐热钢可分为抗氧化钢和热强钢两类。抗氧化钢主要用于长期在燃烧环境中工作、有一定强度的零件，如各种加热炉底板、辊道、渗碳箱、燃气轮机燃烧室等。

氧化过程是化学腐蚀过程，腐蚀产物即氧化膜覆盖在金属表面，这层膜的结构、性质决定了进一步腐蚀的难易程度。在 570℃ 以上，铁的氧化膜主要是 FeO，FeO 结构疏松，保护性差。所以提高钢的抗氧化性的途径是合金化，通过加入 Cr、Si、Al 等合金元素，使钢的表面形成致密稳定的合金氧化膜层，防止钢的进一步腐蚀。

（3）失效及强化途径　金属在高温下所表现的力学性能与室温下大不相同。当温度超

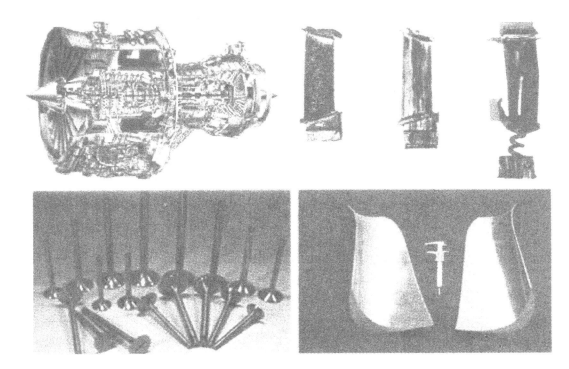

图 6-20　耐热钢的应用举例

过再结晶温度时，除受机械力的作用产生塑性变形和加工硬化外，同时还可发生再结晶和软化的过程。当工作温度高于金属的再结晶温度、工作应力超过金属在该温度下的弹性极限时，随着时间的延长金属会发生极其缓慢的变形，这种现象称为蠕变。金属的蠕变是高温下通过原子扩散使得由于塑性变形引起的金属强化迅速消除的过程。因此，在蠕变过程中，两个相互矛盾的过程同时进行，即塑性变形使金属强化和由于温度的作用而消除强化。热强钢的特点是在高温下不仅具有良好的抗氧化能力，而且具有较高的高温强度及较高的高温强度保持能力，例如汽轮机、燃气轮机的转子和叶片、内燃机的排气阀等零件。但由于长期在高温下承载工作，即使所受应力小于材料的屈服极限，也会缓慢而持续地发生塑性变形，产生蠕变，最终使零件断裂或损坏。

高温下的强化机制与室温有所不同，高温变形不仅由晶内滑移引起，还有扩散和晶界滑动的贡献。扩散能促进位错运动引起变形，同时本身也能导致变形；高温时晶界强度低，晶粒容易滑动而产生变形，因此提高金属的热强性可采取以下办法：

1）固溶强化。基体的热强性首先决定于固溶体的晶体结构。高温时奥氏体的强度高于铁素体，主要是因为奥氏体结构紧密，扩散较困难，使蠕变难以发生；其次，加入一定量的合金元素 Mo、W、Co 时，增大了原子间的结合力，也减慢了固溶体中的扩散过程，使热强性提高。

2）第二相强化。第二相强化是提高热强性最有效的方法之一。为了提高强化效果，第二相粒子在高温下应当非常稳定，不易聚集长大，保持高度的弥散分布。耐热钢主要采用难溶碳化物 MC、M_6C、$M_{23}C_6$ 等作为强化相；耐热合金则多利用金属间化合物如 Ni_3（Ti，Al）来强化。

3）晶界强化。高温下晶界为薄弱部位。为了提高热强性，应当减少晶界，采用粗晶金属。进一步提高热强性的办法有：定向结晶，消除与外力垂直的晶界，甚至采用没有晶界的单晶体；加入微量的 B、Zr 或 Re 等元素以净化晶界和提高晶界强度；使晶界呈齿状，以阻止晶界滑动等。

（3）常用钢种及热处理特点　耐热钢按正火组织不同可分为马氏体型、铁素体型、奥氏体型及沉淀硬化型。常用耐热钢的牌号、化学成分、热处理、力学性能及用途见表 6-14。

1）马氏体型耐热钢。这类钢淬透性好，空冷就能得到马氏体组织。它包括两种类型，①低碳高铬钢，是在 Cr13 型不锈钢的基础上加入 Mo、W、V、Ti、Nb 等合金元素，以便强化铁素体，形成稳定的碳化物，提高钢的高温强度。常用的牌号有 14Cr11MoV、15Cr12WMoV 等，它们在 500℃ 以下具有良好的蠕变抗力和优良的消振性，最宜制造汽轮机的叶片，故又称叶片钢。②中碳铬硅钢，其抗氧化性好，蠕变抗力高，还有较高的硬度和耐磨性。常用的牌号有 42Cr9Si2、40Cr10Si2Mo 等，主要用于制造使用温度低于 750℃ 的发动机排气阀，故又称气阀钢，此类钢通常是在淬火（1000~1100℃ 加热后空冷或油冷）及高温回火（650~800℃ 空冷或油冷）后获得具有马氏体形态的回火索氏体状态下使用。

2）铁素体型耐热钢。这类钢是在铁素体不锈钢的基础上加入了 Si、Al 等合金元素以提高抗氧化性。其特点是抗氧化性强，但高温强度低，焊接性能差，脆性大，多用于受力不大的加热炉构件，常用的牌号有 06Cr13Al、10Cr17、16Cr25N 等。此类钢通常采用正火处理（700~800℃ 加热空冷），得到铁素体组织。

3）奥氏体型耐热钢。这类钢是在奥氏体不锈钢的基础上加入了 W、Mo、V、Ti、Nb、Al 等元素，用以强化奥氏体，形成稳定碳化物和金属间化合物，以提高钢的高温强度。此类钢具有高的热强性和抗氧化性，高的塑性和冲击韧性，良好的焊接和冷成形性。主要用于制造工作温度在 600~850℃ 间的高压锅炉过热器、汽轮机叶片、叶轮、发动机气阀等，常用的牌号有 16Cr20Ni14Si2、26Cr18Mn12Si2N、45Cr14Ni14W2Mo 等。奥氏体耐热钢一般采用固溶处理（1000~1150℃ 加热后水冷或油冷）或是固溶+时效处理，获得单相奥氏体+弥散碳化物和金属间化合物的组织。时效的温度应比使用温度高 60~100℃，保温 10h 以上。

3. 热强钢

要求热强钢有较高的高温强度和合适的抗氧化性，主要加入 Cr、Mo、Mn、Nb、Ti、V、W、Mo 等合金元素，用于提高钢的再结晶温度和在高温下析出弥散相来达到强化的目的。

耐热钢按使用状态下组织不同，可分为奥氏体型、铁素体型、马氏体型等几种类型的耐热钢，见表 6-15。

4. 耐磨钢

耐磨钢主要应用于承受严重磨损和强烈冲击的零件，如车辆履带板、挖掘机铲斗、破碎机颚板、铁轨分道叉和防弹板等。对这类钢的要求是具有很高的耐磨性和韧性。

高锰钢能很好地满足这些要求，它是重要的耐磨钢。例如：ZGMn13 型（ZG 是 "铸钢" 的代号），$w_C = 0.9\% \sim 1.5\%$，$w_{Mo} = 11\% \sim 14\%$，$w_S \leqslant 0.05\%$，$w_P \leqslant 0.07\% \sim 0.09\%$。该类钢在 1100℃ 水淬后得到单相奥氏体，硬度很低（20HRC 左右）。但在强烈冲击摩擦条件下工作时，表面层产生强烈的形变硬化，使奥氏体转变成马氏体，表层硬度可达 52~56HRC，而心部仍保持为原来的高韧性状态。

除高锰钢外，还有其他种类的马氏体中低合金耐磨钢。

表6-14　常用耐热钢的牌号、成分、热处理及用途

类别	牌号		主要化学成分（质量分数，%）							热处理	用途举例
	新牌号	旧牌号	C	Mn	Si	Ni	Cr	Mo	其他		
铁素体型	16Cr25N	2Cr25N	≤0.20	≤1.50	≤1.00	—	23.00~27.00	—	N≤0.25	退火780~880℃（快冷）	耐高温、耐蚀性强，1082℃以下不产生易剥落的氧化皮，用作1050℃以下炉用构件
	06Cr13Al	0Cr13Al	≤0.08	≤1.00	≤1.00	—	11.50~14.50	—	Al≤0.10~0.30	退火780~830℃（空冷）	最高使用温度900℃，制作各种承受应力不大的炉用构件，如喷嘴、退火炉罩、吊挂等
奥氏体型	06Cr25Ni20	0Cr25Ni20	≤0.08	≤2.00	≤1.50	19.00~22.00	24.00~26.00	—	—	固溶处理1030~1180℃（快冷）	可用作1035℃以下用材料
	12Cr16Ni35	1Cr16Ni35	≤0.15	≤2.00	≤1.50	33.00~37.00	14.00~17.00	—	—	固溶处理1030~1180℃（快冷）	抗渗碳、抗渗氮性好，在1035℃以下可反复加热
	26Cr18Mn12Si2N	3Cr18Mn12Si2N	0.22~0.30	10.50~12.50	1.40~2.20	—	17.00~19.00	—	N0.22~0.33	固溶处理1100~1150℃（快冷）	最高使用温度1000℃，制作渗碳炉构件、加热炉传送带、料盘等
	06Cr18Ni11Ti	0Cr18Ni10Ti	≤0.08	≤2.00	≤1.00	9.00~12.00	17.00~19.00	—	Ti5w_C~0.70	固溶处理920~1150℃（快冷）	用作400~900℃腐蚀条件下使用的部件、高温用焊接结构部件
马氏体型	45Cr14Ni14W2Mo（14-14-2）	4Cr14Ni14W2Mo（14-14-2）	0.40~0.50	≤0.70	≤0.80	13.00~15.00	13.00~15.00	0.25~0.40	W2.00~2.75	固溶处理820~850℃（快冷）	具有高热强性，用于内燃机重负荷排气阀
	12Cr13	1Cr13	0.08~0.15	≤1.00	≤1.00	≤0.60	11.50~13.50	—	—	950~1000℃油淬或700~750℃回火（快冷）	用作800℃以下耐氧化部件
	13Cr13Mo	1Cr13Mo	0.08~0.18	≤1.00	≤0.60	≤0.60	11.50~14.50	—	—	970~1000℃油淬或650~750℃回火（快冷）	汽轮机叶片、高温高压耐氧化部件

类别	牌号	C	Mn	Si	Ni	Cr	Mo	其他	热处理	用途举例
马氏体型	14Cr11MoV	0.11~0.18	≤0.60	≤0.50	—	10.00~11.50	0.50~0.70	V0.25~0.40	1050~1100℃空淬或720~740℃回火（空冷）	有较高的热强性，良好的减振性及组织稳定性，用于涡轮机叶片及导向叶片
马氏体型	42Cr9Si2	0.35~0.50	≤0.70	2.00~3.00	≤0.60	8.00~10.00	—	—	1020~1040℃油淬或700~780℃回火（油冷）	有较高的热强性，制作内燃机气阀，轻载荷发动机的排气件
珠光体型	15CrMo①	0.12~0.18	0.40~0.70	0.17~0.37	—	0.80~1.00	0.40~0.55	—	930~960℃正火	用于制造高压锅炉等
珠光体型	35CrMoV①	0.35~0.38	0.40~0.70	0.17~0.37	—	1.00~1.30	0.20~0.30	V0.10~0.20	980~1020℃正火或调质处理	高应力下工作的重要机件，如520℃以下的汽轮机转子叶轮、压缩机转子等

① 15CrMo、35CrMoV 为 GB/T 3077—1999 中的牌号。

表6-15　常用耐热钢的牌号、成分、热处理及用途（摘自 GB/T 1221—2007）

类别	牌号		主要化学成分（质量分数，%）							热处理	用途举例
	新牌号	旧牌号	C	Mn	Si	Ni	Cr	Mo	其他		
铁素体型	16Cr25N	2Cr25N	≤0.20	≤1.50	≤1.00	—	23.00~27.00	—	N≤0.25	退火780~880℃（快冷）	耐高温，耐蚀性强，1082℃以下不产生剥落的氧化皮，用作1050℃以下炉用构件
铁素体型	06Cr13Al	0Cr13Al	≤0.08	≤1.00	≤1.00	—	11.50~14.50	—	Al0.10~0.30	退火780~830℃（空冷）	最高使用温度900℃，制作各种受应力不大的炉用构件，如喷嘴、退火炉罩、吊挂等
奥氏体型	06Cr25Ni20	0Cr25Ni20	≤0.08	≤2.00	≤1.50	19.00~22.00	24.00~26.00	—	—	固溶处理1030~1180℃（快冷）	可用作1035℃以下炉用材料

（续）

类别	牌号 新牌号	牌号 旧牌号	主要化学成分（质量分数，%） C	Mn	Si	Ni	Cr	Mo	其他	热处理	用途举例
奥氏体型	12Cr16Ni35	1Cr16Ni35	≤0.15	≤2.00	≤1.50	33.00~37.00	14.00~17.00	—	—	固溶处理 1030~1180℃（快冷）	抗渗碳、抗渗氮性好，在1035℃以下可反复加热
奥氏体型	26Cr18Mo12Si2N	3Cr18Mn12Si2N	0.22~0.30	10.50~12.50	1.40~2.20	—	17.00~19.00	—	N0.22~0.33	固溶处理 1100~1150℃（快冷）	最高使用温度1000℃，制作渗碳炉构件、加热炉传送带、料盘等
奥氏体型	06Cr18Ni11Ti	0Cr18Ni10Ti	≤0.08	≤2.00	≤1.00	9.00~12.00	17.00~19.00	—	Ti5w_c~0.70	固溶处理 920~1150℃（快冷）	用作400~900℃腐蚀条件下使用的部件、高温用焊接结构部件
奥氏体型	45Cr14Ni14W2Mo（14-14-2）	4Cr14Ni14W2Mo（14-14-2）	0.40~0.50	≤0.70	≤0.80	13.00~15.00	13.00~15.00	0.25~0.40	W2.00~2.75	固溶处理 820~850℃（快冷）	具有高热强性，用于内燃机重负荷排气阀
马氏体型	12Cr13	1Cr13	0.08~0.15	≤1.00	≤1.00	≤0.60	11.50~13.50	—	—	950~1000℃油淬或 700~750℃回火（快冷）	用作800℃以下耐氧化部件
马氏体型	13Cr13Mo	1Cr13Mo	0.08~0.18	≤1.00	≤0.60	≤0.60	11.50~14.50	—	—	970~1000℃油淬或 650~750℃回火（快冷）	汽轮机叶片、高温高压耐氧化部件
马氏体型	14Cr11MoV	1Cr11MoV	0.11~0.18	≤0.60	≤0.50	≤0.60	10.00~11.50	0.50~0.70	V0.25~0.40	1050~1100℃空冷或 720~740℃回火（空冷）	有较高的热强性、良好的减振性及组织稳定性，用于汽轮机叶片及导向叶片
马氏体型	42Cr9Si2	4Cr9Si2	0.35~0.50	≤0.07	2.00~3.00	≤0.60	8.00~10.00	—	—	1020~1040℃油淬或 700~780℃回火（油冷）	有较高的热强性，制作内燃机气阀、轻载荷发动机的排气阀件
珠光体型	15CrMo①		0.12~0.18	0.40~0.70	0.17~0.37	—	0.80~1.00	0.40~0.55	—	930~960℃正火	用于制造高压锅炉等
珠光体型	35CrMoV①		0.35~0.38	0.40~0.70	0.17~0.37	—	1.00~1.30	0.20~0.30	V0.10~0.20	980~1020℃正火或调质处理	高应力下工作的重要机件，如520℃以下的汽轮机转子叶轮，压缩机转子等

① 15CrMo、35CrMoV 为 GB/T 3077—1999 中的牌号。

5. 特殊物理性能钢

特殊物理性能钢是指在钢的定义范围内具有特殊的磁、电、弹性、热膨胀等特殊物理性能的合金钢。包括软磁钢、永磁钢、低磁钢、特殊弹性钢、特殊膨胀钢、高电阻钢及合金等。

（1）软磁钢　软磁钢是指要求磁导率特性的钢种，如铝铁系软磁合金等。

（2）永磁钢　永磁钢是指具有永久磁性的钢种。它包括变形永磁钢、铸造永磁钢、粉末烧结永磁钢等，国内按精密合金进行管理。

（3）低磁钢　低磁钢是指在正常状态下不具有磁性的稳定的奥氏体合金钢，常见的有铬镍奥氏体钢（如06Cr19NT10）。

（4）特殊弹性钢　是指具有特殊弹性的合金钢。国内一般不包括常用的碳素与合金系弹簧钢。

（5）特殊膨胀钢　特殊膨胀钢是指具有特殊膨胀性能的钢种。如 $w_C = 28\%$ 的合金钢，在一定温度范围内与玻璃的膨胀系数相近。

（6）高电阻钢及合金　高电阻钢及合金是指具有高的电阻值的钢及合金。主要是指铁铬系合金钢和镍铬系高电阻合金组成的一个电阻电热钢和合金系列。

6.3.4　合金工具钢

合金工具钢比碳素工具钢的力学性能好，当然价格也贵。

合金工具钢按用途分类可分为量具钢、刃具钢和模具钢。牌号表示方法与合金结构钢（合金渗碳钢、合金调质钢、合金弹簧钢等）相似，但要注意的是碳的质量分数表示方法不同：当碳的平均质量分数 $w_C \geqslant 1\%$ 时，不标注；$w_C < 1\%$ 时，牌号前一位数字是以名义质量千分数表示的碳的质量分数；合金元素含量<1.5%不标数，>1.5%时标1，1.5%～2.49%标2，2.5%～3.49%时标3。另外由于合金工具钢都属于高级优质钢，故不在牌号后标注"A"。例如，CrMn 表示碳的平均质量分数 $w_C \geqslant 10\%$、Mn 的平均质量分数<1.5%的合金工具钢；9SiCr 表示碳的平均质量分数 $w_C = 0.9\%$，Si、Cr 的平均质量分数都<1.5%的合金工具钢。

1. 合金量具钢

量具钢主要用于制造各种测量工具，如游标卡尺、千分尺、量规、塞规等，如图6-21所示。量具在使用中与工件表面有摩擦作用，会使量具磨损而失去精度。另外，由于组织和应力的原因，也会引起量具在长期使用和存放过程中尺寸精度发生变化，这种现象称为时效效应。

量具工作时主要承受摩擦、磨损，承受外力很小，有时承受碰撞作用，因此必须重点考虑具有高的硬度（60～65HRC）、耐磨性和足够的韧性，高的尺寸精度与稳定性，一定的淬透性，较小的淬火变形和良好的耐蚀性，以及良好的磨削加工性等要求。

（1）成分特点及其作用　量具钢中碳的质量分数为0.9%～1.5%，以保证高的硬度和耐磨性；加入 Cr、W、Mn 等合金元素，以提高淬透性。

（2）热处理工艺　量具用钢常采用球化退火→调质处理（减小淬火应力和变形，保持较好的韧性）→淬火→冷处理（使残余奥氏体转变成马氏体，提高硬度和耐磨性及尺寸的稳定性）→低温回火（保证硬度和耐磨性）→时效处理（消除磨削应力，稳定尺寸）。

（3）常见量具用钢的牌号及用途见表6-16所示。

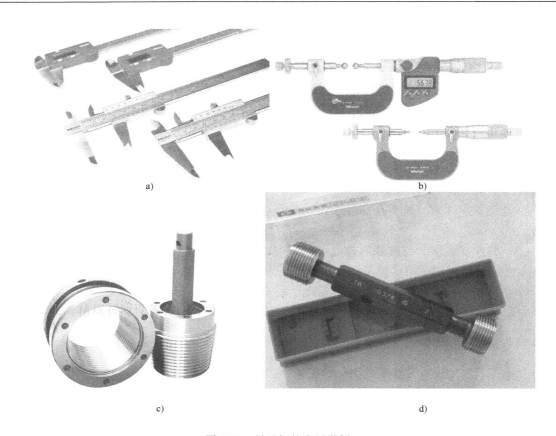

图 6-21 量具钢的应用举例

a）游标卡尺　b）千分尺　c）量规　d）塞规

表 6-16　常见量具用钢的牌号及用途

量　　具	钢　　号
平样板或卡板	10、20 或 50、55、60、60Mn、65Mn
一般量规与块规	T10A、T12A、9SiCr
高精度量规与块规	Cr（刃具钢）、CrMn、GCr15
高精度且形状复杂的量规与块规、螺旋塞头、千分尺	CrWMn（低变形钢）
抗蚀量具	4Cr13、9Cr18（不锈钢）

2. 合金刃具钢

刃具钢是用来制造各种切削加工工具（如车刀、铣刀、钻头等）的钢种，由于被切削材料的差异、切削速度的不同对刀具的热硬性（刀具和被切割材料之间强烈摩擦产生的高温对刀具硬度的影响）要求也不同。

（1）合金刃具钢的分类　把合金刃具钢分成低合金刃具钢和高合金刃具钢，低合金刃具钢常被称为"合金刃具钢"，高合金刃具钢常被称为"高速钢"。它们的共同点是都承受弯曲扭转、剪切应力和冲击、振动负荷，同时还要受到工件和切屑的强烈摩擦作用，产生大量热量，使刃具温度升高，所以刃具钢的性能要求为具有足够高的硬度和耐磨性（刀具必须具有比被加工工件更高的硬度），还要求其具有一定的强度、韧性和塑性，防止刃具由于冲击、振动负荷的作用而发生崩刃或折断。

1）低合金刃具钢

① 低合金刃具钢的成分特点及其作用。低合金刃具钢中碳的质量分数一般为 0.9% ~ 1.4%，以保证高的硬度和耐磨性；加入 W、Mn、Cr、V、Si 等合金元素（一般合金元素总含量<5%），以提高淬透性和回火稳定性，形成碳化物，细化晶粒，提高热硬性，降低过热敏感性。典型钢号为 9SiCr。

② 热处理工艺。低合金刃具钢的预备热处理一般采用球化退火，最终热处理为淬火后低温回火，以获得细小回火马氏体、粒状合金碳化物及少量残余奥氏体组织。

③ 常用低合金刃具钢的化学成分、热处理及用途。化学成分、热处理及用途见表6-17。

表 6-17 常用低合金刃具钢（量具通用）的化学成分、热处理及用途

牌 号	主要化学成分(质量分数,%)					淬火		用途举例
	C	Si	Mn	Cr	其他	温度/℃	硬度 HRC (不小于)	
9Mn2V	0.85 ~ 0.95	≤0.40	1.70 ~ 2.00	—	V0.10 ~ 0.25	780 ~ 810 油	62	小冲模、剪刀、冷玉模、量规、样板、坐锥、板牙、铰刀
9SiCr	0.85 ~ 0.95	1.20 ~ 1.60	0.30 ~ 0.60	0.95 ~ 1.25	—	820 ~ 860 油	62	板牙、丝锥、钻头、冷冲模、冷轧辊
Cr36	1.39 ~ 1.45	≤0.40	≤0.40	0.50 ~ 0.70	—	780 ~ 810 水	64	剃刀、锉刀、量规、块线
CrWMn	0.90 ~ 1.05	≤0.40	0.80 ~ 1.10	0.90 ~ 1.20	W1.20 ~ 1.60	800 ~ 820 油	62	长丝锥、拉刀、量规、形状复杂的高精度冲模

④ 合金刃具钢应用举例。应用举例如图6-22所示。

2）高合金刃具钢。简称高速钢，是含有大量合金元素（合金元素总质量分数大于5%，还有的大于10%），用于制造高速切削刀具的钢。

① 应用与性能特点。高速钢要求具有高强度、高硬度、高耐磨性以及足够的塑性和韧性。由于在高速切削时其温度可高达600℃，因此，要求其具有良好的热硬性。所谓热硬性是指在很高的温度下保持良好硬度的性能。

高速钢可用于制造生产率及耐磨性高，且在比较高的温度下（600℃左右）能保持其切削性能和耐磨性的工具。其切削速度比碳素工具钢和低合金工具钢提高1~3倍，而耐用性提高7~14倍。

② 化学成分特点。高速钢中碳的质量分数为0.7% ~ 1.6%，保证马氏体基体的高硬度，并可形成足够数量的碳化物。常加入的合金元素为 W、Mo、Cr、V。几乎所有高速钢中铬的质量分数均为4%左右。铬的碳化物在淬火加热时几乎全部溶于奥氏体中，增加过冷奥氏体的稳定性，大大提高钢的淬透性。铬还能提高钢的抗氧化能力。

钨和钼的作用相似，退火态以 Mo_6C 的形式存在，当加热至奥氏体化温度时，一部分溶解进入奥氏体，淬火后存在于马氏体中。当回火时，M_6C 一方面阻止马氏体的分解，使基

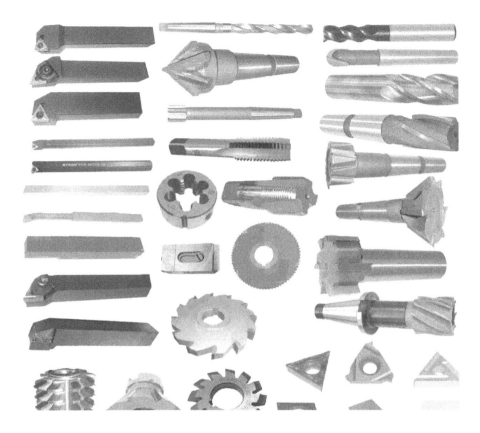

图 6-22　合金刃具钢应用举例

体在 560℃回火时仍处于回火马氏体状态；另一方面，回火温度达 500℃时，开始析出 W_2C、Mo_2C 特殊碳化物，造成二次硬化，在 560℃时硬度达到最高值。这种碳化物在 500～600℃时非常稳定，不易聚集长大，从而使钢具有良好的热硬性。而在淬火加热时未溶入奥氏体的碳化物可阻止奥氏体晶粒长大并提高耐磨性。

高速钢中钨的加入量可以高达 18%的质量分数，或降低到 6%再配以质量分数为 5%的钼。

高速钢中加入少量的钒，主要是细化奥氏体晶粒并提高钢的耐磨性。VC 非常稳定，极难溶解，硬度很高。

③ 热处理特点。高速钢的热处理特点主要是淬火加热温度高（1200℃以上），回火加热温度也高（560℃左右），且回火次数多（三次），热处理后硬度可达 63～64HRC。

高速钢要具有良好的热硬性，要求淬火马氏体中合金化程度要高，即淬火加热至奥氏体化时碳化物能充分溶解到奥氏体中，因此淬火温度应越高越好；但另一方面，碳化物若全部溶解，奥氏体晶粒会急剧长大，且晶界处易熔化过烧，因此还要控制淬火温度。对于 W18CV 钢，其最佳淬火温度为 1280℃。由于高速钢导热性差，淬火温度又很高，因此在淬火加热过程中必须预热。对于大型或形状复杂的工具，还要采用两次预热。

淬火方式通常采用油淬或分级淬火。分级淬火可减少变形和开裂倾向。高速钢淬火后的组织为淬火马氏体+未溶碳化物+大量残留奥氏体。

为消除淬火应力，减少残留奥氏体量，以达到所需性能，高速钢通常采用 $550 \sim 570 ℃$ 多次回火的方式。因为在 $550 \sim 570 ℃$ 时，特殊碳化物 WC 或 MoC 呈细小弥散状从马氏体中析出，这些碳化物很稳定，难以聚集长大，从而提高了钢的硬度，即"弥散强化"。

另外，在此温度范围内，由于碳化物也从残留奥氏体中析出，使残留奥氏体中的含碳量及合金元素含量降低，Mo 点升高，在随后冷却时，就会有部分残留奥氏体转变为马氏体，即发生"二次淬火"，也使钢的硬度升高。由于以上原因，在回火时便出现了硬度回升的"二次硬化"现象。

多次回火的目的主要是为了充分消除残留奥氏体。W18Cr4V 在淬火状态约有 $20\% \sim 25\%$ 的残留奥氏体，通过"二次淬火"可使残留奥氏体在回火冷却时发生部分转变，但转变难以一次完成。通常经一次回火后约剩 $10\% \sim 15\%$，经二次回火后约剩 $3\% \sim 5\%$，三次回火后约剩 $1\% \sim 2\%$。后一次回火还可消除前一次回火时由于奥氏体转变为马氏体所产生的内应力。三次回火后，其组织为回火马氏体+少量未溶碳化物。W18Cr4V 高速钢的热处理工艺过程如图 6-23 所示。常用高速钢的种类、牌号及化学成分见表 6-18。

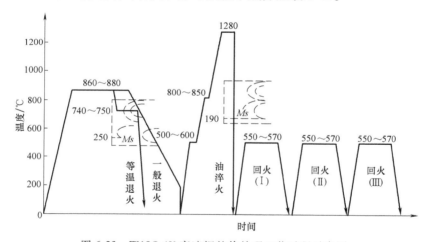

图 6-23　W18Cr4V 高速钢的热处理工艺过程示意图

表 6-18　常用高速工具钢的牌号、化学成分、热处理及硬度

| 牌号(代号) | 化学成分(质量分数,%) | | | | | | | | 热处理温度/℃ | | 退火硬度 HBW | 淬回火硬度 HRC |
	C	Mn	Si	Cr	W	Mo	V	其他	淬火	回火		
W18Cr4V (T51841)	0.70~0.80	0.10~0.40	0.20~0.40	3.80~4.40	17.50~19.00	≤0.30	1.00~1.40		1270~1285	550~570	≤255	≥63
W18Cr4V2Co5	0.70~0.80	0.10~0.40	0.20~0.45	3.75~4.50	17.50~19.00	0.40~1.00	0.80~1.20	Co 4.25~5.75	1280~1300	540~560	≤269	≥63
W6Mo5Cr4V2 (T66541)	0.80~0.90	0.15~0.40	0.20~0.45	3.80~4.40	5.00~6.75	4.50~5.50	1.75~2.20		1210~1230	540~560	≤255	≥63
W6Mn5Cr4V3	1.00~1.10	0.15~0.40	0.20~0.45	3.75~4.50	5.00~6.75	4.75~6.50	2.25~2.75		1200~1220	540~560	≤255	≥64

（续）

牌号（代号）	化学成分（质量分数，%）								热处理温度/℃		退火硬度 HBW	淬回火硬度 HRC
	C	Mn	Si	Cr	W	Mo	V	其他	淬火	回火		
W9Mo3Cr4V（T69341）	0.77～0.87	0.20～0.40	0.20～0.40	3.80～4.40	8.50～9.50	2.70～3.30	1.30～1.70		1220～1240	540～560	≤255	≥63
W6Mo5Cr4V2Al	1.05～1.20	0.15～0.40	0.20～0.60	3.80～4.40	5.50～6.75	4.50～5.50	1.75～2.20	Al 0.80～1.20	1230～1240	540～560	≤269	≥65

④ 高速钢的应用举例。图6-24所示的铣刀是用于铣削加工的、具有一个或多个刀齿的旋转刀具。工作时，各刀齿依次间歇切去工件的余量。铣刀的选材要考虑高硬度和耐磨性，好的耐热性以及高的强度和好的韧性高速钢。

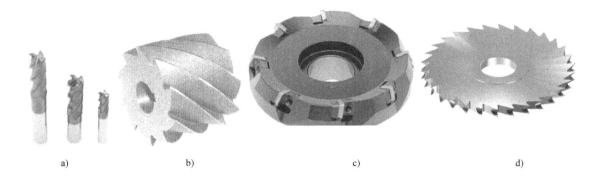

a)   b)   c)   d)

图6-24 高速钢铣刀
a）立铣刀 b）圆柱铣刀 c）面铣刀 d）锯片铣刀

选材实例6：麻花钻头刀具的选材与热处理

（1）麻花钻的功能 麻花钻头是安装在钻床上，对其他实体材料进行钻削得到通孔或盲孔，并能对已有孔扩孔的刀具，如图6-25所示。麻花钻头是应用最广的孔加工刀具。钻头在钻削过程中承受非常大的压应力、弯曲应力、扭转应力，还有振动与冲击，同时还受到工件的强烈摩擦，以及由此产生的高温。

（2）对麻花钻材料的要求 钻头材料应具有足够高的硬度及耐磨性，非常高的热硬性、良好的强韧性及淬透性。

（3）钻头通常选用W18Cr4V（合金工具钢中的高速钢），采用等温或球化退火的预处理，最终热处理为1280℃淬火+560～580℃回火（三次）。

3. 合金模具钢

模具钢是用来制造各种成形工件模具的钢种。大致可分为冷作模具钢、热作模具钢和塑料模具钢三类，用于锻造、冲压、切型、压铸等。由于各种模具用途不同，工作条件复杂，因此对模具用钢的性能要求也不同。

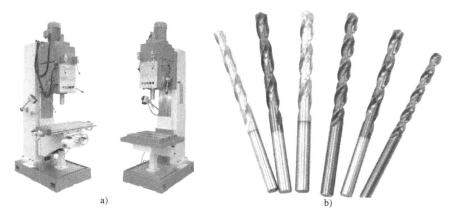

图 6-25 钻床及钻头

a）立式铣床 b）麻花钻头

（1）模具钢的分类及性能要求 表 6-19 为各种模具钢的分类及性能要求。合理选择模具用钢的基本目的，在于避免模具在服役时出现早期失效，以及在制造时减少废品率。模具用钢的性能水平、材质优劣、使用合理与否等因素，对模具制造的精度、合格品率以及服役时的承载能力、寿命水平，均有密切的关系。

表 6-19 模具钢的性能要求

性能	冷作模具钢	热作模具钢	塑料模具钢
耐磨性	●	●	●
强度	●	●	●
韧度	○	●	○
硬度	●	○	○
耐蚀性		○	●
热稳定性	○	●	●
抗热疲劳龟裂		●	
抗氧化性		●	
组织均匀性、各向同性	●	●	●
尺寸稳定性（零件精度保持性）	●	●	●
抗黏着（咬合）性、擦伤性	●	○	○
热传导性	○	○	●
工艺性能			
可加工性（冷、热加工成形性）	●	●	●
镜面性和蚀刻性			●
淬透性	●	●	●
淬硬性	●	○	○
焊接性			○
电加工性（包括线切割）		○	○

注：●表示为主要要求，○表示次要要求，空白表示可以不做要求。

（2）冷作模具钢用材料

1）冷作模具钢。冷作模具包括冷冲模、拉丝模、拉延模、冷镦模和冷挤压模等。因为被加工材料在冷态下成形，故模具要承受很大的冲击压力、挤压力，同时模具与坯料之间还发生强烈的摩擦作用，所以要求冷作模具钢应具有高的硬度、强度、耐磨性、足够的韧性，以及高的淬透性、淬硬性和其他工艺性能。常选用高碳钢、高碳合金钢。

2）成分特点及其作用。冷作模具钢中碳的质量分数一般为 0.8%～2.3%，以保证形成足够数量的碳化物，并获得含碳过饱和马氏体，提高钢的硬度、耐磨性。钢中加入 Cr 提高淬透性；加入 W、Mo 提高热硬性；加入 V 提高耐磨性。

3）热处理工艺。冷作模具钢的预备热处理一般采用锻后球化退火，最终热处理为淬火后回火。

4）常用冷作模具钢的牌号、热处理及用途。牌号、热处理及用途见表 6-20。

表 6-20 常用冷作模具钢的牌号、热处理及用途

牌号	淬火		硬度 HRC（不小于）	用途举例
	温度/℃	淬火介质		
9Mn2V	780～810	油	62	冲模、冷压模
CrWMn	800～830	油	62	形状复杂、高精度的冲模
Cr12	950～1000	油	60	冷冲模、冲头、拉丝模、粉末冶金模
Cr12MoV	950～1000	油	58	冲模、切边模、拉丝模

（3）热作模具钢 热作模具钢用来制造使热态金属在压力下成形的模具，有热锻模、压力机锻模、冲压模、热挤压模和金属压铸模等，承受大的冲击载荷、强烈的摩擦、剧烈的冷热循环所引起的热应变和热压力，以及高温氧化。因此热作模具钢要有高的高温耐磨性和热硬性，高的热强性和抗氧化性能，足够的韧性和热疲劳抗力；淬透性好，热处理变形小。

1）成分特点及其作用。热作模具钢中碳的质量分数一般为 0.3%～0.6%，保证高强韧性、热疲劳抗力和较高的硬度。Cr、Ni、Mn、Si 提高淬透性、回火稳定性和热疲劳抗力；W、Mo、V 提高热硬性和热强性。

2）热处理工艺。热作模具钢的预备热处理采用锻后退火；最终热处理是淬火后回火，回火温度视模具大小而定。

3）常用热作模具钢的化学成分、热处理及用途。化学成分、热处理及用途见表 6-21。

表 6-21 常用热作模具钢的化学成分、热处理及用途

牌号	主要化学成分（质量分数,%）						热处理			用途举例
	C	Si	Mn	Cr	Mo	其他	淬火温度/℃	回火温度/℃	硬度HRC	
5CrMnMo	0.50～0.60	0.25～0.60	1.20～1.60	0.60～0.90	0.15～0.30	—	820～850 油	490～640	30～47	中型锻模
5CrNiMo	0.50～0.60	≤0.40	0.50～0.80	0.50～0.80	0.15～0.30	Ni1.40～1.80	830～860 油	490～660	30～47	大型锻模
3Cr2W8V	0.30～0.40	≤0.40	≤0.40	2.20～2.27	—	W7.50～9.00 V0.20～0.50	1075～1125 油	600～620	50～54	高应力压模、螺钉或铆钉热压模、压铸模

（4）塑料模具钢　塑料模具种类很多，图 6-26 所示塑料注射模具是在不超过 200℃ 的加热温度下，将细粉或颗粒状的塑料压制成形的注射模具。工作时，模具持续受热、受压，并受到一定程度的摩擦和有害气体的腐蚀，因此要求塑料模具钢在 200℃ 时具有足够的强度和韧性，较高的耐磨性和耐蚀性，并具有良好的加工性、抛光性及热处理工艺性能。

塑料模具钢要求具有一定的强度、硬度、耐磨性、热稳定性和耐蚀性等性能。此外，还要求具有良好的工艺性，如热处理变形小、加工性能好、耐蚀性好、研磨和抛光性能好，以及在工作条件下尺寸和形状稳定等。一般情况下，注射成形或挤压成形模具可选用热作模具钢；热固性成形和要求高耐磨、高强度的模具可选用冷作模具钢。常用塑料模具及其用钢见表 6-22。

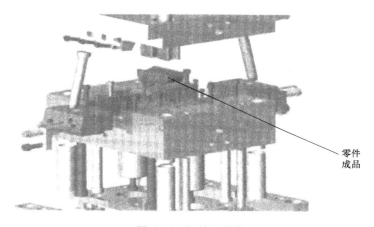

图 6-26　塑料注射模具

表 6-22　常用塑料模具及其用钢

塑料模具类型及工作条件	推荐用钢
泡沫塑料、吹塑模具	非铁金属 Zn、Al、Cu 及其合金或铸铁
中、小模具，精度要求不高，受力不大，生产批量小	45、40Cr、T8 ~ T10、10、20、20Cr
受磨损及动载荷较大、生产批量较大的模具	20Cr、12CrNi3、20Cr2Ni4、20CrMnTi
大型复杂的注射成形模或挤压成形模，生产批量大	4Cr5MoSiV、4Cr5MoSiV1、4Cr3Mo3SiV、5CrNiMnMoVSCo
热固性成形模，要求高耐磨性、高强度的模具	Cr12、GCr15、9Mn2V、CrWMn、Cr12MoV、7CrSiMnMoV
耐腐蚀性、高精度模具	2Cr13、4Cr13、9Cr18、Cr18MoV、3Cr2Mo、Cr14Mo4V、3Cr17Mo、8Cr2MnWMoVS
无磁模具	7Mn15Cr2Al3V2WMo

复习思考题

6-1　试述现行国家标准对现行钢按化学成分分类方法。

6-2　试述现行国家标准对现行钢按主要质量等级和主要性能或使用特性的分类方法。

6-3　在一般情况下，结构钢与工具钢的主要区别是什么？

6-4　在 20Cr、40Cr、GCr9、50CrV 等钢中，Cr 的质量分数均小于 1.5%，问铬在这些钢中存在的形式、以及对钢性能影响是否相同？为什么？

6-5 解释下列现象。

1）在含碳量相同时，大多数合金钢热处理加热温度均比碳素钢高，保温时间长。

2）$w_C = 0.4\%$、$w_{Cr} = 12\%$的铬钢为共析钢，$w_C = 1.5\%$、$w_{Cr} = 12\%$的铬钢为莱氏体钢。

3）高速工具钢在热锻后空冷，能获得马氏体。

4）12Cr13和Cr12钢中Cr的质量分数均大于11.7%，但12Cr13属于不锈钢，而Cr12钢却不属于不锈钢。

6-6 试分析比较T9及9SiCr钢：

1）二者相比，其淬火加热温度哪个高？为什么？

2）直径30~40mm的工件，9SiCr钢可在油中淬透而T9钢能在油中淬透吗？

3）二者相比，9SiCr钢适用于制造变形小、硬度高、耐磨性较高的圆板牙等薄刃刀具，为什么？

4）9SiCr钢圆板牙应如何进行热处理？

6-7 依据下表所列内容，归纳各类钢的特点。

钢类		成分特点及合金元素作用	典型牌号	预备热处理	最终热处理	热处理后组织	主要性能及用途
工程结构用钢	碳素结构钢						
	低合金高强度结构钢						
机械结构用钢	渗碳钢						
	调质钢						
	冷埋成形钢						
	弹簧钢						
	滚动轴承钢						
工具钢	量具刀具钢						
	碳素工具钢						
	高速工具钢						
模具钢	冷作模具钢						
	热作模具钢						
特殊性能钢	不锈钢						
	耐热钢						
	耐磨钢						

第7章

铸 铁

7.1 概述

铸铁是 $w_C > 2.11\%$ 的铁碳合金。工业上常用的铸铁是碳的质量分数为 2.0% ~ 4.0% 的 Fe、C、Si 多元合金。有时为了提高其力学性能或物理、化学性能，还可加入一定量的合金元素，得到合金铸铁。

7.1.1 铸铁的特点

与钢相比，铸铁的力学性能，如抗拉强度、塑性、韧性等均较低，但铸铁熔炼简单，具有优良的铸造性能、很好的减摩和耐磨性、良好的消振性、切削加工性、低的缺口敏感性等一系列优点。因此，铸铁广泛应用于机械制造、冶金、石油化工、交通、建筑和国防工业各部门。铸铁在机械制造中应用很广，按使用重量占比计算，汽车、拖拉机中的铸铁零件占总重量的 50% ~ 70%，机床中占 60% ~ 90%。常见的机床床身、工作台、箱体、底座等形状复杂或受压力及摩擦作用的零件大多由铸铁制成。

7.1.2 铸铁的分类

1. 根据碳在铸铁中存在的形式不同分类

根据碳在铸铁中存在的形式，铸铁可分为白口铸铁、灰铸铁、可锻铸铁、球墨铸铁、蠕墨铸铁、合金铸铁等。

（1）白口铸铁 白口铸铁中的碳全部或大部分以渗碳体形式存在，因断裂时断口呈白亮颜色，故称白口铸铁。

（2）灰铸铁 灰铸铁中的碳大部分或全部以游离的石墨形式存在。因断裂时断口呈暗灰色，故称为灰铸铁。根据石墨形态不同，灰铸铁可分为：①普通灰铸铁（石墨呈片状）；②球墨铸铁（石墨呈球状）。

（3）可锻铸铁 可锻铸铁中的石墨呈团絮状。

（4）蠕墨铸铁 蠕墨铸铁中的石墨呈蠕虫状。

（5）合金铸铁 合金铸铁是在灰铸铁或球墨铸铁成分基础上中加入一些合金元素炼制而成的，可使铸铁具有某些特殊性能。

铸铁与钢具有相同的基体组织，主要有铁素体、珠光体及铁素体加珠光体三类。由于基体组织不同，灰铸铁可分为铁素体灰铸铁、珠光体灰铸铁和铁素体加珠光体灰铸铁。

2. 根据铸铁中石墨的形态不同分类

根据石墨的形态不同，可将铸铁分为灰铸铁（石墨为片状）、可锻铸铁（石墨为团絮状）、球墨铸铁（石墨为球状）和蠕墨铸铁（石墨为蠕虫状）等，如图 7-1 所示。

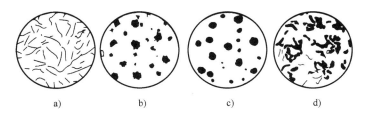

图 7-1　铸铁中石墨形态示意图
a）片状　b）团絮状　c）球状　d）蠕虫状

7.2　铸铁的石墨化

铸铁中的碳除极少量固溶于铁素体外，大部分都以两种形式存在：①碳化物状态，如渗碳体（Fe-C）及合金铸铁中的其他碳化物；②游离状态，即石墨（以 C 表示）。

石墨是碳的一种结晶形态，碳的质量分数为 100%。石墨的晶格类型为简单六方晶格，如图 7-2 所示，其基面中的原子结合力较强，而两基面之间的结合力较弱，故石墨基面很容易滑动，其强度、硬度、塑性和韧性极低（石墨的抗拉强度 R_m <19.6MPa，硬度为 3HBW），常呈片状形态存在。

1. 铸铁的石墨化过程

铸铁组织中石墨的形成称为石墨化过程。铸铁的石墨化过程可以有两种方式：一种是石墨直接从液态合金或奥氏体中析出；另一种是渗碳体在一定条件下分解出石墨，即 $Fe_3C \rightarrow 3Fe+G$（石墨）。石墨化过程是一个原子扩散过程。根据 Fe-C 相图，如图 7-3 所示，在极缓慢冷却条件下，铸铁的石墨化过程可分为两个阶段：第一阶段，包括从过共晶的铁

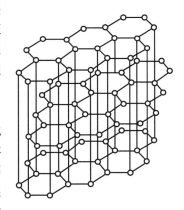

图 7-2　石墨的晶体结构

液中直接析出初生（一次）石墨、在共晶转变过程中形成共晶石墨以及奥氏体中冷却析出二次石墨，这一阶段的石墨化温度较高，碳原子容易扩散，故容易进行完全；第二阶段，包括共析转变过程中形成的共析石墨，这一阶段的石墨化温度较低，扩散困难，往往进行得不是很充分，当冷却速度稍大时，其石墨化只能部分进行，如果冷却速度再大些，第二阶段石墨化便完全不能进行。

如果第一阶段石墨化充分进行，则随着第二阶段石墨化进行的程度不同，可获得的铸铁组织也不同。如果第二阶段石墨化充分进行，铸铁组织将由铁素体基体和石墨组成；如果第二阶段石墨化部分进行，将形成以铁素体加珠光体为基体，其上分布着石墨的组织；如果第二阶段石墨化完全被抑制而不能进行，其组织将由珠光体基体和石墨组成。显然，当冷却速度过快，两个阶段的石墨化均被抑制而不能进行，则会得到白口铸铁。若第一阶段石墨部分

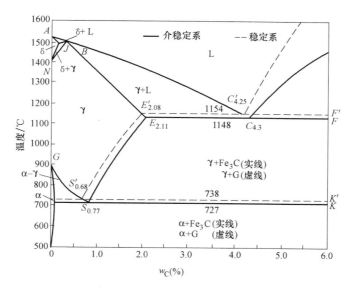

图 7-3 铁碳合金双重相图

进行，则可得到麻口铸铁。

2. 影响铸铁石墨化的因素

铸铁组织取决于石墨化过程进行的程度，而影响石墨化的主要因素是铸铁的化学成分和冷却速度。

（1）化学成分 碳和硅对铸铁石墨化起着决定性作用，是强烈促进石墨化的元素。铸铁的碳、硅含量越高，则石墨化进行得越充分，因为碳含量越高，越易形成石墨晶核，而硅有促进石墨成核的作用。实践证明，硅的质量分数每增加 1%，共晶点碳的质量分数相应下降0.3%。为了综合考虑碳和硅对铸铁的影响，常将硅含量折合成相当的碳量，并把实际的碳含量与折合成的碳量之和称为碳当量。例如，铸铁中实际碳的质量分数为 3.2%，硅的质量分数为 1.8%，则其碳当量 $CE = 3.2\% + (1/3) \times 1.8\% = 3.8\%$。图 7-4 所示为了碳和硅的含量与铸件壁厚对铸铁组织的影响。在实际生产中，在铸件壁厚一定的情况下，常通过调配碳和硅的含量来得到预期的组织。

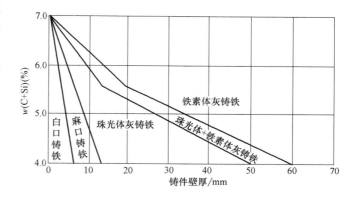

图 7-4 铸铁成分和铸件壁厚对铸铁组织的影响

硫是强烈阻碍石墨化的元素，并降低铁液的流动性，使铸铁的铸造性能恶化，其含量应尽可能降低。锰也是阻碍石墨化的元素，但它和硫有很强的亲和力，在铸铁中能与硫形成 MnS，以减弱硫对石墨化的有害作用。

（2）冷却速度 冷却速度对铸铁石墨化的影响也很大。冷却速度受造型材料、铸造方法和铸件壁厚等因素影响。金属型铸造使铸件冷却快，而砂型铸造冷却较慢。铸件厚壁处冷却较慢，易得到灰铸铁组织；而薄壁处冷却较快，易出现白口铸铁组织。这表明在化学成分相同的情况下，铸铁结晶时的冷却速度对石墨化影响很大，冷却越慢，越有利于石墨化的进行，易得到灰铸铁；冷却速度加快，不利于石墨化，甚至使石墨化来不及进行，易得到白口铸铁。

7.3 常用铸铁

常用铸铁有灰铸铁、球墨铸铁、可锻铸铁和蠕墨铸铁，它们的组织形态都是由某种基体组织加上不同形态的石墨构成的。

1. 灰铸铁

（1）灰铸铁金相组织 灰铸铁中的碳主要以片状石墨形式出现，铸铁（图7-5a）断口呈灰色。石墨的力学性能极差，使铸铁的抗拉强度比钢低很多，伸长率接近于零。铸铁中石墨含量越多，越粗大，力学性能越差。但因为石墨的存在，又使铸铁具有一些优点：减振性比钢好；石墨能起润滑作用，提高了耐磨性和切削加工性；有良好的铸造性能，如收缩小、不易产生铸造缺陷等。另外，它的熔化过程简单、成本低，所以是应用最广的铸造合金。

灰铸铁的显微组织如图7-6所示。

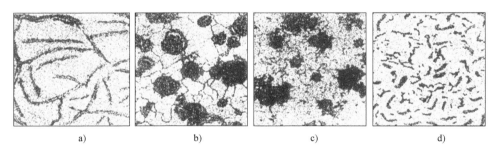

图 7-5 铸铁金相组织

a）片状石墨（灰铸铁） b）球状石墨（球状） c）团絮状石墨（可锻铸铁） d）蠕虫状石墨（蠕墨铸铁）

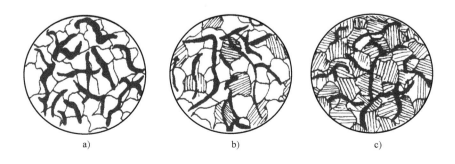

图 7-6 灰铸铁的显微组织示意图

a）铁素体灰铸铁 b）铁素体+珠光体灰铸铁 c）珠光体灰铸铁

（2）灰铸铁牌号　用"HT"加一组数字表示，HT 为"灰铁"汉语拼音首字母，数字表示最小拉伸强度值，以 MPa 计。如 HT150，表示抗拉强度 $R_m \geqslant 150MPa$ 的灰铸铁。

（3）灰铸铁的性能　石墨虽然降低了铸铁的力学性能，其抗拉强度、塑性、韧性和疲劳强度都比钢要低得多，但却使铸铁获得了许多钢所不及的优良性能。

1）缺口敏感性低。石墨本身的强度和塑性几乎为零，它就像金属基体中的孔洞和裂纹，因此可以把铸铁看成是含有大量孔洞和裂纹的钢，石墨的存在就等于减小了金属基体的有效承载面积，相当于零件上的许多小缺口，使工件加工形成的切口作用相对减弱，故铸铁的缺口敏感性低。

2）抗压强度高。石墨割断了金属基体的连续性能，可以把石墨看成是一条条裂纹，在外力作用下裂纹尖端将导致严重的应力集中，形成断裂源。灰铸铁的硬度和抗压强度主要取决于基体，因为在压缩载荷作用下石墨产生的裂纹是闭合的，铸铁的抗压强度是其抗拉强度的 3~5 倍。

3）加工性能好。灰铸铁在切削加工时，石墨的润滑和断屑使其具有良好的切削加工性。在干摩擦的情况下，由于石墨本身的润滑作用，以及它从铸铁表面脱落后留下的孔洞具有储存润滑油的能力，使工作表面保持良好的润滑条件，故铸铁又有良好的减摩性。由于石墨组织松软，对振动传递有削减作用，所以铸铁的减振性能是钢无法比拟的，具有良好的减振性，在所有铸铁中，灰铸铁的减振性最好。

4）铸造性能好。灰铸铁的熔点比钢低，流动性好，凝固过程中析出了比体积较大的石墨，减小了收缩率，故具有良好的铸造性能，能够铸造形状复杂的零件。

（4）灰铸铁的孕育处理　为了改善灰铸铁的组织和力学性能，生产中常采用孕育处理，即在浇注前向铁液中加入少量孕育剂（如硅铁、硅钙合金等），改变铁液的结晶条件，从而得到细小且均匀分布的片状石墨和细小的珠光体组织。孕育处理后的灰铸铁称为孕育铸铁。孕育铸铁（HT300、HT350）的力学性能在灰铸铁中属佼佼者，其强度有较大的提高，塑性和韧性也有改善，一般用于制造力学性能要求较高、截面尺寸变化较大的大型铸件。

（5）灰铸铁的热处理　由于热处理只能改变灰铸铁的基体组织，不能改变石墨的形状、大小和分布，故灰铸铁的热处理一般只用于消除铸件的内应力和白口组织、稳定尺寸、提高工件表面的硬度和耐磨性等。去应力退火是将灰铸铁缓慢加热到 500~600℃，保温一段时间，随炉降至 200℃后出炉空冷。消除白口组织的退火是将灰铸铁加热到 850~950℃，保温 2~5 h，然后随炉冷却到 400~500℃，出炉空冷，使渗碳体在高温和缓慢冷却中分解，用以消除白口组织，降低硬度，改善切削加工性。为了提高某些铸件的表面耐磨性，常采用表面淬火等方法，使工作面（如机床导轨）获得细小的马氏体基体+石墨组织。

（6）灰铸铁的牌号、力学性能和用途举例　灰铸铁的牌号、力学性能和用途见表 7-1。

表 7-1　灰铸铁的牌号、力学性能和用途

铸铁类别	牌号	力学性能			用途举例
		抗拉强度（≥MPa）	抗弯强度（≥MPa）	硬度 HBW	
铁素体灰铸铁	HT100	100	260	143~229	低载荷和不重要的部件,如盖、外罩、手轮、支架等

（续）

铸铁类别	牌号	力学性能			用途举例
		抗拉强度（≥MPa）	抗弯强度（≥MPa）	硬度 HBW	
铁素体-珠光体灰铸铁	HT150	150	330	163～229	承受中等应力的零件,如底座、床身、工作台、阀体、管路附件及一般工作条件要求的零件
珠光体灰铸铁	HT200	200	400	170～241	承受较大应力和较重零件,如气缸体、齿轮、机座、床身、活塞、齿轮箱等
	HT250	250	470	170～241	
孕育铸铁	HT300	300	540	187～255	床身导轨,车床、压力机等受力较大的床身、机座、主轴箱、卡盘、齿轮等
	HT350	350	610	197～269	高压液压缸、泵体、衬套、凸轮、大型发动机的曲轴、气缸体、气缸盖等
	HT400	400	680	207～269	

2. 球墨铸铁

1948 年问世的球墨铸铁使铸铁的性能产生了质的飞跃。球墨铸铁是石墨呈球状分布的灰铸铁,是将铁液经过球化处理而得到的。与片状石墨和团絮状石墨相比,因石墨呈球状,因此球墨铸铁是各种铸铁中力学性能最好的。基体强度利用率高达 70%～90%,其抗拉强度、塑性、韧性高,可与钢媲美。与钢一样,通过热处理可进一步提高力学性能。球墨铸铁同时还具有灰铸铁的减振性、耐磨性和低的缺口敏感性等一系列优点。适用于代替钢在静载荷或冲击不大的条件下工作的零件,如曲轴、凸轮轴等。

（1）牌号及用途　球墨铸铁牌号用"QT"加两组数字表示。QT 为"球铁"汉语拼音首字母,前一组数字表示最低抗拉强度值,以 MPa 计后一组数字表示最低断后伸长率。如 QT500-7,表示抗拉强度不小于 500MPa,断后伸长率不小于 7% 的球墨铸铁。表 7-2 是球墨铸铁的牌号、力学性能和用途举例。

表 7-2　球墨铸铁的牌号、力学性能和用途举例

牌　号	力学性能				用　途　举　例
	抗拉强度/MPa	屈服强度/MPa	断后伸长率≥	硬度 HBW	
QT400-18	400	250	18	120～175	受压阀门、轮壳、后桥壳、牵引架、铸管、农机件
QT450-10	450	310	10	160～210	
QT500-7	500	320	7	170～230	液压泵齿轮、阀门、轴瓦等,曲轴、连杆、凸轮轴、蜗杆、蜗轮、轧钢机轧辊、大齿轮、水轮机主轴、起重机、农机配件
QT600-3	600	370	3	190～270	
QT700-2	700	420	2	225～305	
QT800-2	800	480	2	245～335	

注：牌号依照 GB/T 5612—2008《铸铁牌号表示方法》,力学性能摘自 GB/T 1348—2009《球墨铸铁件》。

（2）性能特点　球墨铸铁与可锻铸铁相比,具有生产工艺简单（生产球墨铸铁只要对一定成分的铁液进行适当的处理,生产周期短。而生产可锻铸铁时的石墨化退火周期,即使采取措施仍需 30h 以上）、不受铸件尺寸限制（可锻铸铁的生产过程是先浇注成白口铸铁,

为了得到全白口组织，铸件的尺寸不能太厚）等特点。球墨铸铁还可以像钢一样进行各种热处理，以改善其金属基体组织，进一步提高力学性能，因此在很多场合下球墨铸铁可以代替钢使用。

由于石墨呈球状，对基体的削弱作用要小得多，使得球墨铸铁的强度和塑性有了很大的提高。灰铸铁的抗拉强度最高只有400MPa，而铸态球墨铸铁的抗拉强度最低值为600MPa，经热处理后可达700～900MPa。而同样是铁素体基体，其塑性与可锻铸铁相比也有很大提高。球墨铸铁的一个突出的优良性能是其屈服强度与抗拉强度的比值（屈强比）约为钢的2倍，因此对于承受静载荷的零件，可用球墨铸铁代替钢，以减轻机器重量。但球墨铸铁的塑性、韧性比较差，其力学性能的好坏取决于石墨大小和基体组织。球墨铸铁中石墨球径越大，性能越差；球径越小，性能越好。珠光体球墨铸铁的抗拉强度是铁素体球墨铸铁的一倍，断后伸长率后者是前者的5倍以上；以回火马氏体为基体的球墨铸铁具有高的强度、硬度；以下贝氏体为基体的球墨铸铁具有良好的综合力学性能。

（3）处理方法　生产球墨铸铁时必须要进行脱硫处理和球化处理（浇注前必须先往铁液中加入能促使石墨结晶成球状的球化剂）和孕育处理（球化处理后立即加入石墨化元素而进行的处理）。

（4）热处理　在铸态下，球墨铸铁的基体是不同数量的铁素体、珠光体，甚至自由渗碳体同时存在的混合组织。在生产中经过退火、正火、调质处理、等温淬火等不同的热处理后，球墨铸铁可获得铁素体、铁素体+珠光体、珠光体和贝氏体等不同的基体组织，如图7-7所示；也可获得贝氏体、马氏体、托氏体、索氏体和奥氏体等基体组织。

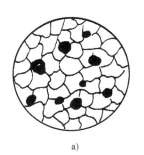 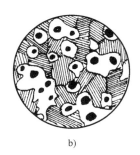 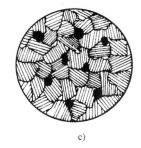

a)　　　　　　　　　　b)　　　　　　　　　　c)

图 7-7　球墨铸铁的显微组织示意图

a）铁素体球墨铸铁　b）铁素体+珠光体球墨铸铁　c）珠光体球墨铸铁

3. 蠕墨铸铁

随着铸铁的发展，人们发现了石墨的另一种形态——蠕虫状，但当时认为是球墨铸铁球化不良的缺陷形式。进入20世纪60年代中期，人们已经认识到具有蠕虫状石墨的蠕墨铸铁在性能上具有一定的优越性，并逐步将其发展成为独具一格的铸铁——蠕墨铸铁。它是在一定成分的铁液中加入适量的蠕化剂，获得形态介于片状与球状，形似蠕虫状石墨的铸铁。蠕墨铸铁中的石墨在光学显微镜下的形状似乎也呈片状，但其石墨片短而厚，头部较钝、较圆，形似蠕虫状，是一种介于片状与球状石墨的一种过渡性石墨。

（1）牌号及用途　蠕墨铸铁的牌号用"蠕"的汉语拼音与"铁"的汉语拼音首字母"RuT"加数字表示，其中数字代表最小抗拉强度值，以MPa计，如RuT420、RuT340分别表示最小抗拉强度为420MPa和340MPa的蠕墨铸铁。各牌号蠕墨铸铁的主要区别在于基体组织。

蠕墨铸铁已在工业中得到广泛应用，主要用来制造大功率柴油机缸盖、气缸套、电动机外壳、机座、机床床身、阀体、玻璃模具、起重机卷筒、纺织机零件以及钢锭模等铸件。

（2）性能　蠕墨铸铁的力学性能介于相同基体组织的灰铸铁和球墨铸铁之间，其铸造性能和热传导性、耐疲劳性、减振性与灰铸铁相近。蠕墨铸铁较球墨铸铁的优越性在于蠕墨铸铁具有优良的抗热疲劳性以及优良的导热性，而且其铸造性能、减振性能也优于球墨铸铁。

（3）化学成分　蠕墨铸铁的化学成分与球墨铸铁基本相似，即高碳、低硫及一定成分的硅、锰。$w_C = 3.5\% \sim 3.9\%$、$w_{Si} = 2.2\% \sim 2.8\%$、$w_{Mn} = 0.4\% \sim 0.8\%$、硫、磷的质量分数均小于0.1%（最好为0.06%以下）、碳当量为4.3%~4.6%。

（4）蠕化处理　蠕墨铸铁是在具有上述成分的铁液中加入适量的蠕化剂进行蠕化处理后获得的。蠕化处理后还要进行孕育处理，以获得良好的蠕化效果。我国目前采用的蠕化剂主要有稀土镁钛合金、稀土镁、硅铁或硅钙合金。

4. 可锻铸铁

所谓"可锻"铸铁是将白口铸铁通过石墨化退火或氧化脱碳处理，改变其金相组织成分而获得的有一定韧性的铸铁。

在汽车、农业机械上常有一些截面较薄、工作中又受到冲击和振动的零件。若用灰铸铁制造，则韧性不足。而铸钢的铸造性能差，又不能用锻造法生产，也不易获得合格产品，且价格较贵。在这种情况下，就要利用铸铁的优良铸造性能，先铸成一定化学成分的白口铸铁铸件，然后经石墨可锻化退火处理，将Fe_3C分解为团絮状石墨，即获得可锻铸铁。但需注意，可"锻铸"铁并不可锻造。

（1）牌号及用途　可锻铸铁的牌号用"KTH""KTZ""KTB"和后面的两组数字表示。"KT"为"可铁"两字的汉语拼音字首，"KTH"表示黑心可锻铸铁，"KTZ"表示珠光体可锻铸铁，"KTB"表示白心可锻铸后面的两组数字分别表示最低抗拉强度（以MPa计）和最低断后伸长率。如KTH300-06，表示黑心可锻铸铁，其最低抗拉强度$R_m = 300$MPa，最低断后伸长率$A = 6\%$。常用可锻铸铁的牌号、性能见表7-3。

表7-3　常用可锻铸铁的牌号、性能

分类	牌　号	试样直径 d/mm	R_m/MPa ≥	$R_{p0.2}$/MPa ≥	$A(\%)$ ($L_0 = 3d$) ≥	硬度 HBW
黑心可锻铸铁	KTH300-06	12 或 15	300		6	≤150
	KTH330-08		330		8	
	KTH350-10		350	200	10	
	KTH370-12		370		12	
珠光体可锻铸铁	KTZ450-06		450	270	6	150~200
	KTZ550-04		550	340	4	180~230
	KTZ650-02		650	430	2	210~260
	KTZ700-02		700	530	2	240~290

近年来，不少可锻铸铁件已被球墨铸铁件代替。但可锻铸铁的韧性和耐蚀性好，适宜制造形状复杂、承受冲击的薄壁铸件及在潮湿环境下工作的零件，如汽车、拖拉机的前后轮壳、减速器壳、转向机构等。与球墨铸铁相比具有质量稳定、铁液处理简单、易于组织流水线生产等优点。

（2）组织及性能　可锻铸铁分为黑心（铁素体）可锻铸铁和珠光体可锻铸铁两种类型，如图7-8所示。

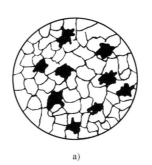

a)　　　　　　　　　　　b)

图 7-8　可锻铸铁的显微组织示意图

a）铁素体可锻铸铁　b）铁素体+珠光体可锻铸铁

把白口铸铁经高温石墨化退火，完成共晶渗碳体的分解以及随后自奥氏体中析出二次石墨的过程，称为石墨化的第一阶段（可锻铸铁因其含C、Si较少，石墨化退火前为亚共晶白口铸铁，不存在一次渗碳体）；把奥氏体发生共析转变形成铁素体+石墨的过程，称为石墨化的第二阶段（低温退火）。

退火时，如果这两个阶段都进行得很完全，将得到铁素体+团絮状石墨的组织，如图7-8a所示，即铁素体可锻铸铁。因其断口心部为铁素体基体上分布着大量的石墨而呈灰黑色，表层因退火时脱碳而呈灰白色，故称黑心可锻铸铁。

如果完成了石墨化第一阶段并析出二次石墨后以较快速度冷却（出炉空冷），使第二阶段石墨化不能进行，将得到珠光体可锻铸铁，如图7-8b所示。

由于团絮状石墨对金属基体的割裂作用大为减弱，使得可锻铸铁的强度、塑性、韧性比灰铸铁都有明显提高。

（3）生产过程　可锻铸铁的生产过程较为复杂，其退火时间长，生产率低，能耗大，成本较高。可锻铸铁的生产过程分为两步，第一步先铸成白口铸铁，第二步再经高温长时间的可锻化退火，使渗碳体分解出团絮状石墨。首先要获得全白口组织的铸铁，如果铸态组织中出现了片状石墨，进行石墨化退火时，Fe_3C分解的石墨将依附在片状石墨上长大，从而得不到团絮状石墨。为此，要适当降低C、Si等促进石墨化的元素含量，但其含量也不能太低，否则会使退火时石墨化困难，延长退火周期。C、Si含量的大致范围为：$w_C = 2.0\% \sim 2.6\%$、$w_{Si} = 1.1\% \sim 1.6\%$。

5. 合金铸铁

为了进一步提高铸铁的性能和获得某些特殊的物理、化学性能，在灰铸铁或球墨铸铁成分中加入一些合金元素，可使铸铁具有某些特殊性能，这些铸铁称为合金铸铁，或特殊性能铸铁。

铸铁合金化的目的有两个：一是为了强化铸铁组织中金属基体部分并辅之以热处理，获得高强度铸铁；另一个是赋予铸铁以特殊性能，如耐热性、耐磨性、耐蚀性等。在铸铁中加Si、Al、Cr元素，通过高温渗氮，在表面形成致密、牢固、匀整的氧化膜，阻止铸铁内氧化，提高铸铁的使用温度。常用的有中硅耐热铸铁、高铝耐热铸铁、含铬耐热铸铁。铸铁中加入Co、Mo、Mn、S、P、Cr、Ti等合金元素，得到磷铜钛耐热铸铁、铬钼铜耐热铸铁、铬铜耐热铸铁、铜钪钛耐热铸铁和稀土钪钛耐磨铸铁。

下面介绍几种常见的合金铸铁。

（1）耐蚀铸铁　为提高铸铁的耐蚀性，可在铸铁中加入较多的硅、铝、铬等合金元素。能耐化学、电化学腐蚀的铸铁，称为耐蚀铸铁。耐蚀铸铁中通常加入的合金元素有硅、铝、铬、镍、钼、铜等，这些合金元素能使铸铁表面生成一层致密稳定的氧化物保护膜，从而提高耐蚀铸铁的耐蚀性。常用的耐蚀铸铁有：高硅耐蚀铸铁、高硅钼耐蚀铸铁、高铝耐蚀铸铁、高铬耐蚀铸铁、镍铸铁等。耐蚀铸铁主要用于化工机械，如管道、阀门、耐酸泵、离心泵、反应锅及容器等。

常用的高硅耐蚀铸铁的牌号有 STSi111Cu2CrRE、STSi5RE、STSi15 M03RE 等。牌号中的"ST"表示耐蚀铸铁，RE 是稀土代号，数字表示合金元素的质量分数。如果牌号中有字母"Q"，则表示耐蚀球墨铸铁，数字表示合金元素的百分质量分数，如 SQTAl5Si5 等。

几种耐蚀铸铁及应用举例见表 7-4。

表 7-4　几种耐蚀铸铁及应用举例

铸铁名称	化学成分（质量分数，%）	应用举例
高硅耐酸铸铁	C：0.5～0.8，Si：14.4～16.0，Mn：0.3～0.8	在酸中均有良好的耐蚀性，如化工、化肥、石油、医药设备中的零件
高铝耐蚀铸铁	C：2.8～3.3，Al：4～6，Si：1.2～2.0，Mn：0.5～1.0	氯化铵及碳酸氢铵设备中的零件

（2）耐热铸铁　耐热铸铁具有抗高温氧化等性能，能够在高温下承受一定载荷。在铸铁中加入 Al、Si、Cr 等合金元素，可以在铸铁表面形成致密的保护性氧化膜，使铸铁在高温下具有抗氧化能力，同时能够使铸铁的基体变为单相铁素体。加入 Ni、Mo 能增加在高温下的强度和韧性，从而提高铸铁的耐热性。

常用的耐热铸铁有：中硅铸铁、高铬铸铁、镍铬硅铸铁、镍铬球墨铸铁、中硅球墨铸铁等，主要用于制造加热炉附件，如炉底板、加热炉传送链构件、换热器、渗碳坩埚等。

几种耐蚀铸铁及应用举例如表 7-5 所示。

表 7-5　几种耐热铸铁及应用举例

铸铁名称	w_C（%）	w_{Si}（%）	w_{Mn}（%）	w_P（%）	w_S（%）	其他（质量分数，%）	使用温度/℃	应用举例
中硅耐热铸铁	2.2～3.0	5.0～6.0	<1.0	<0.2	<0.12	Cr：0.5～0.9	≤350	烟道挡板、换热器等
中硅球墨铸铁	2.4～3.0	5.0～6.0	<0.7	<0.1	<0.03	Mg：0.04～0.07（RE：0.15～0.035）	900～950	加热炉底板、化铝电阻炉坩埚等
高铝球墨铸铁	1.7～2.2	1.0～2.0	0.4～0.8	<0.2	<0.01	Al：21～24	1000～1100	加热炉底板、渗碳罐、炉子传递链构件等
铝硅球墨铸铁	2.4～2.9	4.4～5.4	<0.5	<0.1	<0.02	Al：40～50	950～1050	
高铬耐热铸铁	1.5～2.2	1.3～1.7	0.5～0.8	≤0.1	≤0.1	Cr：32～36	1100～1200	加热炉底板、炉子传递链构件等

（3）耐磨铸铁 为提高铸铁的耐磨性，可在铸铁中加入一些铜、钼、铬、锰、镍、磷等合金元素。耐磨铸铁按其工作条件不同，大致可分为两大类：

一类是在无润滑、干摩擦或磨料磨损条件下工作的耐磨铸铁，它具有均匀的高硬度组织和必要的韧性，包括高铬白口铸铁、低合金白口铸铁、中锰球墨铸铁和冷硬铸铁等，可用作轧辊、犁铧、破碎机和球磨机零件等。白口铸铁多半是在干摩擦情况下，通过破坏摩擦对偶而保全自身并具有较长的工作寿命的，如球磨机的衬板和磨球等。欲进一步提高白口铸铁的耐磨性，可通过在铸铁中加入 Cr、Ni、Mo、V 等元素，提高其淬透性，得到铸态下具有马氏体组织的白口铸铁。也可使用 $w_{Mo} = 5\% \sim 7\%$、$w_{Si} = 3.3\% \sim 5\%$ 的中锰合金球墨铸铁，其组织为马氏体+贝氏体+部分奥氏体+碳化物，在具有很高的硬度和耐磨性的同时又具有一定的韧性。

另一类是在润滑条件下工作的减摩铸铁，它具有较低的摩擦因数，能够很好地保持连续油膜，最适宜的组织形式应该是在软的基体上分布着坚硬的骨架，以使基体磨损后形成保持润滑剂的"沟槽"，其坚硬突出的骨架承受压力。常用的减摩铸铁有高磷铸铁和钒钛铸铁，常用于机床导轨、气缸套和活塞环等。例如，灰铸铁制成的摩擦对（气缸套和活塞环），要求其摩擦因数小、磨损量低，彼此不损害对方偶件，一般是在润滑状态下工作的。如果在灰铸铁的基础上提高磷含量，使其达到 $w_P = 0.4\% \sim 0.6\%$，得到高磷铸铁，在高磷铸铁的基础上再加入铜和钛，即可得到磷铜钛耐磨铸铁。

常用特殊铸铁的代号及牌号见表7-6。

表7-6 常用特殊铸铁的代号及牌号（摘自 GB/T 5612—2008）

分类	名称	代号	牌 号
耐磨类	耐磨灰铸铁	HTM	HTM Cu1CrMo
	抗磨球墨铸铁	QTM	QTM Mn8-30
	抗磨白口铁	BTM	BTM Cr15Mo
耐蚀类	耐蚀灰铸铁	HTS	HTS Ni2Cr
	耐蚀球墨铸铁	QTS	QTS Ni20Cr2
	耐蚀白口铁	BTS	BTS Cr28
耐热类	耐热灰铸铁	HTR	HTR Cr
	耐热球墨铸铁	QTR	QTR Si5
	耐热白口铸铁	BTR	BTR Cr16

选材实例：机床床身的选材及热处理

机床有很多种类，车床是机床中应用最广泛的切削加工设备，尤其是普通车床，如图7-9a所示。车床的床身（图7-9b）为车床的基础零件。试分析怎样对床身选材，应如何处理。

（1）车床的床身的功能 车床的床身是用来支撑和安装车床的各部件，如主轴箱、进给箱、溜板箱、尾座等，并保证其相对位置的。

（2）车床床身的选材 车床的床身主要承受压应力和加工零件时的振动，因此要求床身具有足够的刚度和强度。

（3）床身的选材和热处理 选 HT250，采用退火及表面淬火处理，以达到规定的性能要求。

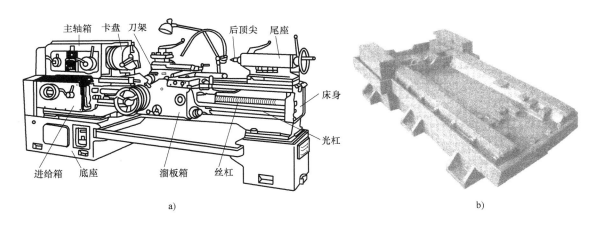

图 7-9　车床及床身

a）车床　b）床身

复习思考题

7-1　什么是铸铁？与钢相比，铸铁有何特点？

7-2　根据碳在铸铁中的存在形式不同，铸铁分为哪几类？

7-3　试述石墨对铸铁性能的影响。

7-4　灰铸铁石墨化过程中，若第一、第二阶段完全石墨化，当第三阶段石墨化完全进行、部分进行、没有进行时，它们各获得什么组织的铸铁？

7-5　从综合力学性能和工艺性能两方面来比较灰铸铁、球墨铸铁和可锻铸铁。

7-6　判断下列说法是否正确，为什么？

1）石墨化过程中第一阶段石墨化最不易进行。

2）采用球化退火可以获得球墨铸铁。

3）可锻铸铁可以锻造加工。

4）白口铸铁由于硬度较高，可作切削工具使用。

5）灰铸铁不能整体淬火。

7-7　灰铸铁具有哪些优良的性能？

7-8　什么是灰铸铁的孕育处理？孕育处理的目的是什么？

7-9　铸件为什么要进行去应力退火？

7-10　什么是可锻铸铁？它是如何获得的？可锻铸铁为什么不能进行锻造成形？

7-11　什么是球墨铸铁？它是如何获得的？有何特点？

7-12　从综合力学性能和工艺性能两方面来比较灰铸铁、球墨铸铁和可锻铸铁。

7-13　什么是合金铸铁？有何特点？

7-14　解释下列材料牌号的含义：

HT100、HT200、QT400-18、QT900-2、RuT260、KTH300-06、KTZ700-02

7-15　机床床身、机座、机架、箱体等铸件适宜采用（　　）铸造。

A. 灰铸铁　　　B. 可锻铸铁　　　C. 球墨铸铁　　　D. 蠕墨铸铁

7-16　灰铸铁牌号 HT250 中的数字 250 表示（　　）的最低值。

A. 抗拉强度　　　B. 屈服强度　　　C. 冲击韧性　　　D. 疲劳强度

第8章

有色金属及合金

8.1 有色金属

工业上使用的金属材料，分为黑色金属和有色金属两大类。钢和铸铁称为黑色金属，除钢和铸铁之外的其他金属及其合金称为有色金属。

有色金属是除钢铁材料以外的其他金属材料的总称，如铝、镁、铜、锌、锡、铅、镍、钛、金、银、铂、钒、钼等金属及其合金。有色金属种类较多，冶炼比较难，成本较高，故其产量和使用量远不如钢铁材料多。但是由于有色金属具有钢铁材料所不具备的某些物理性能和化学性能，因而是现代工业中不可缺少的重要金属材料，广泛应用机械制造、航空、航海、汽车、石化、电力、电器、核能及计算机等行业。

本章主要介绍工业上广泛使用的铝合金、铜合金、钛合金、粉末冶金和轴承合金等有色金属的性能、特点，用途等，为合理选用材料打下基础。

8.2 铝及铝合金

8.2.1 概述

1. 铝和纯铝的简介

铝在地壳中储量丰富，约占 8.2%（质量分数），居所有金属元素之首，因其性能优异，在几乎所有工业领域中都得到应用。

铝具有银白色光泽，具有优良的导电性、导热性（仅次于银和铜），是非磁性材料。铝及铝合金化学性质活泼，在空气中极易氧化形成一层牢固致密的表面氧化膜，从而使其在空气及淡水中具有良好的耐蚀性。常用铝导线的导电能力约为铜的 61%，导热能力为银的 50%。虽然纯铝极软且富延展性，但仍可通过冷加工及制成合金来使其硬化。铝作为轻型结构材料，铝的质量分数不低于 99.00% 时为纯铝。

2. 铝合金的简介

铝合金是以铝为基础，加入一种或几种其他元素（如铜、镁、硅等）而构成的合金。铝合金重量轻，强度大，又保持纯铝的优良特性。

8.2.2 纯铝的性能、牌号及用途

1. 纯铝的性能

按含铝质量分数的多少，分为高纯铝、工业高纯铝和工业纯铝，纯度依次降低。高纯铝

含铝质量分数为 99.93%~99.996%。主要用于科学试验、化学工业和其他特殊领域。工业高纯铝含铝质量分数为 99.85%~99.9%，工业纯铝含铝质量分数为 98.0%~99.0%。

纯铝密度为 $2.7g/cm^3$，约为铁的 1/3；熔点是 660℃，结晶后具有面心立方晶格，无同素异构转变现象，无铁磁性；纯铝有良好的导电和导热性能，仅次于银和铜，室温下导电能力约为铜的 60%~64%；铝和氧的亲和力强，容易在其表面形成致密的 Al_2O_3 薄膜，该薄膜能有效地防止内部金属继续氧化，故纯铝在非工业污染的大气中有良好的耐蚀性。但纯铝不耐碱、酸、盐等介质的腐蚀；纯铝的塑性好（$A \approx 40\%$，$Z \approx 80\%$），但强度低（$R_m \approx 80 \sim 100MPa$）；纯铝不能用热处理进行强化，合金化和冷变形是其提高强度的主要手段，纯铝经冷变形强化后，其强度可提高到 150~250MPa，而塑性则下降到 $Z = 50\% \sim 60\%$。

此外，纯铝添加合金元素后可获得良好铸造性能的铸造铝合金或加工塑性好的变形铝合金，常用其配制铝合金和做铝合金的包覆层。

纯铝具有极好的塑性和低的强度（纯度为 99.99% 时，$R_m = 45MPa$，$A = 50\%$），还具有良好的低温塑性，直到 253℃时其塑性和韧性也不降低。因而工艺性能优良，易于铸造，易于切削，也易于通过压力加工制成各种规格的半成品。但纯铝的强度、硬度低，不适合制作受力的机械零件和结构材料。

2. 纯铝的牌号

纯铝有重熔用的铝锭和高纯铝，铝锭牌号用"Al"+数字表示，GB/T 1196—2017 对纯度在 99% 以上的铝锭在 Al 后+99，再在 99 的小数点加后两位数字表示纯度高低，例如：Al99.90 表示铝的质量分数为 99.90%，Fe、Si、Cu、Ga、Mg 和 Zn 等杂质总量约等于0.10%，常用牌号有 Al99.90、Al99.85、Al99.70、Al99.60、Al99.50 和 Al99.00。

高纯铝沿用有色金属行业标准 YS/T 275—2008，共有 Al-5N、Al-5N5 两个牌号，前者铝的质量分数 99.999%，后者铝的质量分数 99.9995%，余量为杂质元素 Cu+Si+Fe+Ti+Zn+Ga 的总量。

3. 纯铝的用途

纯铝主要用作配制铝基合金。此外，纯铝还可用于制作电线、铝箔、屏蔽壳体、反射器、包覆材料及化工容器等。

8.2.3 铝合金

铝合金是以纯铝为基础，加入一种或几种其他元素（如铜、镁、硅、锰、锌等）构成的合金。向纯铝中加入适量的铜、镁、硅、锰、锌等合金元素，可得到具有较高强度的铝合金。若再经过冷加工或热处理，其抗拉强度可提高到 400MPa 以上，而且铝合金的比强度（抗拉强度与密度的比值）高，有良好的耐蚀性和可加工性。因此，铝合金在航空和航天工业中得到广泛应用。各种运载工具，特别是飞机、导弹、火箭、人造地球卫星等，均使用大量的铝，一架超声速飞机的用铝量占其自身重量的 70%，一枚导弹用铝量占其总重量的10% 以上。2008 年北京奥运会的"祥云"火炬（图 8-1）的材质就是铝合金。

1. 铝合金的分类

铝合金分为变形铝合金和铸造铝合金两类。

图 8-2 所示是铝合金的相图，图中的 DF 线是合金元素在及固溶体中的溶解度变化曲线，D 点是合金元素在固溶体中的最大溶解度。合金元素含量低于 D 点的合金，当加热到 DF 线

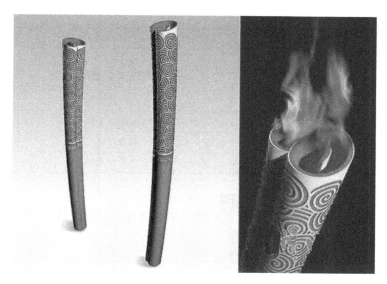

图 8-1　铝合金制作的"祥云"火炬

以上时，能形成单相固溶体组织，因而其塑性较高，适于压力加工，故称为变形铝合金。其中合金元素含量在 F 点以左的合金，由于其固溶体化学成分不随温度而变化，不能进行热处理强化，故称为热处理不能强化铝合金。而化学成分在 F 点以右的铝合金（包括铸铝合金），其固溶体化学成分随温度变化而沿 DF 线变化，可以用热处理的方法使合金强化，故称为热处理能强化铝合金。合金元素含量超过 D 点的铝合金，具有共晶组织，适合铸造加工，不适合压力加工，故称为铸造铝合金。

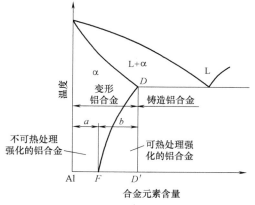

图 8-2　二元铝合金的一般相图

铸造铝合金具有良好的耐蚀性及铸造工艺性，但塑性差，常采用变质处理和热处理的方法提高其力学性能。铸造铝合金按加入主要合金元素的不同分为铝-硅系、铝-铜系、铝-镁系和铝-锌系四大类。

形变铝合金具有良好的塑性，可以在冷态或热态下进行压力加工。根据合金的热处理及性能特点可分为：①热处理不能强化的防锈铝合金；②热处理能强化的硬铝、超硬铝和锻铝合金。

铝合金的分类和性能特点见表 8-1。

表 8-1　铝合金的分类和性能特点

分类	合金名称	合金系	性能特点	示例
铸造铝合金	铝铜铸造合金	Al-Cu	耐热性好,铸造性能与耐蚀性差	ZL201
	铝镁铸造合金	Al-Mg	力学性能高,耐蚀性好	ZL301
	铝锌铸造合金	Al-Zn	能自动淬火,宜于压铸	ZIA01
	铝稀土铸造合金	Al-Re	耐热性能好	

（续）

分类	合金名称		合金系	性能特点	示例
变形铝合金	不能热处理强化铝合金	防锈铝	Al-Mn	耐蚀性、压力加工性与焊接性能好,但强度较低	LF2
			Al-Mg		LF5
	可热处理强化铝合金	硬铝	Al-Cu-Mg	力学性能高	LY11、LY12
		超硬铝	Al-Cu-Mg-Zn	室温强度最高	LC4
		锻铝	Al-Mg-Si-Cu	锻造性能好	LD5、LD10
			Al-Cu-Mg-Fe-Ni	耐热性能好	LD8、LD7

2. 铝合金的热处理

大多数铝合金可以通过热处理来改善性能。铝合金常用的热处理方法有：退火、固溶与时效等。

1）铝合金的退火。铝合金退火的主要目的是消除应力或偏析，稳定组织，提高塑性。退火时将合金加热至 200~300℃，适当保温后空冷，或先缓冷到一定温度后再空冷。再结晶退火可以消除变形铝合金在塑性变形过程中产生的冷变形强化现象。再结晶退火的温度视合金成分和冷变形条件而定，一般为 350~450℃。

退火可消除铝合金的加工硬化，恢复其塑性变形的能力，消除铝合金铸件的内应力和化学成分偏析。淬火加时效处理可使淬火铝合金达到最高强度。

2）铝合金的固溶与时效处理。固溶与时效是铝合金热处理强化的主要工艺。铝合金一般具有如图 8-1 所示的相图。将成分位于图中 D'、F 之间的合金加热至晶相区，经保温形成单相的固溶体，然后快冷（淬火），使溶质原子来不及析出，至室温获得过饱和的固溶体组织，这一热处理过程称为固溶处理。淬火后的铝合金虽可固溶强化，但强化效果不明显，塑性却可得到改善。由于过饱和固溶体是不稳定的，随着时间的延长，将形成众多的溶质原子局部富集区（称为 GP 区），进而析出细小弥散分布且与母相共格的第二相或第二相的过渡相，引起晶格严重畸变（图 8-3），阻碍位错运动。此时合金的强度、硬度显著升高，这就是时效强化，这一过程称为时效处理。具有极限溶解度 D' 点附近的合金，时效强化效果最好。合金成分位于 F 点以左时，由于加热与冷却时组织无变化，显然无法对其进行时效强化，故称为不可热处理强化的铝合金。成分位于 F 点以右的合金，其组织为固溶体与第二相的混合物，因为时效过程只在固溶体中发生，故其时效强化效果将随着合金成分向右远离 F 点而逐渐增大至 D' 附近，时效强化效果最明显。

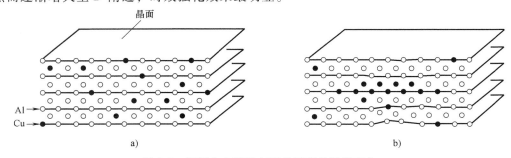

图 8-3　铝铜合金固溶与时效过程的组织变化
a）淬火状态　b）时效状态

铝合金时效的强化效果还与加热温度和保温时间有关，如图 8-4 所示。淬火的铝合金在时效初期强度变化很小，这段时间称为孕育期。铝合金在孕育期内有很好的塑性，可在此时对其进行各种冷塑性变形加工，或对淬火变形的零件进行校正。孕育期过后，合金的强度、硬度很快升高。自然时效时，4~5 天后达到最大强度；人工时效时，时效温度越高，强化效果越差。时效温度过高或时间过

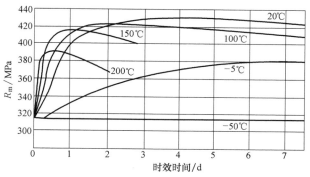

图 8-4　$w_{Cu} = 4\%$ 的铝合金在不间温度下的时效曲线

长，合金的强度、硬度反而下降，即发生了过时效，这与合金中析出第二相晶粒有关。

3. 常用的变形铝合金

变形铝合金加热时能形成单相固溶体组织，塑性较好，适合压力加工，它通过轧制、挤压、拉伸、锻造等塑性变形加工，可改善组织、提高性能，制成板、带、箔、管、型、棒、线和锻件等各种铝材。它包括防锈铝合金、硬铝合金、超硬铝合金及锻铝合金等。

（1）变形铝合金的编号　变形铝合金按热处理的强化效果不同分为可热处理强化铝合金和不可热处理强化铝合金；按主要合金化元素分为：铝铜、铝锰、铝硅、铝镁、铝镁硅、铝锌镁等几个主要合金系列，近代又发展了铝锂合金系。合金牌号用汉语拼音字母和数字表示，字母表示合金的类别，数字表示具体合金序号，主要有：防锈铝（LF）、硬铝（LY）、锻铝（LD）、超硬铝（LC）、特殊铝（LT）和钎焊铝（LQ）等。近年来为了与国际接轨，我国制定了变形铝及铝合金的新牌号。牌号命名的基本原则是：国际四位数字体系牌号可直接引用；变形铝及铝合金采用四位字符牌号（试验铝及其合金在四位字符牌号前加×）。四位字符牌号的第一、三、四位为阿拉伯数字，第二位为大写英文字母。第一位数字表示铝及铝合金的组或系别：1×××——纯铝，2×××——Al-Cu 系，3×××——Al-Mn 系，4×××——Al-Si 系，5×××——Al-Mg 系，6×××——Al-Mg-si 系，7×××——Al-Zn 系，8×××——Al-其他元素，9×××——备用系。第二位字母表示原始纯铝或铝合金的改型情况，最后两位数字表示同一组或系中不同的铝合金或铝的不同纯度。

（2）各类变形铝合金

1）防锈铝。防锈铝属于热处理不能强化的变形铝合金，可通过冷压力加工（冷作硬化）提高其强度，主要是 Al-Mn 系和 Al-Mg 系合金，如 5A02、3A21 等。防锈铝具有比纯铝更好的耐蚀性，具有良好的塑性及焊接性能，强度较低，易于成形和焊接。

防锈铝主要用于制造要求具有较高耐蚀性的油箱、导油管、生活用器皿（图 8-5）、窗框、铆钉、防锈蒙皮、中载荷零件和焊接件等。

2）硬铝。硬铝属于 Al-Cu-Mg 系合金，如 2A11、2A12 等。硬铝具有强烈的时效硬化能力，在室温具有较高的强度和耐热性，但其耐蚀性比纯铝差，尤其是耐海洋大气腐蚀的性能较差，可焊接性也较差，所以，有些硬铝的板材常在其表面包覆一层纯铝后使用。

硬铝主要用于制作中等强度的构件和零件，如铆钉、螺栓、航空工业中的一般受力结构件（如飞机翼肋、翼梁等）。Al-Cu-Mg 系合金是使用最早，用途很广，最有代表性的一种铝

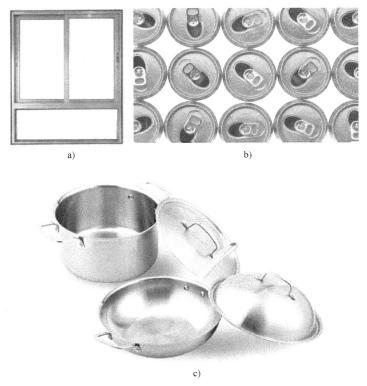

图 8-5　防锈铝合金产品

a）铝合金窗　b）铝合金易拉罐　c）铝合金锅

合金，由于该合金强度和硬度高，故称为硬铝，又称杜拉铝（苏联人杜拉发明）。

3）超硬铝。超硬铝属于 Al-Cu-Mg-Zn 系合金，这类铝合金是在硬铝的基础上再添加锌元素形成的，如 7A04、7A09 等。超硬铝经固溶处理和人工时效后，可以获得在室温条件下强度最高的铝合金，但应力腐蚀倾向较大，热稳定性较差。

超硬铝主要用于制作受力大的重要构件及高载荷零件，如飞机大梁、桁架（图 8-6）、翼肋（图 8-7）、活塞、加强框、起落架和螺旋桨叶片等。

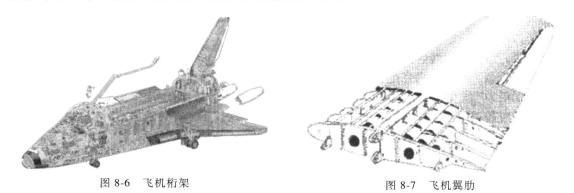

图 8-6　飞机桁架

图 8-7　飞机翼肋

4）锻铝。锻铝属于 Al-Cu-Mg-Si 系合金，如 2A50、2A70 等。锻铝具有良好的冷热加工性能和焊接性能，力学性能与硬铝相近，适合压力加工（如锻压、冲压等）。

锻铝主要用来制作各种形状复杂的零件（如内燃机活塞、叶轮等）或棒材。

常用变形铝合金的主要牌号、化学成分、力学性能及主要用途见表8-2。

表 8-2　常用变形铝合金的牌号、化学成分、力学性能及用途

类别	牌号	质量分数（%）							状态	力学性能			用途举例
		Si	Fe	Cu	Mn	Mg	Zn	Ti		R_m /MPa	A (%)	HBW	
防锈铝合金	5A05 (LF5)	0.5	0.5	0.10	0.3~0.6	4.8~5.5	0.20		退火	280	20	70	中载零件，焊接油箱，油管，铆钉等
	3A21 (LF21)	0.6	0.7	0.20	1.0~1.6	0.05	0.10	0.15		130	20	30	焊接油箱，油管，铆钉等轻载零件及制品
硬铝合金	2A01 (LY1)	0.50	0.50	2.2~3.0	0.20	0.2~0.5	0.10	0.15	淬火+自然时效	300	24	70	工作温度不超过100℃的中强铆钉
	2A11 (LY11)	0.7	0.7	3.8~4.8	0.4~0.8	0.4~0.8	0.30	0.15		420	18	100	中强零件，如骨架，螺旋桨叶片，铆钉
	2A12 (LY12)	0.50	0.50	3.8~4.9	0.3~0.9	1.2~1.8	0.30	0.15	NiO.10 Fe+NiO.7	470	17	105	高强，150℃以下工作零件，如梁，铆钉
超硬铝合金	7A04 (LC4)	0.50	0.50	1.4~2.0	0.2~0.6	1.8~2.8	5.0~7.0	0.10	Cr0.10~0.25	600	12	150	主要受力构件，如飞机大梁，起落架
	7A09 (LC9)	0.50	0.50	1.2~2.0	0.15	2.0~3.0	5.1~6.1		Cr0.16~0.30	680	7	190	同上
锻铝合金	2A50 (LD5)	0.7~1.2	0.7	1.8~2.6	0.4~0.8	0.4~0.8	0.30	0.15	NiO.10 Fe+NiO.7	420	13	105	形状复杂中等强度的锻件及模锻件
	2A70 (LD7)	0.35	0.9~1.5	1.9~2.5	0.20	1.4~1.8	0.30	0.02~0.1	NiO.9~1.5	415	13	120	高温下工作的复杂锻件，内燃机活塞
	2A14 (LD10)	0.6~1.2	0.7	3.9~4.8	0.4~1.0	0.4~0.8	0.30	0.15	NiO.10	480	19	135	承受高载荷的锻件和模锻件

注：1. Al 为余量；

2. 其他元素单个质量分数为 0.05%，总质量分数为 0.10%。

4. 铸造铝合金

用来制造铸件的铝合金称为铸造铝合金。工程中很多重要的零件是用铸造的方法生产的，一方面因为这些零件形状复杂，用其他方法（如锻造）不易制造；另一方面是零件体积庞大，用其他方法生产也不经济。这些零件除了要求必要的力学性能和耐蚀性外，还应具有良好的铸造性能。

铸造铝合金与变形铝合金相比，一般含有较高的合金元素，具有良好的铸造性能，但塑性与韧性较低，不能进行压力加工。按其所含合金元素的不同，铸造铝合金主要有：Al-Si系、Al-Cu系、Al-Mg系和Al-Zn系四大类。

（1）铸造铝合金的编号及特点　铸造铝合金的代号用"ZL"（铸铝的拼音字首）加三位数字表示。在三位数字中，第一位数字表示合金类别：1为Al-Si系，2为Al-Cu系，3为Al-Mg系，4为Al-Zn系，第二、第三位数字表示顺序号。优质合金在牌号后面标注"A"，压铸合金在牌号前面冠以字母"YL"。例如ZAlSi12表示$w_{Si}=12\%$，余量为铝的铸造铝合金。这类铝合金的特点是铸造性能优良（流动性好、收缩率小、热裂倾向小），具有一定的强度和良好的耐蚀性。各类铸造铝合金的牌号、力学性能及用途见表8-3。

（2）各类铸造铝合金　从表8-3可以看出，按照其主加合金元素可分为Al-Si铸造铝合金，如ZAlSi7Mg、ZAlSiSCu1Mg等；Al-Cu铸造铝合金，如ZAlCuSMnTi、ZAlCu4等；Al-Mg铸造铝合金，如ZAlMg10、ZAlMg5等；Al-Zn铸造铝合金，如ZAlZn11SiT、ZAlZn6Mg等四类。

1）Al-Si系铸造铝合金。铸造铝硅合金分为两种，第一种是仅由铝、硅两种元素组成的铸造铝合金，该类铸造铝合金为热处理不能强化铝合金，强度不高，如ZAlSi2等；第二种是除铝硅外再加入其他元素的铸造铝合金，该类铸造铝合金因加入铜、镁、锰等元素，可使合金得到强化，并可通过热处理进一步提高其力学性能，如ZALSi7Mg、ZALSi7Cu4等。Al-Si系铸造铝合金具有良好的铸造性能、力学性能和耐热性，可用来制作如图8-8a所示的小轿车轮毂，图8-8b所示的内燃机活塞、气缸体、气缸头、气缸套等产品，以及风扇叶片、箱体、框架、仪表外壳、液压泵壳体等工件。

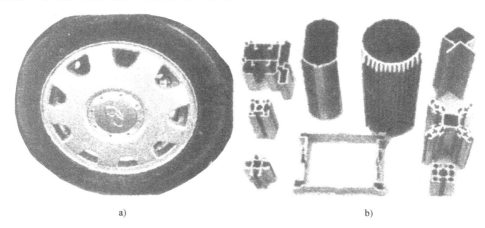

a)　　　　　　　　　　　　　　　　　　b)

图8-8　铸造铝合金产品

2）Al-Cu系铸造铝合金。铸造铝铜合金（如ZAlCu5Mn等）强度较高，加入镍、锰可提高其耐热性和热强性，但铸造性能和耐蚀性稍差，可用于制作高强度或高温条件下工作的零件，如内燃机气缸、活塞、支臂等。

3）Al-Mg系铸造铝合金。铸造铝镁合金（如ZAlMg10等）具有良好的耐蚀性、良好的综合力学性能和切削性加工性能，可用于制作在腐蚀介质条件下工作的铸件，如氨用泵体、泵盖及舰船配件等。

表 8-3　铸造铝合金的牌号、成分、力学性能、应用举例

牌号	质量分数（%）					状态	力学性能			应用举例
	Si	Cu	Mg	Mn	其他		R_m/MPa	A（%）	HBW	
ZAlSi7Mg （ZL101）	6.5～7.5		0.25～ 0.45			T5 T6	210 230	2 1	60 70	形状复杂的中等负荷 零件
ZAlSi12 （ZL102）	10.0～ 13.0					T2 T2	140 150	4 3	50 50	形状复杂的低负荷零 件 200℃ 以下工作的高 气密性零件
ZAlSi9Mg （ZL104）	8.0～ 10.5		0.17～ 0.35	0.2～0.5		T6 T6	240 230	2 2	70 70	200℃ 以下工作的气 缸体、机体等
ZAlSi5Cu1Mg （ZL105）	4.5～5.5	1.0～1.5	0.4～0.6			T5 T5	200 240	1 0.5	70 70	225℃ 以下工作的风 冷发动机的气缸头、液 压泵壳体等
ZAlSi8Cu1Mg （ZL106）	7.5～8.5	1.0～1.5	0.3～0.5	0.3～0.5		T6	250	1	90	在较高温度下工作的 零件
ZAlSi5Cu6Mg （ZL110）	4.0～6.0	5.0～8.0	0.2～0.5			T1	150		80	在较高温度下工作的 零件如活塞等
ZAlCu5Mn （ZL201）		4.5～5.3		0.6～1.0	Ti0.15～ 0.35	T4 T5	300 340	8 4	70 90	175～300℃ 以下工作 的零件
ZAlCu4 （ZL203）		4.0～5.0				T5	220	3	70	中等负荷形状简单的 零件
ZAlMg10 （ZL301）			9.5～ 11.0			T4	280	9	60	能承受较大振动载荷 的零件

注：T1——人工时效；T2——退火；T4——固溶处理；T5——固溶处理+部分人工时效；T6——固溶处理+完全人工时效。

4）Al-Zn 系铸造铝合金。其具有较高的强度，铸造性能好，力学性能较高，价格便宜，用于制造医疗器械、仪表零件、飞机零件和日用品等。

铸造铝合金可采用变质处理细化晶粒，即在液态铝合金中加入氟化钠和氯化钠的混合盐（2/3NaF+1/3NaCl），加入量为铝合金的 1%～3%。这些盐和液态铝合金相互作用，因变质作用细化晶粒，从而提高铝合金的力学性能，使其抗拉强度提高 30%～40%，断后伸长率提高 1%～2%。

8.3　铜及铜合金

8.3.1　概述

1．铜、纯铜、工业纯铜

铜是人类最早发现的金属之一，早在 3000 多年前人类就开始使用铜。铜的相对原子质

量为 63.54，密度为 $8.92g/cm^3$，熔点为 1083℃，沸点为 2567℃。铜冶炼技术的发展经历了漫长的过程，但至今铜的冶炼仍以火法冶炼为主，其产量约占世界铜总产量的 85%。

铜的火法冶炼一般是先将含铜原矿石通过选矿得到铜精矿，在密闭鼓风炉、电炉中进行熔炼，产出的熔硫送入转炉吹炼成粗钢，再在反射炉内经过氧化、精炼、脱杂，或铸成阳极板进行电解，以获得质量分数高达 99.9% 的电解铜。该流程简短，操作方便，铜的回收率可达 95%。但因矿石中的硫在造硫和吹炼两阶段作为二氧化硫废气排出，不易回收，易造成污染。顾名思义，纯铜就是含铜量最高的铜，纯铜呈玫瑰红色，表面形成氧化铜膜后呈紫色，故又称紫铜。纯铜的强度不高（$R_m = 230 \sim 240MPa$），硬度很低（40~50HBW），塑性却很好（$A = 45\% \sim 50\%$）。冷塑性变形后，可以使铜的强度 R_m 提高到 $400 \sim 500MPa$，但断后伸长率急剧下降到 2% 左右。纯铜突出的优点是具有优良的导电性、导热性及良好的耐蚀性（抗大气及海水腐蚀），还具有抗磁性。

工业纯铜是指铜的质量分数为 99.70% ~ 99.95% 的电解铜。工业纯铜分未加工产品（铜锭、电解铜）和加工产品（铜材）两种。未加工产品代号有 Cu-1、Cu-2 两种。加工产品代号有 T1、T2 和 T3 三种。代号中数字越大，表示杂质含量越多，则其导电性越差。

2. 铜合金

为了满足制作结构件的要求，必须向纯铜中加入锌、铝、镍、硅、铬等元素，即成为铜合金。铜合金主要有黄铜、青铜、锡青铜及白铜等。

总之，铜及其合金也是应用最广的有色金属，具有优良的导电性能、导热性能、耐蚀性能、抗磁性能和良好的成形性能等，常被用于电气、精密机械零件、化工仪表零件、冷凝器、蒸馏器、热交换器和电器元件。

下面主要介绍机械制造、工程结构中常用的铜合金。

8.3.2 铜合金的分类及牌号表示方法

1. 铜合金的分类

（1）按化学成分 铜合金可分为黄铜、青铜及白铜（铜镍合金）三类。在机械制造业中，应用较广的是黄铜和青铜。

黄铜是以锌为主要合金元素的铜-锌合金。其中不含其他合金元素的黄铜称普通黄铜（或简单黄铜）。含有其他合金元素的黄铜称为特殊黄铜（或复杂黄铜）。

青铜是以除锌和镍以外的其他元素作为主要合金元素的铜合金。按其所含主要合金元素的种类可分为锡青铜、铅青铜、铝青铜和硅青铜等。

（2）按生产方法 铜合金可分为压力加工产品和铸造产品两类。

2. 铜合金牌号表示方法

（1）加工黄铜合金 其牌号由数字和汉字组成，为便于使用，常以代号替代牌号。普通加工黄铜表示方法为 "H" +铜元素含量（质量分数×100）。例如，H68 表示 $w_{Cu} = 68\%$，余量为锌的黄铜。特殊加工黄铜代号表示方法为 "H" +主加元素的化学符号（除锌以外）+铜及各合金元素的含量（质量分数×100）。例如，HPb59-1 表示 $w_{Cu} = 59\%$，$w_{Pb} = 1\%$，余量为锌的加工黄铜。

（2）加工青铜 代号表示方法是："Q"（"青"的汉语拼音字首）+第一主加元素的化学符号及含量（质量分数×100）+其他合金元素含量（质量分数×100）。例如，QA15 表示

$w_{Al} = 5\%$，余量为铜的加工铝青铜。

8.3.3　加工黄铜（黄铜）

加工黄铜简称黄铜，是指以铜为基体，以锌为主加元素的铜合金。

黄铜包括普通黄铜和特殊黄铜。普通黄铜是由铜和锌组成的铜合金；在普通黄铜中再加入其他元素所形成的铜合金称为特殊黄铜。

（1）普通黄铜　普通黄铜色泽美观，具有良好的耐蚀性，加工性能较好。普通黄铜力学性能与化学成分之间的关系如图8-9所示。当锌的质量分数低于39%时，锌能全部溶于铜中，并形成单相固溶体组织（称黄铜或单相黄铜），如图8-10所示。随着锌的质量分数增加，固溶强化效果明显增强，使普通黄铜的强度、硬度提高，同时还保持较好的塑性，故单相黄铜适合冷加工。当锌的质量分数为39%~45%时，黄铜的显微组织为α+β′组织（称双相黄铜）。由于β′相的出现，普通黄铜在强度继续升高的同时，塑性有所下降，故双相黄铜适合热加工。当锌的质量分数高于45%时，因显微组织全部为脆性的β′相，使普通黄铜的强度和塑性都急剧下降，因此应用很少。

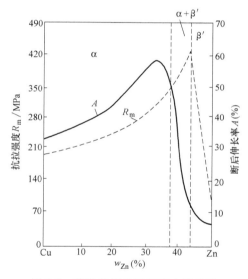

图 8-9　普通黄铜的组织和力学性能

图 8-10　单相黄铜显微组织
与锌的质量分数的关系

牌号用"黄"字汉语拼音字首"H"加数字表示。H68 表示铜的质量分数为68%。

目前我国生产的普通黄铜有：H96、H90、H85、H80、H70、H68、H65、H63、H62、H59。普通黄铜主要用于制作导电零件、双金属、艺术品、奖章、弹壳（图8-11）、散热器、排水管、装饰品、支架、接头、油管、垫片、销钉、螺母和弹簧等。

（2）特殊黄铜　为了进一步提高普通黄铜的力学性能、工艺性能和化学性能，常在普通黄铜的基础上加入铅、铝、硅、锰、锡、镍、砷和铁等元素，分别形成铅黄铜、铝黄铜、硅黄铜、锰黄铜和锡黄铜等。

特殊黄铜的牌号用"黄"字汉语拼音字首"H"加主加元素（Zn 除外）符号，加铜及相应主加元素的质量分数来表示，如 HPb59-1 表示铜的质量分数为59%，铅的质量分数为

l%的特殊黄铜（或铅黄铜）。

加入铅可以改善黄铜的切削加工性，如铅黄铜 HPb59-1、HPb63-3 等；加入铝、镍、锰、硅等元素能提高黄铜的强度和硬度，改善黄铜的耐蚀性、耐热性和铸造性能，如铝黄铜 HAl60-1、镍黄铜 HNi65-5、锰黄铜 HMn58-2、硅黄铜 HSi80-3 等；加锡能增加黄铜的强度和在海水中的耐蚀性，如锡黄铜 HSn90-1 可以制作海军舰炮用的子弹壳，因此，锡黄铜又有海军黄铜之称。

特殊黄铜常用于制作轴、轴套、齿轮（图 8-12）、螺栓、螺钉、螺母、分流器、排水管零件、耐磨零件、耐蚀零件。

图 8-11　弹壳

图 8-12　齿轮

8.3.4　加工白铜

加工白铜是指以铜为基体金属，以锌为主加元素的铜合金。包括普通白铜和特殊白铜。

（1）普通白铜　普通白铜是 Cu-Ni 二元合金。由于铜和镍的晶格类型相同，因此，在固态时能无限互溶，形成单相固溶体组织。

普通白铜具有优良的塑性，很好的耐蚀性、耐热性，特殊的电性能和冷热加工性能。普通白铜可通过固溶强化和冷变形强化来提高强度。随着普通白铜中 Ni 的质量分数的增加，白铜的强度、硬度、电阻率、热电势、耐蚀性会显著提高，而电阻温度系数明显降低。

普通白铜是制造精密机械零件、仪表零件、冷凝器、蒸馏器、热交换器和电器元件不可缺少的材料。

普通白铜的牌号用"B+数字"表示，其中"B"是"白"字的汉语拼音字首，数字表示镍的质量分数。例如，B19 表示镍的质量分数是 19%，铜的质量分数是 81% 的普通白铜。常用普通白铜有 B6、B5、B19、B25、B30 等。

（2）特殊白铜　特殊白铜是在普通白铜中加入锌、铝、铁、锰等元素而形成的白铜。合金元素的加入是为了改善白铜的力学性能、工艺性能和电热性能以及获得某些特殊性能，如锰白铜（又称康铜）具有较高的电阻率、热电势，较低的电阻温度系数，良好的耐热性和耐蚀性，常用于制造热电偶、变阻器及加热器等。

特殊白铜的牌号用"B+主加元素符号+几组数字"表示，数字依次表示镍和主加元素的质量分数，如 BMn3-12 表示镍的平均质量分数为 3%、锰的质量分数为 12% 的锰白铜。

常用特殊白铜有铝白铜（如 BA16-1.5）、铁白铜（如 BFe30-11.1）和锰白铜（如 BMn3-12）等。

8.3.5　青铜

（1）青铜的概念、发展史　青铜是指除黄铜和白铜以外的铜合金。青铜因呈青黑色而得名。

青铜是人类历史上应用最早的合金。根据考古显示，我国使用铜的历史有 5000 余年。大量出土的古代青铜器说明我国在商代（公元前 1562 年～1066 年）就有了高度发达的青铜加工技术。河南安阳出土的司母戊大方鼎，带耳高 1.37m，长 1.1m，宽 0.77m，重达 875kg，该鼎体积庞大，花纹精巧、造型精美。再如 1980 年在西安半坡村发现的秦始皇帝陵出土的文物中用青铜铸的大型车马 2 乘（图 8-13）。是迄今中国发现的体形最大、装饰最华丽、结构最逼真、最完整的古代铜车马，被誉为"青铜之冠"。

要制造这么精美的青铜器，需要经过雕塑、制造模样与铸型、金属冶炼等工序，可以说司母戊大方鼎是古代雕塑艺术与金属冶炼技术的完美结合。同时，在当时条件下要浇铸这样庞大的器物，如果没有大规模的科学分工、精湛的雕塑艺术及铸造技术，是不可能制造成的。

图 8-13　青铜铸的大型车马 2 乘

还需提及：公元前 210 年左右就铸造出的这些青铜器，至今已有 2200 多年的历史，还完好地存在，足见其耐蚀性能多么强了！

（2）青铜的分类　以锡为合金元素的青铜称为锡青铜，以铝为主要合金元素的青铜称铝青铜，此外，还有铍青铜、硅青铜、锰青铜等。与黄铜、白铜一样，各种青铜中还可加入其他合金元素，以改善其性能。根据生产方法不同，青铜可分为加工青铜与铸造青铜两类。

加工青铜的牌号用"Q+第一个主加元素的化学符号及数字+其他元素符号及数字"方式表示，"Q"是"青"字汉语拼音字首，数字依次表示第一主加元素和其他加入元素的平均质量分数。例如，QBe2 即为铍的平均质量分数是 2% 的铍青铜；QSn4-3 即为锡的平均质量分数是 4%，锌的质量分数是 3% 的锡青铜。

常用加工青铜主要有：锡青铜（如 QSn4-3）、铝青铜（如 QAl5）、铍青铜（如 QBe2）、硅青铜（如 QSi3-1）、锰青铜（如 QMn2）、铬青铜（如 QCr0.5）、锆青铜（如 QZr0.2）、镉青铜（如 QCd1）、镁青铜（如 QMg0.8）、铁青铜（如 QFe2.5）、碲青铜（如 QTe0.5）等。

加工青铜主要用于制作弹性高、耐磨、耐蚀、抗磁的零件，如弹簧片、电极、齿轮、轴承（套）、轴瓦、蜗轮、电话线、输电线及与酸、碱、蒸汽等接触的零件等。

铸造青铜牌号是在牌号前面加"Z"，常用的铸造青铜合金有 ZCuAl9Mn2、ZCuPb30 等。

（1）锡青铜　锡青铜是以锡为主加元素的铜合金。锡青铜的锡含量是决定性能的关键，含锡质量分数为 5%~7% 的锡青铜塑性最好，适用于冷热加工；而含锡质量分数大于 10% 时，合金强度升高，但塑性却很低，只适于铸造成形。

锡青铜耐蚀性良好，锡青铜在大气、海水和无机盐类溶液中的耐蚀性比纯铜和黄铜要好，但在氨水、盐酸和硫酸中的耐蚀性较差。主要用于耐蚀承载件，如弹簧、轴承、齿轮轴、蜗轮、垫圈等。图 8-14 所示为船用软管接头阀。

（2）铝青铜　铝青铜是以铝为主加元素的铜合金，铝的质量分数为 5%~11%，强度、硬度、耐磨性、耐热性及耐蚀性均高于黄铜和锡青铜，铸造性能好，但焊接性较差。工业上压力加工用铝青铜的含铝质量分数一般为 5%~7%。含铝质量分数为 10% 左右的合金，强度高，可进行热加工。

铝青铜强度高，韧性好，疲劳强度高，受冲击不产生火花，且在大气、海水、碳酸及多数有机酸中的耐蚀性都高于黄铜和锡青铜。

图 8-14　船用软管接头阀

因此，铝青铜在结构件上应用极广，主要用于制造船舶、飞机及仪器中在复杂条件下工作要求高强度、高耐磨性、高耐蚀性的零件和弹性零件，如齿轮、轴承、摩擦片、蜗轮、轴套、弹簧、螺旋桨等。

（3）铍青铜　铍青铜是以铍为主加元素的铜合金，含铍质量分数为 1.7%~2.5%，铍青铜具有高的强度、硬度、疲劳强度和弹性极限，弹性稳定，弹性滞后小，耐磨性及耐蚀性高，具有良好的导电性和导热性，冷热加工及铸造性能好，但其生产工艺复杂。

选材实例 1：子弹壳的选材及热处理

（1）子弹的工作原理　子弹由弹头、发射药、弹壳和底火构成（图 8-15）。底火用来点燃发射药，高温、高压迅速膨胀，将弹头射出枪膛。弹壳是子弹上最重要的零件，它用于盛装发射药，并把弹头和底火连接在一起，它的作用为密封防潮；发射时还能密闭火药燃气，保护弹膛不被烧蚀；使子弹在枪膛内定位。自动武器的弹壳会在发射后自动弹出枪膛。

（2）对弹壳材料的要求　弹壳发射时要承受火药气体压力和枪械自动机的力量，制造时要有良好的塑性来完成冷挤压变形加工（引伸、挤口兼扩口）的多道工序，同

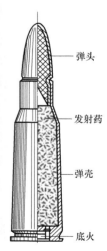

弹头

发射药

弹壳

底火

图 8-15　子弹

时表面质量要好。

（3）子弹壳选材和热处理　子弹壳选用 H68 普通加工黄铜，热处理工艺为去应力退火。

8.4　钛及钛合金

钛金属在 20 世纪 50 年代才开始投入工业生产和应用，但其发展和应用却非常迅速，广泛应用于航空、航天、化工、造船、机电产品、医疗卫生和国防等部门。由于钛具有密度小、强度高、比强度（抗拉强度除以密度）高、耐高温、耐蚀和良好的冷热加工性能等优点，并且矿产资源丰富，所以，钛金属主要用于制造要求塑性高、有适当的强度、耐蚀和易焊接的零件。

8.4.1　加工钛（纯钛）的性能、牌号及用途

1. 加工钛的性能

加工钛呈银白色，密度为 $4.5g/cm^3$，熔点为 $1668℃$，热胀系数小，塑性好，强度低，容易加工成形。加工钛结晶后有同素异构转变现象，在 $882℃$ 以下为密排六方晶格结构的 α-Ti，$882.5℃$ 以上为体心立方晶格结构的 β-Ti。

钛与氧和氮的亲和力较大，非常容易与氧和氮结合形成一层致密的氧化物和氮化物薄膜，其稳定性高于铝及不锈钢的氧化膜，故在许多介质中，钛的耐蚀性比大多数不锈钢更优良，尤其是抗海水的腐蚀能力非常突出。

2. 加工钛的牌号和用途

加工钛的牌号用"TA+顺序号"表示，如 TA2 表示 2 号工业纯钛。工业纯钛的牌号有 TA1、TA2、TA3、TA4 四个牌号，顺序号越大，杂质含量越高。加工钛在航空航天部门主要用于制造飞机骨架、蒙皮、发动机部件等；在化工部门主要用于制造热交换器、泵体、搅拌器、蒸馏塔、叶轮、阀门等；在海水净化装置及舰船方面则制造相关的耐蚀零部件。

8.4.2　钛合金

为了提高加工钛在室温时的强度和在高温下的耐热性能等，常加入铝、锆、钼、钒、锰、铬、铁等合金元素，获得不同类型的钛合金。钛合金按退火后的组织形态不同，可分为 α 型钛合金、β 型钛合金和（α+β）型钛合金。

钛合金的牌号用"T+合金类别代号+顺序号"表示。T 是"钛"字汉语拼音字首，合金类别代号分别用 A、B、C 表示 α 型钛合金、β 型钛合金、（α+β）型钛合金。例如，TA7 表示 7 号 α 型钛合金；TB2 表示 2 号 β 型钛合金；TC4 表示 4 号（α+β）型钛合金。

α 型钛合金一般用于制造使用温度不超过 $500℃$ 的零件，如飞机蒙皮、骨架零件，航空发动机压气机叶片和管道，导弹的燃料缸，超声速飞机的涡轮机匣，火箭和飞船的高压低温容器等。常用的 α 型钛合金有：TA5、TA6、TA7、TA9、TA10 等。

β 型钛合金一般用于制造使用温度在 $350℃$ 以下的结构零件和紧固件，如压气机叶片、轴、轮盘及航空航天结构件等。常用的 β 型钛合金有 TB2、TB3 和 TB4 等。

（α+β）型钛合金一般用于制造使用温度在 $500℃$ 以下和低温下工作的结构零件，如各

种容器、泵、低温部件、舰艇耐压壳体、坦克履带、飞机发动机结构件和叶片，火箭发动机外壳、火箭和导弹的液氢燃料箱部件等。钛合金中（α+β）型钛合金可以适应各种不同的用途，是目前应用最广泛的一种钛合金。常用的（α+β）型钛合金有：TC1、TC2、TC3、TC4、TC6、TC7、TC9、TC10、TC11 和 TC12 等。

钛及钛合金是一种很有发展前途的新型金属材料。我国钛金属的矿产资源丰富，蕴藏量居世界各国前列，目前已形成了较完整的钛金属生产工业体系。

8.5　滑动轴承合金

滑动轴承一般由轴承体、轴瓦或内衬构成，轴瓦或内衬直接支承转动轴。制造滑动轴承轴瓦、内衬的合金为滑动轴承合金。滑动轴承是汽车、拖拉机、机床及其他机器中的重要部件。轴瓦是包围在轴颈外面的套圈，它直接与轴颈接触。轴承支撑着轴，当轴旋转时，轴瓦和轴发生强烈的摩擦，轴瓦除承受轴颈传递给它的静载荷外，还要承受交变载荷和冲击，并与轴颈发生强烈的摩擦。因此滑动轴承合金应具有以下性能。

1）足够的强度和硬度，以承受轴颈较大的单位压力。

2）足够的塑性和韧性，高的疲劳强度，以承受轴颈的周期性载荷，并抵抗冲击和振动。

3）良好的磨合能力，使其与轴能较快地紧密配合。

4）高的耐磨性，与轴的摩擦因数小，并能保留润滑油，减轻磨损。

5）良好的耐蚀性、导热性，较小的膨胀系数，防止因摩擦升温而发生咬合。

为了满足上述性能要求，滑动轴承合金的组织通常是由软基体加上均匀分布的一定数量和大小的硬质点组成。当轴运转时，轴瓦的软基体易磨损而凹陷，能容纳润滑油，硬质点则相对凸起支撑着轴颈，如图 8-16 所示。凹陷部分可保存润滑油，凸起部分可支持轴的压力，并使轴与轴瓦的接触面积减小，从而保证了近乎理想的摩擦条件和极低的摩擦因数。此外软基体可承受冲击和振动，并使轴颈和轴瓦之间能很好地磨合，嵌藏外来硬质点的作用，以免划伤轴颈。

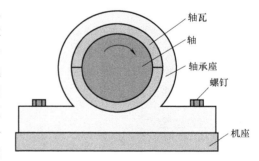

图 8-16　滑动轴承合金

按化学成分不同，滑动轴承合金可分为锡基、铅基、铝基、铜基与铁基等数种。使用最多的为锡基与铅基轴承合金，它们又称为巴氏合金。巴氏合金的牌号为 Z +基本元素符号+主加元素符号+主加元素含量+辅加元素含量，其中"Z"是"铸造"的意思。例如 ZSnSb11 Cu6，表示主加元素锑的成分为 $w_{Sb} = 11\%$，辅加元素铜的成分为 $w_{Cu} = 6\%$，余量为锡。

锡基轴承合金具有软基体上分布着硬质点的组织特征。其软基体由锑在锡中的仅固溶体组成，硬质点有以锡、锑化合物 SnSb 为基的固溶体及锡与铜形成的化合物 CuSn。此类合金的导热性、耐蚀性及工艺性良好，尤其是摩擦因数与膨胀系数较小，抗咬合能力强，所以广泛用于制作航空发动机、汽轮机、内燃机等大型机器中的高速轴承中。

8.5.1　滑动轴承合金的理想组织

滑动轴承合金的理想显微组织是：在软的基体上分布着硬质点，或在硬的基体上分布着软质点。属于此类显微组织的滑动轴承合金有锡基滑动轴承合金和铅基滑动轴承合金，其理想组织如图 8-17 所示。

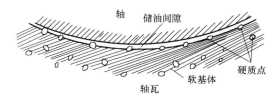

图 8-17　滑动轴承合金的理想组织示意图

这两种显微组织都可以使滑动轴承在工作时，软的显微组织部分很快地被磨损，形成下凹区域并储存润滑油，使磨合表面形成连续的油膜，硬质点则凸出并支承轴颈，使轴与轴瓦的实际接触面积减少，从而减少对轴颈的摩擦和磨损。软基体组织有较好的磨合性、抗冲击性和抗振动能力，但是，这类显微组织的承载能力较低。在硬基体（其硬度低于轴颈硬度）上分布着软质点的显微组织，能承受较高的负荷，但磨合性较差，属于此类显微组织的滑动轴承合金有铜基滑动轴承合金和铝基滑动轴承合金等。

8.5.2　常用滑动轴承合金

常用滑动轴承合金有：锡基、铅基、铜基、铝基滑动轴承合金。

（1）锡基滑动轴承合金（或锡基巴氏合金，原苏联人巴布罗夫发明）锡基滑动轴承合金是以锡为基，加入锑（Sb）、铜等元素组成的合金，锑能溶入锡中形成固溶体，又能生成化合物（SnSb），铜与锡也能生成化合物（Cu6Sn）。

图 8-18 为锡基滑动轴承合金的显微组织。图中暗色基体为固溶体，为软基体；白色方块为 SnSb 化合物，白色针状或星状的组织为 Cu6Sn 化合物，它们作为硬质点。

锡基滑动轴承合金具有适中的硬度、低的摩擦系数、较好的塑性和韧性、优良的导热性和耐蚀性，常用于制造重要的滑动轴承，如制造汽轮机、发动机、压缩机等高速滑动轴承。由于锡是稀缺贵金属，成本较高，因此，其应用受到一定限制。常用锡基滑动轴承合金有：ZSnSb12Pb10Cu4、ZSnSb8Cu4、ZSnSb11Cu6、ZSnSb4Cu4 等。

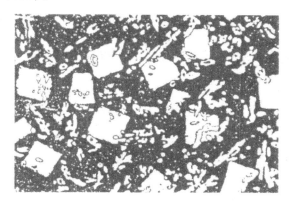

图 8-18　ZSnSb11Cu6 的显微组织

（2）铅基滑动轴承合金（铅基巴氏合金）　铅基滑动轴承合金是以铅为基，加入锑、锡、铜等元素组成的滑动轴承合金。它的组织中软基体为共晶组织（α+β），硬质点是白色方块状的 SnSb 化合物及白色针状的 Cu、Sn 化合物。

铅基滑动轴承合金的强度、硬度、韧性均低于锡基滑动轴承合金，摩擦因数较大，故只用于制作中等负荷的低速滑动轴承，如汽车、拖拉机中的曲轴滑动轴承和电动机、空压机、减速器中的滑动轴承等。

铅基滑动轴承合金价格便宜，应尽量用它来代替锡基滑动轴承合金。常用铅基滑动轴承合金有：ZPbSb16Sn16Cu2、ZPbSb15Sn10、ZPbSb15Sn5 和 ZPbSb10Sn6 等。

（3）铜基滑动轴承合金（锡青铜和铅青铜）　铜基滑动轴承合金是指以铜合金作为滑动轴承材料的合金，如锡青铜、铅青铜、铝青铜、铍青铜、铝铁青铜等均可作为滑动轴承材料。

铜基滑动轴承合金是锡基滑动轴承合金的代用品。常用牌号是 ZCuPb30、ZCuSn10P、ZCuSn5Pb5Zn5 等。其中铸造铅青铜 ZCuPb30 的 w_{Pb} = 30%，铅和铜在固态时互不溶解，室温显微组织是 Cu+Pb，Cu 为硬基体，颗粒状 Pb 为软质点，是硬基体加软质点类型的滑动轴承合金，可以承受较大的压力。铅青铜具有良好的耐磨性、高导热性（是锡基滑动轴承合金的 6 倍）、高疲劳强度，并能在较高温度下（300～320℃）工作。广泛用于制造高速、重载荷下工作的滑动轴承，如航空发动机、大功率汽轮机、高速柴油机等机器的主滑动轴承和连杆滑动轴承。

（4）铝基轴承合金　铝基滑动轴承合金是以铝为基体元素，加入锑、锡或镁等合金元素形成的滑动轴承合金。与锡基、铅基滑动轴承合金相比，铝基滑动轴承合金具有原料丰富、价格低廉、导热性好、疲劳强度高和耐蚀性好等优点，而且能轧制成双金属，故广泛用于高速重载下工作的汽车、拖拉机及柴油机的滑动轴承。它的主要缺点是线胀系数较大，运转时易与轴咬合，尤其在冷起动时危险性更大。同时铝基滑动轴承合金硬度相对较高，轴易磨损，需相应提高轴的硬度。常用铝基滑动轴承合金有铝锑镁合金和铝锡合金，如高锡铝基轴承合金 ZAl-Sn6Cu1Ni1 就是以 Al 为硬基体，粒状的 Sn 为软质点的滑动轴承合金。

除上述滑动轴承合金外，灰铸铁也可以用于制造低速、不重要的滑动轴承。其组织中的钢基体为硬基体、石墨为软质点并起一定的润滑作用。

8.6　粉末冶金材料和硬质合金

8.6.1　常用的粉末冶金材料

粉末冶金材料是用几种金属粉末或金属与非金属粉末作原料，通过配料（包括金属粉末的制取、掺入成形剂、增稠剂等粉料的混合，以及制粉、烘干、过筛等预处理）、压制成形（使粉料成为具有一定形状、尺寸和密度的型坯）、烧结（使颗粒间发生扩散、熔焊、化合、溶解和再结晶等物理化学过程）和后处理（有压力加工、浸渗、热处理、机械加工等）等工艺过程而制成的材料。生产粉末冶金材料的工艺过程称为粉末冶金法。其生产方法与金属熔炼及铸造有根本不同，它可使压制品达到或接近零件要求的形状、尺寸精度与表面粗糙度，使生产率及材料利用率大为提高，因而它是制取具有特殊性能金属材料并能降低成本的加工方法。但也有缺点，由于压制模具制造及压制设备吨位的限制，这种方法只能生产尺寸有限与形状不很复杂的工件。

由于粉末冶金材料是普通熔炼法无法生产的具有特殊性能的材料，所以它在机械、化工、交通部门、轻工、电子、遥控、航天等领域的地位举足轻重。

常用的粉末冶金材料有以下六种。

1. 粉末冶金减摩材料（含油轴承）

这类材料主要用于制造滑动轴承，为一种多孔轴承材料。这种材料压制成形后再浸入润滑油中，由于材料的多孔性，可吸附大量润滑油（一般含油率达 12% ~ 30%），工作时，由于轴承发热，使金属粉末膨胀，空隙容积缩小，再加上轴旋转时会降低轴承间隙空气压强，迫使润滑油被抽到工作表面。轴停转时，润滑油又自动渗入孔隙中。因此，含油轴承具有自润滑作用。一般用于中速、轻载荷的轴承，尤其适宜制造不能经常加油的轴承，如食品机械、电影机械、纺织机械、家用电器（如电风扇）轴承等。

2. 粉末冶金摩擦材料

这类材料主要用于制造机械上的制动器与离合器。

对这类材料的要求是具有较高的摩擦因数，能很快吸收动能，制动、传动速度快；高的耐磨性，磨损小；耐高温、导热性好；抗咬合性好，耐蚀，受油脂、潮湿影响小。

根据基体金属的不同，这类材料分为铁基材料和铜基材料。根据工作条件的不同，分为干式和湿式材料，湿式材料宜在油中工作。铁基摩擦材料能承受较大压力，在高温、高载荷下摩擦性能优良，多用于各种高速重载机器的制动器。铜基摩擦材料工艺性较好，摩擦因数稳定，抗粘、抗卡性好，湿式工作条件下耐磨性优良，常用于汽车、拖拉机、锻压机床的离合器与制动器。

3. 粉末冶金结构材料

粉末冶金结构材料能承受拉伸、压缩、扭转等载荷，并能在摩擦磨损条件下工作。由于材料内部有残余孔隙存在，使其塑性和韧性比化学成分相同的铸锻件低，使其应用范围受到限制。这类材料根据基体金属的不同，也分为铁基材料和铜基材料两大类。铁基结构材料制成的结构零件精度较高，表面粗糙度值低，能实现无屑和少屑加工，生产率高，而且制品多孔，可浸润滑油、减摩、减振、消声，广泛应用于制造机床上的调整垫圈、端盖、滑块、底座、偏心轮，汽车中的液压泵齿轮、止推环，拖拉机上的传动齿轮、活塞环及接头、隔套、螺母等。铜基结构材料比铁基结构材料抗拉强度低，但塑性、韧性较高，具有良好的导电、导热和耐蚀性能，可进行各种镀涂处理，常用于制造体积较小、形状复杂、尺寸精度高、受力较小的仪器仪表零件及电器、机械产品零件，如小模数齿轮、凸轮、紧固件、阀、销、套等结构件。

4. 粉末冶金多孔材料

粉末冶金多孔材料由球状或不规则形状的金属或合金粉末烧结制成。材料内部孔道纵横交错、互相贯通，一般有 30% ~ 60% 的体积孔隙度，孔径为 $1 \sim 100 \mu m$。透过性能和导热、导电性能好，耐高温、低温，抗热振，耐介质腐蚀，适用于制造过滤器、多孔电极、灭火装置、防冻装置等。

5. 粉末冶金工模具材料

粉末冶金工模具材料包括硬质合金、粉末冶金高速工具钢等。后者组织均匀，晶粒细小，没有偏析，比熔铸高速工具钢韧性和耐磨性好，热处理变形小，使用寿命长，用于制造切削刀具、模具和零件的坯件。

6. 粉末冶金高温材料

粉末冶金高温材料包括粉末冶金高温合金、难熔金属和合金、金属陶瓷、弥散强化和纤维强化材料等。适用于制造高温下使用的涡轮盘、喷嘴、叶片及其他耐高温零件。

8.6.2 硬质合金

硬质合金的全称为金属陶瓷硬质合金，以一种或几种难熔碳化物（如碳化钨 WC、碳化钛 TiC 等）的粉末为主要成分，加入起黏结作用的金属粉末，用粉末冶金法制得的材料。

硬质合金具有很高的硬度（可达 86~93HRA，相当于 69~81HRC），且热硬性好（可达 900~1000℃）、耐磨性高、抗压强度高（3260~6400MPa）。因而在切削加工时，其切削速度（是高速钢的 4~7 倍）、耐磨性、寿命（是高速工具钢的 5~8 倍）等都高于高速工具钢，可切削 50HRC 左右的硬质材料，在生产中应用广泛，但其韧性较低，此外，硬质合金还具有良好的耐大气、酸、碱等的腐蚀性能及抗氧化性能。

硬质合金的分类、成分、特点及用途见表 8-4。

表 8-4　硬质合金的分类、成分、特点及用途

类别	符号	成　分	特　点	用　途
钨钴合金	YG	WC、Co，有些牌号加有少量 TaC、NbC、Cr_3C_2 或 VC	在硬质合金中，此类合金的强度和韧性最高	刀具、模具、量具、地质矿山工具、耐磨零件
钨钛钴合金	YT	WC、TiC、Co，有些牌号加有少量 TaC、NbC 或 Cr_3C_2	硬度高于 YG 类，热稳定性好，高温硬度高	加工钢材的刀具
钨钛钽铌钴合金	YW	WC、TiC、TaC(NbC)、Co	强度高于 YT 类，抗高温氧化性好	有一定通用性的刀具（万能刀具），适用于加工合金钢、铸铁等
碳化钛基合金	YN	TiC、WC、Ni、Mo	红硬性和抗高温氧化性好	对钢材精加工的高速切削刀具
涂层合金	CN	涂层成分 TiC、Ti(C，N)、TiN	表面耐磨性和抗氧化性好，而基体强度较高	钢材、铸铁、有色金属及其合金的加工刀具
	CA	涂层成分 TiC、Al_2O_3		

注：

1. "YG" 是 "硬钴" 二字的汉语拼音首字母。牌号 YG6 表示 Co 的质量分数约为 6%，余量为 WC 的钨-钴类硬质合金。

2. "YT" 是 "硬钛" 二字的汉语拼音首字母。牌号 YT15 表示 TiC 的质量分数约为 15%，Co 质量分数约为 6%，余量为 WC 的钨-钛-钴类硬质合金。

3. "YW" 是 "硬万" 二字的汉语拼音首字母。牌号 YW1 表示 1 号万能硬质合金，其中的数字是顺序号。万能硬质合金中，被取代的碳化钛的数量越多，在硬度不变的条件下，合金的抗弯强度越高，适用于切削各种钢材，特别对于切削不锈钢、耐热钢、高锰钢等难加工的钢材，效果较好。

4. 同类合金中，钴的质量分数高的适用于粗加工，钴的质量分数低的适用于精加工。

选材实例 2：切削板牙用车刀的选材及热处理

（1）**板牙的工作**　板牙（如图 8-19 所示）是加工或修正外螺纹的螺纹加工工具，常用合金工具钢 9SiCr 制作，具有很高的硬度（可达 62HRC）和很强的耐磨性、良好的高热硬性。要用车刀（图 8-20）来车削板牙的外圆。

（2）**切削板牙用车刀材料的要求**　用普通车刀来切削像板牙这样高硬度的工具钢是很难想象的，车刀的刀片必须比被切削工件的硬度要高，同时耐磨性、高热硬性都要超过工件才能完成车削过程。

图 8-19 板牙

a)

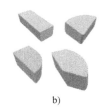

b)

图 8-20 车刀及刀片

a) 车刀 b) 车刀的刀片

（3）选材 切削板牙用车刀的刀片选用 YT15 硬质合金。

由本章所介绍的非铁金属材料（有色金属）与粉末冶金材料可见，其种类繁多，内容颇多。在此有必要列表对非铁金属材料（有色金属）与粉末冶金材料的分类及应用作一疏理小结，非铁金属材料与粉末冶金材料的分类及应用见表 8-5。

表 8-5 非铁金属材料与粉末冶金材料的分类及应用

分类			典型牌号或代号	用途举例
铝合金	变形铝合金	防锈铝合金	3A21（LF21）、5A05（LF5）	焊接油箱、油管、焊条等
		硬铝合金	2A01（LY1）、2A11（LY11）	铆钉、叶片等
		超硬铝合金	7A04（LC4）、7A09（LC9）	飞机大梁、起落架等
		锻铝合金	2A50（LD5）、2A70（LD7）	航空发动机活塞、叶轮等
	铸造铝合金	Al-Si 合金	ZAlSi7Mg（ZL101）、ZAlSi12（ZL102）	飞机、仪器零件，仪表、水泵壳体等
		Al-Cu 合金	ZAlCu5Mn（ZL201）	内燃机汽缸头、活塞等
		Al-Mg 合金	ZAlMg10（ZL301）、ZAlMg5Si1（ZL303）	船舶配件等
		Al-Zn 合金	ZAlZn11Si7（ZL401）	汽车、飞机零件等
铜合金	黄铜	普通黄铜	H62、H68、ZCuZn38	弹壳、铆钉、散热器及端盖、阀座等
		特殊黄铜	HPb59-1、HMn58-2、ZCuZn16Si4	耐磨、耐蚀零件及接触海水的零件等
	青铜	锡青铜	QSn4-3、ZCuSn10Pb1	耐磨及抗磁零件、轴瓦等
		无锡青铜 铜青铜	ZCuAl10Fe3Mn2、QA17	涡轮、弹簧及弹性零件等
		无锡青铜 铍青铜	QBe2	重要的弹簧与弹性元件、齿轮、轴承等
		无锡青铜 铅青铜	ZCuPb30	轴瓦、轴承、减摩零件等
钛合金			TC4	在 400℃ 以下长期工作的零件等
镁合金			MB8	飞机蒙皮、锻件（在 200℃ 以下工作）
滑动轴承合金	锡基轴承合金		ZSnSb11Cu6	航空发动机、汽轮机、内燃机等大型机器的高速轴瓦
	铅基轴承合金		ZPbSb16Sn16Cu2	汽车、拖拉机、轮船、减速器等承受中、低载荷的中速轴承
	铜基轴承合金		ZCuPb30	航空发动机、高速柴油机的轴承等
硬质合金	钨-钴类硬质合金		YG3X、YG6	切削脆性材料刃具、量具和耐磨零件等
	钨-钛-钴类硬质合金		YT15、YT30	切削碳钢和合金钢的刃具等
	万能硬质合金		YW1、YW2	切削高锰钢、不锈钢、工具钢、淬火钢的切削刃具

复习思考题

8-1　与钢相比，铝合金主要优缺点是什么？

8-2　铝合金的分类方法是什么？

8-3　何种铝合金宜采用时效硬化？何种铝合金宜采用变形强化？

8-4　铝合金热处理强化的原理与钢热处理强化原理有何不同？

8-5　形变铝合金包括哪几类？航空发动机活塞、飞机大梁、飞机蒙皮应选用哪类铝合金？

8-6　何种铝合金宜于铸造？

8-7　什么是铜？什么是纯铜？什么是铜合金？各有何性能特点？

8-8　什么是黄铜？什么是青铜？各有何性能特点？举例说明黄铜和青铜的牌号。

8-9　选择合适的铜合金制造下列零件：

（1）发动机轴承（　　　）；（2）弹壳（　　　）；（3）钟表齿轮（　　　）；（4）高级精密弹簧（　　　）。

8-10　将相应牌号填入空格内：

硬铝_____；防锈铝_____；超硬铝_____；铸造铝合金_____；铅黄铜_____；铝青铜_____。

A. HPb59-1；　B. 5A02；　C. 2A11；　D. ZAlSi7Cu4；　E. 7A09；　F. QAl9-4

8-11　对滑动轴承合金材料有什么性能要求？常用的滑动轴承合金有哪些？

8-12　硬质合金有哪些性能特点？常用硬质合金有哪几类？

8-13　为什么含油轴承材料有"自动润滑作用"？

8-14　解释 H68、ZCuPb30、ZL102、2A11、YT5、YG3X 的意义。

8-15　什么是粉末冶金？常用的粉末冶金材料有哪些？

第9章

非金属材料

9.1 非金属材料的概念

金属材料具有强度高，热稳定性好，导电性、导热性好等优点，但也存在不少缺点，如在要求密度小、耐蚀、电绝缘等场合，往往难以满足使用要求。目前工程中常采用非金属材料。非金属材料具备许多金属材料不具备的性能，广泛应用于各行各业，并成为当代科学技术革命的重要标志之一。

非金属材料一般是指除金属材料和复合材料以外的其他材料。它的品种很多，概括起来主要分为有机非金属材料和无机非金属材料两大类。机械工程中使用的非金属材料主要包括有机高分子材料和陶瓷材料，有机高分子材料中比较重要的有塑料、合成橡胶、粘合剂及涂料等；陶瓷材料中比较重要的有陶瓷器、玻璃、水泥、耐火材料及各种新型陶瓷材料等，其中工程塑料和工程陶瓷在工程结构中占有重要的地位。

9.2 高分子材料

高分子材料是由相对分子质量较高的化合物构成的材料。我们接触的很多天然材料通常是由高分子材料组成的，如天然橡胶、棉花和人体器官等。人工合成的化学纤维、塑料和橡胶等也是如此。一般把生活中大量采用的、已经形成工业化生产规模的高分子材料称为通用高分子材料，把具有特殊用途与功能的材料称为功能高分子材料。高分子材料性能优异、品种繁多、用途广泛，是工程材料中的一类重要材料。进入 21 世纪以来，随着电气、仪器仪表和交通运输工业等的迅猛发展，合成高分子材料也得到迅速发展，塑料、合成橡胶、合成纤维以及涂料、粘合剂等各种合成高分子材料在材料领域中的应用越来越广。高分子材料主要包括有机高分子材料和无机高分子材料两大类，有机高分子材料有合成和天然两种。工程中使用的有机高分子材料主要是人工合成的高分子聚合物，简称高聚物。

9.2.1 高分子材料的基本知识

1. 高分子材料的组成

组成高分子材料的低分子化合物称为单体，即单体是高分子材料的合成原料。高分子材料都是通过单体聚合而成的，不同单体的化学组成不同，性质自然也就不一样，如聚乙烯是由乙烯单体聚合而成的，聚丙烯是由丙烯单体聚合而成，聚氯乙烯是由氯乙烯单体聚合而成。由于单体不同，聚合物的性能也就不可能完全相同。高分子化合物的相对分子质量都比较大，但是化学组成一般比较简单，其结构主要是重复排列的链状或者网状结构，因此高分子材料又称为高聚物或聚合物。大分子链是由许多结构相同的基本单元重复连接而成的，这些重复单元称为链节，链节的重复数目则称作聚合度。例如聚乙烯大分子链的结构式为

$$CH_2=CH_2+CH_2=CH_2+\cdots CH_2=CH_2+CH_2=CH_2$$

在这里，单体为 $CH_2=CH_2$，链接为 $+CH_2-CH_2+$，聚合度为 n。由此可以看出，聚合度越大、高分子的大分子链节越长，其分子量也就越大。因此，高分子与具有明确分子量的低分子化合物有所不同，同一聚合物因其聚合度不同，大分子链节的长短各异，其分子量也不尽相同。通常所说的高分子的分子量实际上是分子量的统计平均值。

2. 高分子材料的合成方法

由低分子合成为高分子材料的反应称为聚合反应。常见的聚合反应有加聚反应和缩聚反应两种。

加聚反应是由一种或多种单体相互加成而形成聚合物的反应，这种反应没有低分子副产物生成。其中，单体为一种的叫均加聚，例如乙烯加聚成聚乙烯；单体为两种或两种以上的则称为共加聚，例如由丙烯腈、丁二烯和苯乙烯三种单体共聚合成 ABS 工程塑料。

缩聚反应是由一种或多种单体相互作用而形成高聚物，同时析出新的低分子副产物的反应，其单体是含有两种或两种以上活泼官能团的低分子化合物。按照参加反应的单体不同，缩聚反应分为均缩聚和共缩聚两种。酚醛树脂、聚酰胺、环氧树脂等都是缩聚反应产物。

3. 高分子材料的分类

（1）**按来源分类** 高分子材料按来源分为天然、半合成（改性天然高分子材料）和合成高分子材料。天然高分子是生命起源和进化的基础。人类社会一开始就利用天然高分子材料作为生活和生产资料，并掌握了加工技术。如利用蚕丝、棉、毛织成织物，用木材、棉、麻造纸等。19 世纪 30 年代末期进入天然高分子化学改性阶段，出现了半合成高分子材料。1907 年出现了合成高分子酚醛树脂，标志着人类应用合成高分子材料的开始。进入现代以来，高分子材料已和金属材料、无机非金属材料一起成为科学技术、经济建设中的重要材料。

（2）**按特性分类** 高分子材料按特性不同，可分为橡胶、纤维、塑料、高分子粘合剂、高分子涂料和高分子基复合材料等。

1）橡胶是一类线型柔性高分子材料。其分子链间次价力小，分子链柔性好，在外力作用下可产生较大的形变，除去外力后能迅速恢复原状，有天然橡胶和合成橡胶两种。

2）高分子纤维分为天然纤维和化学纤维两种，天然纤维包括蚕丝、棉、麻、毛等；化学纤维是以天然高分子或合成高分子为原料，经过纺丝和后处理制得。纤维的次价力大、形变能力小、模量高，一般为结晶聚合物。

3）塑料是以合成树脂或化学改性的天然高分子为主要成分，再加入填料、增塑剂和其他添加剂制得。其分子间次价力、模量和形变量等介于橡胶和纤维之间。通常按合成树脂的特性分为热固性塑料和热塑性塑料，按用途又分为通用塑料和工程塑料。

4）高分子粘合剂是以合成天然高分子化合物为主体制成的粘合材料，分为天然和合成粘合剂两种。应用较多的是合成粘合剂。

5）高分子涂料是以聚合物为主要成膜物质，添加溶剂和各种添加剂制得的。根据成膜物质不同，可分为油脂涂料、天然树脂涂料和合成树脂涂料。

6）高分子基复合材料是以高分子化合物为基体，添加各种增强材料制得的一种复合材料，它综合了原有材料的性能特点，并可根据需要进行材料设计。

（3）按用途分类　高分子材料按用途又可分为普通高分子材料和功能高分子材料。功能高分子材料除了具有其一般的力学性能、绝缘性能和热性能外，还具有物质、能量和信息的转换、传递和储存等特殊功能。已经应用的有高分子信息转换材料，高分子透明材料，高分子模拟酶、生物降解高分子材料，高分子形状记忆材料和医用、药用高分子材料等。

9.2.2　常用高分子材料

1. 塑料

塑料是以树脂（天然的或合成的）为主要成分，加入一些用来改善使用性能和工艺性能的添加剂，在一定温度和压力下塑造成一定形状，并在常温下能保持既定形状的高分子有机材料。

（1）塑料的组成

1）树脂。树脂是指受热时通常有转化或熔融范围，转化时受外力作用时具有流动性，常温下呈固态、半固态或液态的有机聚合物，它是塑料最基本、也是最重要的成分，在多组分塑料中占 30%～100%（质量分数），在单组分塑料中达 100%。树脂在塑料中也起黏结其他物质的作用。树脂的种类、性能、数量决定了塑料的类型和主要性能。

2）添加剂。为改善塑料性能加入的物质称为添加剂。常用的有填充剂（填料），是为了改善塑料制品的某些性能（如强度、硬度等）、扩大应用范围、减少树脂用量、降低成本等而加入的一些物质，填料在塑料中的含量可达 40%～70%（质量分数），常用的填料有木粉、滑石粉、硅藻土、石灰石粉、云母、石棉和玻璃纤维等。其中，石棉填料可改善塑料的耐热性；云母填料可增强塑料的电绝缘性；纤维填料可提高塑料的结构强度。此外，由于填料一般都比树脂价格低，故填料的加入也能降低塑料的成本。

除填充剂外，还有增塑剂（提高塑料在加工时的可塑性和制品的柔韧性、弹性等）、固化剂（又称硬化剂和熟化剂，使树脂具有热固性）、稳定剂（又称防老剂，抵抗热、光、氧对塑料制品性能的破坏，延长使用寿命）、润滑剂（防止材料成形过程中粘模，便于脱模，同时使塑料制品表面光洁美观）、着色剂（使塑料制品具有特定的色彩和光泽）及发泡剂、催化剂、阻燃剂、抗静电剂等。

（2）塑料的分类

1）按塑料的物理化学性能分类

① 热塑性塑料。受热软化熔融，塑造成形，冷却后成形固化，此过程可反复进行而其基本性能不变。其特点是力学性能较好，成形工艺简单，耐热性、刚性较差，使用温度低于 120℃。

② 热固性塑料。加热时软化熔融，塑造成形，冷却后成形固化，但再加热时不能软化，也不溶于溶剂，只能塑制一次。其特点是具有较好的耐热性和抗蠕变性，受压时不易变形，但强度不高，成形工艺复杂，生产率低。

2）按塑料的使用范围分

① 通用塑料。通用塑料是指产量大、用途广、成形性好、价格低的塑料，主要用于日用品、包装材料和一般小型机械零件，如聚乙烯、聚丙烯、聚氯乙烯等。

② 工程塑料。工程塑料一般指能承受一定的外力作用，并有良好的力学性能和尺寸稳定性，在高、低温下仍能保持其优良性能，可替代金属制作一些机械零件和工程结构件的塑料，其产量小、价格较高，如 ABS 塑料、有机玻璃、尼龙、聚砜等。

③ 特种塑料。特种塑料一般指具有特种性能（如耐热、润滑等）和特殊用途（如医用）的塑料，如氟塑料、有机硅等。

（3）塑料的性能特点　塑料的密度低，不添加任何填料或增强材料，塑料的相对密度为 $0.85 \sim 2.20 g/cm^3$，只有钢的 1/8～1/4；塑料的耐蚀性好，耐酸、碱、油、水和大气的腐蚀，其中聚四氟乙烯甚至在煮沸的"王水"中也不受影响；塑料的比强度高，如玻璃纤维增强的环氧塑料比一般钢的比强度高 2 倍左右；塑料的电性能优良，可作为高频绝缘材料或中频、低频绝缘材料；塑料的减摩性、耐磨性、自润滑性及绝热性好，具有良好的减振性和消声性，但其强度低，刚性差，耐热性低，易老化，蠕变温度低，在某些溶剂中会发生溶胀或应力开裂。

常用塑料的名称（代号）、特性及用途见表 9-1。

表 9-1　常用塑料的名称（代号）、特性及用途

类别	名称（代号）	主要特性及用途
热塑性塑料	聚乙烯（PE）	高压聚乙烯:柔软、透明、无毒;可作薄膜、软管、塑料瓶。低压聚乙烯:刚硬、耐磨、耐蚀,电绝缘性较好,用于化工设备、管道、承载不高的齿轮、轴承等
	聚氯乙烯（PVC）	较高的强度和较好的耐蚀性,用于废气排污排毒塔、气体和液体输送管、离心泵、通风机、接头。软质聚氯乙烯的伸长率高,制品柔软,耐蚀性和电绝缘性良好,用于薄膜、雨衣、耐酸碱软管、电缆包皮、绝缘层等
	聚苯乙烯（PS）	耐蚀性、电绝缘性、透明性好,强度、刚度较大,耐热性、耐磨性不高,抗冲击性差,易燃、易脆裂。用于纱管、纱锭、线轴;仪表零件、设备外壳;储槽、管道、弯头;灯罩、透明窗;电工绝缘材料等
	丙烯腈—丁二烯—苯乙烯共聚物（ABS）	较高的强度和较好的冲击韧性,良好的耐磨性和耐热性,较好的化学稳定性和绝缘性,易成形,机械加工性好,耐高、低温性差,易燃,不透明。用于齿轮、轴承、仪表盘壳、冰箱衬里,以及各种容器、管道、飞机舱内装饰板、窗框、隔声板等,也可制作小轿车车身及挡泥板、扶手、热空气调节导管等汽车零件
	聚酰胺（尼龙或锦纶）（PA）	强度、韧性、耐磨性、耐蚀性、吸振性、自润滑性良好,成形性好,无毒、无味。蠕变值较大,导热性较差,吸水性高,成形收缩率大。尼龙 610、66、6 等用来制造小型零件（齿轮、蜗轮等）;芳香尼龙用来制造高温下耐磨的零件、绝缘材料和宇宙服等。注意:尼龙吸水后性能及尺寸会发生很大变化
	聚四氟乙烯（塑料王）（PTFE）	优异的耐化学腐蚀性,优良的耐高、低温性能,摩擦因数小,吸水性小,硬度、强度低,抗压强度不高,成本较高。用于减摩密封零件、化工耐蚀零件与热交换器,高频或潮湿条件下的绝缘材料,如化工管道、电气设备、腐蚀介质过滤器等
	聚甲基丙烯酸甲酯（有机玻璃）（PMMA）	透光率为 92%,相对密度为玻璃的 50%,强度、韧性较高,耐紫外线、防大气老化,易成形,硬度不高,不耐磨,易溶于有机溶剂,耐热性、导热性差,膨胀系数大。用于飞机座舱盖、炮塔观察孔盖、仪表灯罩及光学镜片、防弹玻璃、电视和雷达标图的屏幕、汽车风挡玻璃、仪器设备的防护罩等

（续）

类别	名称（代号）	主要特性及用途
热固性料	热酚醛塑料 （电木） （PF）	具有一定的强度和硬度，较高的耐磨性、耐热性，良好的绝缘性和耐蚀性，刚度大，吸湿性差，变形小，成形工艺简单，价格低廉。缺点是质脆，不耐碱。用于插头、开关、电话机、仪表盒、汽车制动片、内燃机曲轴、带轮、纺织机和仪表中的无声齿轮、化工用的耐酸泵、日用品等
	环氧塑料 （万能胶） （EP）	比强度高，韧性较好，耐热、耐寒、耐蚀、绝缘，防水、防潮、防霉，具有良好的成形工艺性和尺寸稳定性。有毒，价格高。用于塑料模具、精密量具、灌封电器及配制飞机漆、油船漆、罐头涂料、印制电路等

（4）塑料的发展前景　目前，一些耐热性更好、抗拉强度更高的类似金属的塑料问世了！有一种名称叫做"Kevlar"的塑料，其强度甚至比钢大 5 倍以上，成为制造优质防弹背心不可缺少的材料。还有能代替玻璃和金属的耐高温、高强度超级工程塑料，它有惊人的耐酸腐蚀性和耐高温特性，并且还能填充到玻璃、不锈钢等材料中，制成特别需要高温消毒的器具（如医疗器械、食品加工机械等）。此外它还可以用来制造吹风机、烫发器、仪表外壳和宇航员头盔等。美国杜邦公司的工程技术人员研制出迄今为止强度最大的塑料—"戴尔瑞 ST"，这种塑料具有合金钢般的高强度，可以制造从汽车轴承、机器齿轮到打字机零件等许多耐磨损零部件。

（5）"白色污染"问题　众所周知，塑料给人们生活和工农业生产带来了极大的方便，同时也带来了危害极大的"白色污染"问题。不过目前这种情况正逐步得到改善，科学家和工程师们开发出可降解（光降解、生物降解、水降解等）的农用地膜、一次性包装材料等塑料产品，保护了我们的家园。

选材案例 1：电器开关、插座的选材

图 9-1 所示的电器电源开关、插座随处可见。这些用在电路上的器件应具有一定的强度和硬度，较高的耐磨性、耐热性，良好的绝缘性和耐蚀性，刚度大，吸湿性差，变形小，怎样选材？

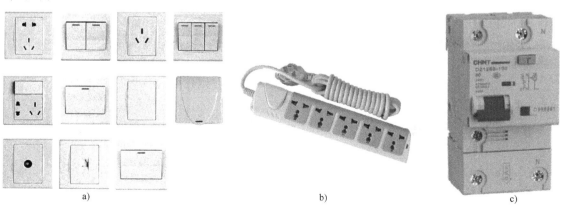

图 9-1　电源开关、插座

a）开关和插座　b）插排　c）空气开关

电器开关、插座的选材一般选用热固性塑料中的酚醛塑料（电木）。

2. 橡胶

橡胶是高弹性聚合物。橡胶可以从一些植物的树汁中获得，也可以是人造的。

（1）橡胶的组成

1）生胶。未加配合剂的天然或合成橡胶统称为生胶，是橡胶制品的主要组成成分，它决定了橡胶制品的性能，同时也能把各种配合剂和骨架材料粘成一体。

2）配合剂。配合剂是用来改善和提高橡胶制品的性能而有意识加入的物质。常用的有硫化剂（使线型结构分子相互交联为网状结构，提高橡胶的弹性、耐磨性、耐蚀性和抗老化能力，并使之具有不溶、不融特性）、硫化促进剂（促进硫化，缩短硫化时间，减少硫化剂用量）、增塑剂（增强橡胶的塑性，便于加工成形）、填充剂（提高橡胶的强度，降低成本，改善工艺性能）、防老剂（延缓橡胶老化，提高使用寿命）、增强材料（提高橡胶制品的力学性能，如强度、耐磨性和刚性等，常加入金属丝及编织物作为骨架材料，如在运输带、胶管中加入帆布、细布，轮胎中加入帘布，高压管中加入金属丝网等）及着色剂、发泡剂、电磁性调节剂等。

（2）橡胶的分类　橡胶的品种很多，根据来源不同，可分为天然橡胶和合成橡胶，根据用途不同，分为通用橡胶和特种橡胶。

天然橡胶是指从橡树中流出的乳胶经凝固、干燥、加压等工序制成的片状生胶，再经硫化工序所制成的一种弹性体。合成橡胶是指以石油产品为主要原料，经过人工合成制得的高分子材料。通用橡胶是指用于制造轮胎、工业产品、日用品的量大面广、价格低廉的橡胶。特种橡胶是指制造在特殊条件（高温、低温、酸、碱、油、辐射等）下使用的零部件的橡胶，一般价格较高。

用人工将单体聚合的橡胶称为合成橡胶。合成橡胶主要有七大品种，包括丁苯橡胶、顺丁橡胶、氯丁橡胶、异戊橡胶、丁基橡胶、乙丙橡胶和丁腈橡胶。习惯上，橡胶按用途不同可以分为通用橡胶和特种橡胶两大类。

（3）橡胶的性能特点　橡胶最显著的性能特点是在很宽的温度范围（-50~150℃）内具有高弹性，即在较小的外力作用下能产生很大的变形，最大伸长率可达800%~1000%，外力去除后，能迅速恢复原状，同时橡胶还具有优良的伸缩性和积储能量的能力，良好的隔声性、阻尼性、耐磨性和挠性，优良的电绝缘性、不透水性和不透气性，一定的强度和硬度，但一般橡胶的耐蚀性较差，易老化。橡胶及其制品在储运和使用时应注意防止光辐射、氧化和高温，降低橡胶老化、变脆、龟裂、发黏、裂解和交联的速度。

橡胶还具有优良的绝缘性、气密和水密性，一定的耐磨性。橡胶常用作弹性材料、密封材料、减振防振材料、传动材料等。

（4）常用橡胶　在通用橡胶中，产量最大、应用最广的是丁苯橡胶（SBR），其用量约占合成橡胶总量的80%。SBR由丁二烯单体和苯乙烯单体共聚而成，常用牌号为：丁苯-10、丁苯-30、丁苯-50，其中数字表示苯乙烯的质量分数。一般苯乙烯所占质量分数越大，则橡胶的硬度和耐磨性越高，但其弹性和耐寒性下降。

常用橡胶的性能与用途见表9-2。

表 9-2 常用橡胶的性能与用途

性能	通用橡胶							特种橡胶			
	天然橡胶 NR	丁苯橡胶 SBR	丁基橡胶 BR	顺丁橡胶 HR	氯丁橡胶 CR	丁腈橡胶 NBR	乙丙橡胶 EPDM	聚氨酯 PUR	氟橡胶 FPM	硅橡胶	聚硫橡胶
拉伸强度/MPa	25~30	15~21	18~25	17~21	25~27	15~30	10~25	20~35	20~22	4~10	9~15
伸长率(%)	650~900	500~800	450~800	650~800	800~1000	300~800	400~800	300~500	100~500	50~500	100~700
抗撕性	好	中	中	中	好	中	好	中	中	差	差
使用温度上限/℃	<100	80~120	120	120~170	120~150	120~170	150	80	300	-10~30	80~130
耐磨性	中	好	好		中	中			中	差	差
回弹性	好	中	好			中			中		差
耐油性			中	好	好		好	好			好
耐碱性			好	好			差	好			好
耐老化			好			好		好			好
成本	高			高					高	高	
使用性能	高强度、绝缘、防振	耐磨	耐磨、耐寒	耐酸碱、气密、防振、绝缘	耐酸、耐水、气密性好	耐油、耐碱、耐燃	绝缘	高强度、耐磨	耐油、耐酸碱、耐热、耐真空	耐热、绝缘	耐油、耐酸碱
工业应用举例	通用制品、轮胎	通用制品、胶布、胶板、轮胎、胶管	轮胎、耐寒运输带、V带、减摩器	内胎、化工衬里	油漆衬料、管道胶带、电缆皮、门窗嵌条	耐油垫圈、油管、耐热运输带	汽车配件、散热管、电绝缘件、耐热运输带	实心胎、胶辊、耐磨件、特种垫圈	化工衬里、高级密封件、高真空橡胶件	耐高低温零件、绝缘件、管道接头	丁腈改性用

选材实例 2:汽车轮胎的选材

(1)汽车轮胎及对汽车轮胎的要求 汽车轮胎(图 9-2)是保证汽车安全、快速畅行不可缺少的部件。轮胎要具有高弹性、减振性,优良的耐磨性和电绝缘性、不透水性和不透气性,一定的强度和硬度。那么该如何选材呢?

(2)汽车轮胎的选材 汽车轮胎选用橡胶材料,但轮胎并不是只由一种橡胶做成的,汽车轮胎的结构如图 9-3 所示,轮胎的最外面(胎面胶)用非常耐磨的丁苯橡胶;轮胎的侧面(胎边胶)也用丁苯橡胶以提高在弯道的耐磨性;与空气接触的内胎(内面胶)用丁基橡胶,它有很好的绝缘性,尤其是高不透气性。

a)   b)

图 9-2 汽车及汽车轮胎

a）货运汽车 b）轮胎

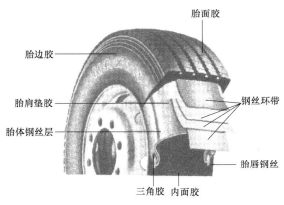

图 9-3 汽车轮胎结构图

3. 胶黏剂

在工程上，连接各种金属和非金属材料的方法除焊接、铆接、螺栓连接之外，还有一种新型的连接工艺就是胶接，它是借助于某物质在固体表面产生的粘合力，将材料牢固地连接在一起的方法。胶接法不仅能起到连接的作用，而且还有固定、密封、浸渗、补漏和修复的作用。这种能够产生粘合力的物质称为胶黏剂。

胶黏剂以富有黏性的物质为基础，并以固化剂或增塑剂、增韧剂、填料等改性剂为辅料，可以用于胶接金属、陶瓷、木材、塑料、织物等，可连接同种或异种材料，且不受材料厚度限制。胶接接头处应力均匀，密封性好，绝缘性好，耐蚀，抗疲劳，胶接结构重量轻，工艺简单。粘合剂按基体材料可分为天然胶黏剂和合成胶黏剂。常用胶黏剂有树脂型胶黏剂和橡胶型胶黏剂两种。

胶黏剂又称粘接剂，是以黏性物质环氧树脂、酚醛树脂、聚酯树脂、氯丁橡胶、丁腈橡胶等为基础，加入需要的添加剂（填料、固化剂、增塑剂、稀释剂等）组成的，俗称胶。

（1）环氧树脂胶黏剂 凡是以环氧树脂为基料的胶黏剂统称为环氧树脂胶黏剂，简称为环氧胶。环氧胶是由环氧树脂、固化剂、各种添加剂组成的。环氧胶具有很强的黏合力，对大部分材料如金属、木材、玻璃、陶瓷、橡胶、混凝土、纤维、塑料、竹木、皮革、织物等都有良好的黏合能力，故有"万能胶"之称。

（2）酚醛树脂胶黏剂 酚醛树脂胶黏剂的粘接力强、耐高温，优良配方胶可在 300℃以下使用，其缺点是性脆、剥离强度差。酚醛树脂胶是用量最大的品种之一。主要用于胶接木材、木质层压板、胶合板、泡沫塑料，也可用于胶接金属、陶瓷。

（3）其他常用的胶黏剂　如聚氨酯胶黏剂、瞬干胶、厌氧胶、无机胶黏剂等。聚氨酯胶黏剂胶膜柔软，耐油性好，但使用温度较低，可用于胶接金属、塑料、陶瓷、玻璃、橡胶、皮革、木材等多种材料；瞬干胶黏度小，适应面广。胶膜较脆，不耐水，耐热性和耐溶剂性较差。使用温度为$-40\sim70℃$，在室温下接触水汽瞬间固化。可胶接金属、陶瓷、塑料、橡胶等材料的小面积胶接和固化；厌氧胶工艺性好，毒性小，固化后的耐蚀性、耐热性、耐寒性均较好。使用温度范围为$40\sim150℃$。可用于防止螺钉松动、轴承的固定、法兰及螺纹接头的密封和防漏、填塞缝隙，也可用于胶接；无机胶黏剂有优良的耐热性，长期使用温度范围为$800\sim1000℃$，胶接强度高，低温性能较好，耐候性极好，耐水、耐油性好。但耐酸、碱性较差，不耐冲击。可用于各种刃具的胶接，小砂轮的黏接，塞规、卡规的黏接，铸件砂眼堵漏，汽缸盖裂纹的胶补等。

4. 涂料

涂料指涂布在物体表面而形成的具有保护和装饰作用膜层的材料。传统的涂料用植物油和天然树脂熬炼而成，称为"油漆"。随着石油化工和合成高分子工业的发展，当前植物油和天然树脂已逐渐为合成聚合物改性和取代，涂料所包括的范围已远超过"油漆"原来的狭义范围。

当前，涂料的品种有上千种，用于防腐的涂料有防锈漆、底漆、大漆、酚醛树脂漆、环氧树脂漆以及某些塑料涂料如聚乙烯涂料、聚氯乙烯涂料等。

5. 保温材料

在建筑工程中，习惯上把用于控制室内热量外流的材料称为保温材料。材料的保温性能用热导率来评定。我国国家标准 GB 4272—2008《设备及管道保温技术通则》规定，凡平均温度不高于$350℃$时，热导率不大于$0.12W/(m \cdot K)$的材料为保温材料。在实际应用中，由于大多数保温材料的抗压强度都很低，常把保温材料和承重材料复合使用。另外，大多数保温材料的空隙率较大，吸水性、吸湿性较强，而保温材料吸收水分后会严重降低保温效果，故保温材料在使用时应注意防潮防水，需在表层加防水层或隔汽层。

一般常用的保温材料可分为 10 大类：珍珠岩类、蛭石类、硅藻土类、泡沫混凝土类、软木类、石棉类、玻璃纤维类、泡沫塑料类、矿渣棉类、岩棉类，其相关性能可参阅有关手册。

9.3　陶瓷材料

9.3.1　认识陶瓷材料

所谓陶瓷是指以天然硅酸盐（黏土、石英、长石等）或人工合成化合物（氮化物、氧化物、碳化物等）为原料，经过制粉、配料、成型、高温烧结而制成的无机非金属材料。陶瓷材料也是工程材料中的一类重要材料。由于陶瓷材料具有熔点高、硬度高、化学稳定性好、耐高温、耐蚀、耐摩擦、绝缘等优点，所以在现代工业已得到广泛应用。

9.3.2 陶瓷材料的种类及应用

陶瓷的种类很多，按照陶瓷的原料和用途不同，可分为普通陶瓷和特种陶瓷两类。

1) 普通陶瓷。以石英等为原料，经过原料加工、成形和烧结而成，广泛用于人们的日常生活、建筑、卫生以及化工等领域。如餐具、艺术品、装饰材料、电器支柱、耐酸砖等。

2) 特种陶瓷（又称近代陶瓷）。特种陶瓷是化学合成陶瓷。它以化工原料（如氧化物、氮化物、碳化物等）经配料、成形、烧结而制成。根据其主要成分不同，又可分为氧化铝陶瓷、氧化锆陶瓷、氮化硅陶瓷、碳化硅陶瓷等。

氧化铝陶瓷的主要成分是 Al_2O_3，（刚玉瓷）。它的熔点高、耐高温，能在 1600℃ 的高温下长期使用。硬度高（在 1200℃ 时为 80HRA），绝缘性、耐蚀性优良。其缺点是脆性大，抗急冷急热性差。主要用于刀具、内燃机火花塞、坩埚、热电偶的绝缘套等。

氮化硅陶瓷的主要成分是 Si_3N_4。它的突出特点是抗急冷急热性优良，并且硬度高、化学稳定性好、电绝缘性优良，另外还具有自润滑性，耐磨性好。因此，主要用于高温轴承、耐蚀水泵密封环、阀门、刀具等。

氮化硼陶瓷的主要成分是 BN，按晶体结构分有六方与立方两种。立方氮化硼硬度极高，硬度仅次于金刚石，目前主要用于磨料和高速切削的刀具。

现代陶瓷材料也是除金属材料和有机材料以外其他所有材料的统称。现代陶瓷材料具有高新技术内涵。与传统材料相比，它主要具有以下三个特点：

① 以现代科技发展的要求为背景，是现代科技发展的产物，为高新技术产品。

② 制造工艺复杂，需要现代科技成果的指导，因而是技术知识密集型产品。

③ 具有优异的特殊性能，能满足新技术产业的要求。

本节讨论的陶瓷材料即是现代陶瓷材料或称现代无机非金属材料。

9.3.3 陶瓷的基本性能

（1）力学性能　与金属材料相比，陶瓷具有很高的弹性模量和硬度（维氏硬度>1500），气密性好，抗压强度较高，但脆性较大，韧性较低，抗拉强度很低。

（2）物理性能　陶瓷材料一般具有高的熔点（大多在 2000℃ 以上气密性好，且在高温下具有极好的化学稳定性，它的导热性低于金属材料，是良好的隔热材料，同时它的线胀系数比金属低，当温度变化时，陶瓷具有良好的尺寸稳定性，但热导率小，温度剧烈变化时易破裂，不能急热骤冷。大多数陶瓷具有良好的电绝缘性，因此被大量用于制作各种电压的绝缘器件，如电瓷。有的陶瓷具有各种特殊的性能，如铁电陶瓷、磁性陶瓷等。但陶瓷的抗急冷急热的性能差。

（3）化学性能　陶瓷的组织结构非常稳定，即使在 1000℃ 时也不会被氧化，不会被酸、碱、盐和许多熔融金属（如有色金属银、铜等）侵蚀，不会老化。

（4）电性能　陶瓷材料的导电性变化范围很广。大多数陶瓷都是良好的绝缘体。但也有不少具有导电性的特种陶瓷，如氧化物半导体陶瓷等。

工程常用陶瓷的种类、性能及用途见表 9-3。

表 9-3　工程常用陶瓷的种类、性能及用途

种　类		性　能	用　途
普通陶瓷	普通工业陶瓷	产量大、成本低、加工成型性好,具有良好的抗氧化性、耐蚀性和绝缘性,质地坚硬,但强度低,主要用于电气、化工、建筑、纺织等部门	用于装饰板、卫生间装置及器具等的日用瓷和建筑陶瓷;绝缘子、绝缘的机械支撑件、静电纺织导纱器
	化工陶瓷		化工、制药、食品等工业及实验室中受力不大、工作温度低的酸碱容器、反应塔、管道设备及实验器皿等
特种陶瓷	氧化物陶瓷 氧化铝陶瓷(刚玉)	氧化铝陶瓷是以 Al_2O_3 为主要成分,含有少量 SiO_2,熔点达 2050℃,抗氧化性强,耐高温性能好,强度比普通陶瓷高 2～3 倍。硬度极高(仅次于金刚石),有很好的耐磨性,热硬性达 1200℃,具有高的电阻率和低的热导率,是很好的电绝缘材料和绝热材料,但脆性大,抗热振性差,不能承受环境温度的突然变化	为高温耐火结构材料,如内燃机火花塞、空压机泵零件等;常用于要求高的工具,如切削淬火钢刀具、金属拔丝模等
	氧化铍陶瓷	极好的导热性,很高的热稳定性,强度虽然较低,抗热冲击性较高,消散高能辐射的能力强	用于制造坩埚,作真空电子器件中陶瓷和原子反应堆陶瓷,晶体激光管、晶体管散热片,及集成电路的基片和外壳等
	碳化物陶瓷 碳化硅陶瓷	高温强度高,热传导能力强,耐磨、耐蚀、抗蠕变	可用于火箭尾喷管的喷嘴、热电偶套管等高温零件,也可作为加热元件、石墨表面保护层及砂轮磨料等
	碳化硼陶瓷	硬度极高,抗磨粒磨损能力很强,耐酸、碱腐蚀,熔点达 2450℃,但高温下会快速氧化,并与熔融钢铁材料发生反应,使用温度限定在 980℃ 以下	最广的用途是用作磨料和制作磨具,制作超硬工具材料
特种陶瓷	氮化物陶瓷 氮化硅陶瓷	硬度高,耐磨性好,摩擦因数低,有自润滑作用;有抗高温蠕变性,在 1200℃ 以下工作,其强度和化学稳定性不会降低,且热膨胀系数小、抗热冲击;能耐很多无机酸和碱溶液侵蚀	优良的减摩、耐磨材料,可用于制造各种泵的耐蚀耐磨密封环;可做优良的高温结构材料,如高温轴承、转子叶片,以及加工难切削材料的刀具等
	氮化硼陶瓷	六方氮化硼导热性、耐热性好,有自润滑性能,在高温下耐腐蚀、绝缘性好;立方氮化硼的硬度与金刚石相近,是优良的耐磨材料	用于高温耐磨材料和电绝缘材料、耐火润滑剂等;可用于制作耐磨切削刀具、高温模具和磨料等

选材实例 3：砂轮的选材

（1）砂轮的工作　砂轮（图 9-4b）是用磨料和结合剂等制成的中央有通孔的圆形固结磨具,是磨具中用量最大、使用最广的一种;使用时被安装在砂轮机（图 9-4a）上高速旋转,适用于加工各种金属和非金属材料,可分别对工件的外圆、内圆、平面和各种型面等进行粗磨、半精磨和精磨,以及切断和开槽等。

（2）对砂轮的要求　砂轮要具有高硬度、足够的耐磨性和一定的抗压强度,容易被制成各种形状和尺寸。

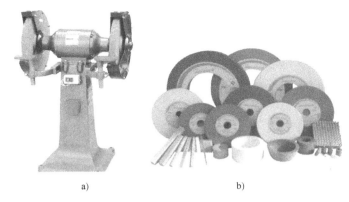

a)   b)

图 9-4　砂轮机及砂轮

a）砂轮机　b）砂轮

（3）砂轮的选材　根据加工工件的材质来选择砂轮材料，可以选用特种陶瓷中的氧化物陶瓷、碳化物陶瓷、氮化物陶瓷作为砂轮的磨料。按所用磨料的不同，分为普通磨料（刚玉和碳化硅）砂轮和超硬磨料（金刚石和立方氮化硼）砂轮两类。

9.3.4　陶瓷材料领域的前沿技术

随着科学技术水平的不断提高，陶瓷材料领域的发展也令人称奇，各种新型陶瓷材料层出不穷，在工程建设中发挥着巨大的作用，为各个领域的发展奠定了材料的基础。

1. 汽车用陶瓷材料

传统汽车的柴油机或燃气轮机使用的金属零件耐温极限低，大大限制了发动机的工作温度，而使用各种冷却装置又使发动机设计复杂，同时又增加了质量和自耗功率。采用耐高温陶瓷（如氮化硅陶瓷等）代替合金钢制造陶瓷发动机，其工作温度可达 $1300 \sim 1500℃$，而且陶瓷发动机的热效率高，可节省约 30% 的热能。另外，陶瓷发动机无需水冷系统，其密度也只有钢的一半左右，这对减小发动机自重也有重要意义。

目前，日野汽车公司在重型载货汽车用柴油机（排量 1.5 L）的基础上开发了陶瓷复合发动机系统，该发动机汽缸套、活塞等燃烧室器件中有 40% 左右是陶瓷件。

美国通用汽车公司在其所制成的 2.3L 柴油机上，采用陶瓷缸套、气门头、燃烧室、排气门通道、汽缸盖、活塞顶，以及用陶瓷涂镀的气门摇臂、气门挺杆、气门导管和滑动轴承，并已装在轿车上进行了 20290km 路况测试。

2. 阀门用陶瓷材料

目前，许多行业所用的阀门普遍为金属阀门，受金属材料自身性能的限制，很难适应高磨损、强腐蚀的恶劣工作环境的需要。采用高技术新型陶瓷结构材料制作阀门的密封部件和易损部件，提高了阀门产品的耐磨性、耐蚀性及密封性，大大延长了阀门的使用寿命；陶瓷阀门可以在很大程度上降低阀门的维修更换次数，提高配套设备运行系统的安全性、稳定性。

此外，还有许多特殊性能的陶瓷，如电子陶瓷（指用来生产电子元器件和电子系统结构零部件的功能性陶瓷。这些陶瓷除具有高硬度等力学性能外，对周围环境的变化也能"无动于衷"，即具有极好的稳定性，这对电子元器件来说是很重要的性能，另外就是能耐高温。）、离子陶瓷、压电陶瓷、导电陶瓷、光学陶瓷、敏感陶瓷、超导陶瓷、生物陶瓷（用于制造人体"骨骼-肌肉"系统，以修复或替换人体器官或组织的一种陶瓷材料）等，涉及领域比较多。常用功能陶瓷的种类、组成、特性及应用见表9-4。

表 9-4　常用功能陶瓷的种类、组成、特性及应用

种　类	性能特征	主要组成	用　途
光学陶瓷	荧光、发光性	Al_2O_3CrNd 玻璃	激光
	红外透过性	$CaAs$、$CdTe$	红外线窗口
	高透明度	SiO_2	光导纤维
	电发色效应	WO_3	显示器
磁性陶瓷	软磁性	$ZnFe_2O$、$7-Fe_2O_3$	磁带、各种高频磁芯
	硬磁性	$SrO \cdot 6Fe_2O_3$	电声器件、仪表及控制器件的磁芯
介电陶瓷	绝缘性	Al_2O_3、Mg_2SiO_4	集成电路基板
	热电性	$PbTiO_3$、$BaTiO_3$	热敏电阻
	压电性	$PbTiO_3$、$LiNbO_3$	振荡器
	强介电性	$BaTiO_3$	电容器
半导体陶瓷	光电效应	CdS、Ca_2Sx	太阳电池
	阻抗温度变化效应	$VO-NiO$	温度传感器
	热电子放射效应	LaB_6、BaO	热阴极

9.3.5　宝石、钻石和金刚石

1. 红宝石和蓝宝石

它们的主要成分都是 Al_2O_3（刚玉）。红宝石呈现红色是由于其中混有少量的含铬化合物及氧化铁；而蓝宝石呈蓝色则是由于其中混有少量含钛化合物及氧化钛。除了红宝石以外，剩下的氧化铝宝石都叫蓝宝石，无论什么颜色，不仅是蓝色的，也有黄色紫色的蓝宝石。

2. 钻石和金刚石

它们的化学成分都是纯碳，在工业上统称金刚石，在珠宝首饰行业中称钻石。金刚石是自然界最硬的物质，它还具备极高的弹性模量，可用作钻头、刀具、磨具、拉丝模、修整工具。金刚石进行超精密加工，可达到镜面光洁度，但金刚石刀具与铁族元素的亲和力大，故不能用于加工铁、镍基合金，而主要用来加工非铁金属和非金属，广泛用于陶瓷、玻璃、石料、混凝土、宝石、玛瑙等的加工。钻石具有发光性，日光照射后，在晚能发出淡青色磷光。X 射线照射后发出天蓝色荧光。钻石的化学性质很稳定，在常温下不容易溶于酸和碱。

复习思考题

9-1　什么是非金属材料？非金属材料主要包括哪些？

9-2　高分子材料按来源是如何分类的？

9-3　高分子材料按特性是如何分类的？

9-4 什么是塑料？试述塑料的组成。

9-5 什么是热固性塑料？什么是热塑性塑料？各举两例。

9-6 什么是橡胶？试述塑料的组成、分类。

9-7 简述橡胶的性能特点、类别与应用。

9-8 工程塑料、橡胶与金属相比在性能和应用上有哪些主要区别？

9-9 何谓工程陶瓷？简述工程陶瓷材料的性能特点。

9-10 指出功能陶瓷的类别与应用。

9-11 何谓复合材料？有哪些增强结构类型？

9-12 试举例说明复合材料的性能特点。

9-13 何谓钻石？何谓金刚石？金刚石在工业上有何应用？

9-14 判断题（正确的在括号内画"√"，错误的在括号内画"×"）。

（1）玻璃钢是由玻璃和钢组成的复合材料。　　　　　　　　　　　　　　　　　（　　）

（2）热固性塑料成形后再重新加热时可软化重复利用。　　　　　　　　　　　　（　　）

（3）工程材料中陶瓷的硬度最高，一般为1500HV以上。　　　　　　　　　　　　（　　）

（4）陶瓷的断后伸长率和断面收缩率几乎为零，故冲击韧性和断裂韧度很低。　　（　　）

（5）所有的材料都可以复合在一起形成复合材料。　　　　　　　　　　　　　　（　　）

（6）橡胶可以用来制造轮胎、胶带等是因为橡胶具有高的力学性能。　　　　　　（　　）

（7）陶瓷的化学性质稳定，既耐酸、碱、盐的腐蚀又不会被氧化。　　　　　　　（　　）

（8）微晶刚玉具有极高的硬度、耐磨性和热硬性。　　　　　　　　　　　　　　（　　）

9-15 请为题9-15图所示的零部件选择合适的材料，把可供选择的材料序号填在（　　　）中，可供选择的材料如下。

①普通陶瓷；②氧化铍陶瓷；③碳化硅陶瓷；④天然橡胶；⑤氯丁橡胶；⑥丁苯橡胶；⑦硅橡胶；⑧酚醛塑料（PF）（俗称电木）；⑨丙烯腈-丁二烯-苯乙烯共聚物（ABS）；⑩聚氯乙烯（PVC）；⑪热塑性玻璃钢；⑫热固性玻璃钢；⑬硼纤维增强铝基复合材料；⑭碳纤维-树脂复合材料

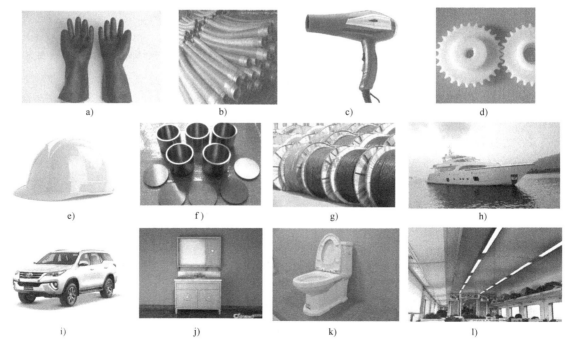

题 9-15 图

a）耐酸碱防护手套　b）耐酸碱软管　c）吹风机　d）纺织机无声齿轮　e）安全帽　f）耐高温坩埚　g）耐高温电缆
h）游轮　i）汽车　j）洗手池　k）洗浴用品　l）高铁列车

第10章

新型材料

10.1 问题的提出——新型材料

随着现代科学技术的发展，交通、能源、航空航天、海洋工程、生物工程等领域对所需材料提出了更高的要求，传统的单一材料，如金属材料、陶瓷材料和高分子材料已远不能满足工程要求。材料通常要在极端环境下服役，如高温、高压、强腐蚀介质等，因此要求材料具有良好的综合性能，如低密度、好的强韧性、高耐磨性和良好的抗疲劳性能等。

所以，要改变传统材料的设计理念，根据产品所需性能来设计新型材料，使其在一定条件下可实现多种所需功能。新型材料的设计可以从材料的组成、结构和加工工艺等来实现。

广义地讲，新型材料是相对传统材料而言的，也称为先进材料。新材料研究的根本任务是利用新的科学原理和技术设计合成或制备出具有优异性能的材料。新型材料有别于传统材料的最大特点是不只具有单一功能，在一定条件下可实现多种功能，从而为高新技术产品的智能化、微型化提供材料基础。

材料是现代科技的三大支柱之一，随着现代科技的发展和人类需求的不断扩大，未来新型材料的开发将向精细化、超高性能化、超高功能化、智能化、复杂化、生态化方向发展，会有更多的新材料出现。

当前新型材料可分为复合材料、纳米材料和功能材料等。

本章重点介绍复合材料和纳米材料的基本概念、分类及其基本特点，并简单介绍几种当前主要的功能材料。

10.2 复合材料

10.2.1 认识复合材料

1. 问题的提出

由于高新技术的发展，对材料性能的要求日益提高，单种材料很难满足对性能的综合要求。因此，人们设法采用某种可能的工艺将两种或两种以上的组织结构、物理及化学性质各不相同的材料结合在一起，形成一类新的多相材料（复合材料），使之既可保留原有组分材料的优点，又具有某些新的特性，以扩大结构设计师们的选材余地，从而适应现代高技术发展的需求。

2. 复合材料的定义

复合材料是指由两种或两种以上的异质、异性、异形材料，在宏观尺度上复合而成的一种完全不同于其组成材料的新型材料。复合材料包括以下四个方面：①它包含两种或两种以上物理性能不同并可用机械方法进行分离的材料。②它可以通过将几种分离的材料混合在一起而制成。混合的方法是在人为控制下将一种材料分散在其他材料之中，使其达到最佳性能。③复合后的性能优于各单独的组成材料，在某些方面可能具有单组成材料所没有的独特性能。④通过选取不同的组成材料、改变组成材料的含量与分布等微结构参数，可以改变复合材料的性能，即材料性能具有可设计性，并拥有最大的设计自由度。

复合材料的组成材料称为组分材料。组分材料分为两部分：一部分为增强体，承担结构的各种工作载荷；另一部分为基体，起黏结增强体并传递应力和增韧作用。增强体分为纤维、颗粒和片材三种：纤维包括连续纤维、短切纤维及晶须；颗粒包括微米颗粒与纳米颗粒；片材包括人工晶片与天然片状物。基体主要分为有机聚合物、金属、陶瓷、水泥和碳（石墨）等。复合材料主要改变强度、刚度、疲劳寿命、耐高温性、耐蚀性、耐磨性、吸引性、质量、抗振性、导热性、绝热性、隔声性等方面的性能。

3. 复合材料的分类

目前复合材料主要按以下三要素来进行分类。

（1）**按基体材料分类**　按基体材料不同可分为金属基复合材料，陶瓷基复合材料，水泥、混凝土基复合材料，塑料基复合材料，橡胶基复合材料等。

（2）**按增强剂形状分类**　按增强剂形状不同可分为粒子复合材料、纤维复合材料及层状复合材料。凡以各种粒子填料为分散质的复合材料是粒子复合材料。若粒子分布均匀，则材料为各向同性。以纤维为增强剂得到的复合材料是纤维增强复合材料。依据纤维的铺排方式，材料可以各向同性，也可以各向异性。层状复合材料，如胶合板由交替的薄板层胶合而成，因而是各向异性的。

（3）**依据复合材料的用途分类**　按用途不同可分为结构复合材料和功能复合材料。目前结构复合材料占绝大多数，而功能复合材料有广阔的发展前途。预计21世纪会出现结构复合材料与功能复合材料并重的局面，而且功能复合材料更具有与其他功能材料竞争的优势。功能复合材料是指能实现某种功能的复合材料，如导电材料、导磁材料、导热材料、屏蔽材料等。结构复合材料则主要用作承力结构和次承力结构，要求质量小、强度和刚度高，且能耐受一定温度，某种情况下还要求具有膨胀系数小、隔热性能好或耐介质腐蚀等其他性能。

10.2.2　复合材料中各组元的作用

复合材料中能够对其性能和结构起决定作用的除基体和增强体外，还包括基体与增强体间的界面。

基体是复合材料的重要组成部分之一，主要作用是利用其黏附特性固定和黏附增强体，将复合材料所受的载荷传递并分布到增强体上。基体的另一作用是保护增强体在加工和使用过程中免受环境因素的化学作用和物理损伤，防止诱发造成复合材料破坏的裂纹。同时，基体还会起到类似隔膜的作用，将增强体相互分开，这样即使个别增强体发生破坏断裂，裂纹也不易从一个增强体扩展到另一个增强体。因此，基体对复合材料的耐损伤和抗破坏、提高使用温度极限以及耐环境性能等均起到十分重要的作用，正是由于基体与增强体的这种协同，才赋予复合材料良好的强度、刚度和韧性等。

在结构复合材料中，增强体主要用来承受载荷。因此，在设计复合材料时，通常所选择的增强体的弹性模量应比基体高。以纤维增强复合材料为例，在外载荷作用下，当基体与增强体应变量相同时，基体与增强体所受载荷比等于两者的弹性模量比，弹性模量高的纤维就可承受高的应力。此外，增强体的大小、表面状态、体积分数及其在基体中的分布等对复合材料的性能同样具有很大的影响。

基体与增强体之间的界面特性决定着基体与复合材料之间结合力的大小。基体与增强体之间结合力的大小应适中，其强度只要足以传递应力即可。结合力过大，易使复合材料失去韧性；结合力过小，增强体和基体间的界面在外载荷作用下易发生开裂。因此，需根据基体和增强体的性质来控制界面的状态，以获得适宜的界面结合力。此外，基体与增强体之间还应具有一定的相容性，即相互之间不发生反应。

10.2.3　复合材料的性能特征

复合材料不仅能保持原组分材料的部分优点和特性，而且还可借助于对组分材料、复合工艺的选择与设计，使组分材料的性能相互补充，从而显示出比原有单一组分材料更优越的性能。

1. 物理性能方面

复合材料具有各种需要的优异物理性能，如低密度（增强体的密度一般较低）、膨胀系数小（甚至可达到零膨胀）、导热导电性好、阻尼性好等。因此，在选择增强体和基体组分材料时，应尽可能降低材料的密度和膨胀系数，这是结构用复合材料需要考虑的重要因素。

密度的降低有利于提高复合材料的比强度和比刚度；而通过调整增强体的数量和在基体中的排列方式，可有效降低复合材料的热胀系数，甚至在一定条件下使其为零，这对于保持在诸如交变温度作用等极端环境下工作的构件的尺寸稳定性具有特别重要的意义。尽管，金属基复合材料中加入的增强体大都为非金属材料，但仍可保持良好的导电和导热特性，这对扩展其应用范围非常有利。

2. 力学性能及成形工艺性等方面

工程常用的复合材料与其相应的基体材料相比，性能主要具有如下特点：

（1）比强度和比模量高　这主要是由于增强体一般为高强度、高模量而密度小的材料，从而大大增加了复合材料的比强度（强度/密度）和比模量（弹性模量/密度）。如碳纤维增强环氧树脂的比强度为钢的7倍，比模量则比钢大3倍。比强度和比模量是材料性能的重要指标，高的比强度和比模量可使结构质量大幅度减小。低结构质量意味着军用飞机可增加弹载、提高航速、改善机动特性、延长巡航时间，而民用飞机则可多载燃油、提高客载。

（2）抗疲劳性能好　疲劳是材料在交变载荷作用下，因裂纹的形成和扩展而产生的低应力破坏。在纤维增强复合材料中存在着许多纤维树脂界面，这些界面能阻止裂纹进一步扩展，从而推迟疲劳破坏的产生，因此其疲劳抗力高。对于脆性的陶瓷基复合材料而言，这种复合还会大大提高其韧性，是陶瓷韧化的重要方法之一。大多数金属材料的疲劳强度是其抗拉强度的40%～50%，而碳纤维增强复合材料高达70%～80%，这是因为裂纹扩展机理不同所致。

（3）减振能力强　当结构所受外力的频率与结构的自振频率相同时，将产生共振，容易造成灾难性事故。而结构的自振频率不仅与结构本身的形状有关，还与材料比模量的平方根成正比，因而纤维增强复合材料的自振频率较高，可以避免共振。此外，纤维与基体的界面可以吸振，具有很高的阻尼作用。

（4）高温性能好，抗蠕变能力强　在高温下，纤维增强材料的热疲劳性、热稳定性都较好。例如，碳纤维增强碳化硅基体复合材料用于航天飞机的高温区，在 1700℃ 时仍可保持 20℃ 时的抗拉强度，并且具有较好的抗压性能和较高的层间抗剪强度。

（5）断裂安全性高　例如，纤维增强复合材料的基体中有大量细小纤维，过载时部分纤维断裂，载荷会迅速重新分配到未被破坏的纤维上，不致使构件在瞬间完全丧失承载能力而断裂。

（6）成形工艺性好　对于形状复杂的零部件，根据受力情况可以一次整体成形，减少了零件的衔接，提高了材料的利用率。

除此之外，复合材料还有优良的化学稳定性、自润滑性、消声性、电绝缘性等性能。石墨纤维与树脂复合可得到膨胀系数几乎等于零的材料。纤维增强材料的另一个特点是各向异性，因此可按制件不同部位的强度要求设计纤维的排列。

10.2.4　常用的复合材料

常用复合材料主要有纤维增强复合材料和颗粒增强复合材料，它们的种类、组成、特性及应用见表 10-1。

表 10-1　常用复合材料的种类、组成、特性及应用

种类	组成		特　性	应　用
	增强材料	基体材料		
纤维增强复合材料	玻璃纤维	热固性树脂	自重轻，比强度高，耐腐蚀，绝缘性、绝热性及微波穿透性好，吸水性差，成形工艺简单；但弹性模量小，刚性差，耐热性差，易老化。可通过更换基体来改善性能	常用作机器护罩、车辆车身、绝缘抗磁仪表、耐蚀耐压容器和管道及各种形状复杂的机器构件和车辆配件
		热塑性树脂	高的力学性能、介电性能、耐热性和抗老化性，成形性好，生产率高，且比强度不低，缺口敏感性高	尼龙 66 玻璃钢，常用来制作轴承、轴承架、齿轮等精密件、电工件、汽车仪表及车灯等；ABS 玻璃钢，常用来制作化工装置、管道、容器等；聚苯乙烯玻璃钢，常用来制作汽车内装饰品、收音机壳、空调叶片等；聚碳酸酯玻璃钢，常用来制作耐磨、绝缘仪表等
	碳纤维	树脂	其性能优于玻璃钢，特点是密度低，强度高，弹性模量大，比强度和比模量高，抗疲劳性优良，耐冲击、耐磨、耐蚀及耐热。缺点是纤维与基体结合差，各向异性表现明显，耐高温性能差	可用于制作飞机机身、螺旋桨、尾翼、宇宙飞船和航天器的外层材料；人造卫星和火箭的机架、壳体；各种精密机器的齿轮、轴承及活塞、密封圈、化工容器和零件等
		金属	铝基复合材料：比强度和比模量高，高温强度、减摩性和导电性好 铜基复合材料：具有较高的强度，良好的导电和导热性，低的摩擦因数和高的耐磨性，以及在一定温度范围内的尺寸稳定性	碳纤维增强铝基复合材料主要用于制造飞机蒙皮、螺旋桨、航天飞机外壳、运载火箭的大直径圆锥段等 碳纤维增强铜基复合材料主要用于制造高负荷的滑动轴承、集成电路的电刷、滑块等

（续）

种类	组成		特 性	应 用
	增强材料	基体材料		
纤维增强复合材料	碳纤维	陶瓷	大幅度提高陶瓷的冲击韧度和抗热振性,降低脆性,而陶瓷又能保护碳(或石墨)纤维在高温下不被氧化,比强度和比模量成倍提高,并能承受 1200~1500℃的高温气流冲击	燃气轮机的壳体、内燃机的火花塞等
	硼纤维	铝基	密度低,刚度大,具有高的比强度、抗压强度、抗剪强度和疲劳强度	主要用于飞机或航天器蒙皮、大型壁板、长梁、加强肋、航空发动机叶片等
		树脂	抗拉强度、抗压强度、抗剪强度及比强度都高于铝合金和钛合金,且蠕变小,硬度和弹性模量高,疲劳强度很高,耐辐射性及导热性极好。缺点是各向异性明显,纵向力学性能高于横向力学性能十几倍到几十倍,加工困难,成本昂贵	主要用于制作航空航天工业中要求高刚度的结构件,如飞机机身、机翼、轨道飞行器等
	碳化硅	合成树脂	有极高的强度,高温下的化学稳定性好	涡轮机叶片
颗粒增强复合材料	芳纶纤维	合成树脂	韧性好,弹性模量高,密度低;耐压强度和弯曲疲劳强度较差	雷达天线罩、降落伞高强度绳索、高压防腐容器、高压软管、游艇船体、防弹头盔、防弹内衬等
	金属细粒	金属	既有良好的导电性,又可以在高温下保持适当的硬度和强度,常用作高温下导热、导电体	制作高功率电子管的电极、焊接机的电极、白炽灯引线、微波管等
	陶瓷粒	金属	耐热性好,硬度高,高温耐磨性好,但脆性大	高速切削刀具、高温材料、喷嘴、拉丝模等

　　除表 10-1 所介绍的常用复合材料之外,为扩大知识面,下面再简单介绍几种复合材料及其应用。

　　（1）双层金属复合材料　双层金属复合材料是将性能不同的两种金属用胶合或熔化、铸造、热压、焊接、喷涂等方法复合在一起以满足某种性能要求的材料。最常见的双层金属复合材料是热双金属片簧（图 10-1）,这种复合材料就是将热膨胀系数相差尽可能大的两种金属片胶合成一体。使用时,一端固定,当温度变化时,由于热膨胀系数不同,发生预定的挠曲变形,从而成为测量和控制温度变化的恒温器。

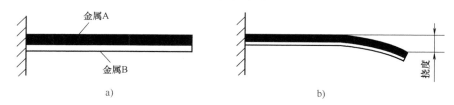

图 10-1　简易恒温器
a）温度 t　b）温度 $t+\Delta t$

　　（2）碳/碳复合材料　由于碳/碳复合材料具有良好的生物相容性,现已作为牢固材料用作高应力使用的外科植入物、牙根植入体以及人工关节。

（3）碳纤维增强聚合物复合材料 碳纤维增强聚合物复合材料由于比强度高、比模量大，也广泛用于制造网球拍、高尔夫球棒、钓鱼竿、撑杆跳高杆、赛车赛艇、滑雪板、乐器等文体用品。采用团状模塑料工艺，将 3～12mm 的短切纤维与树脂混合后还可用于制作家庭用品。

选材实例 1：武装直升机机身、螺旋桨的选材（复合材料）

（1）武装直升机机身、螺旋桨 武装直升机如图 10-2 所示，其结构复杂，但很轻巧，机动部件较多，能携带多种子弹、炸弹，能适应各种环境中作战的需要。

图 10-2　武装直升机

（2）材料要求 制造武装直升机机身及螺旋桨的材料需要有良好的力学性能（足够的强度和硬度、一定的塑性和韧性、很高的抗疲劳强度），同时自身自重要轻，断裂安全性要高，减振能力要强，耐蚀性、耐磨性要好，绝缘性要良好（雷电也穿不透）。

（3）选材 选用碳纤维增强树脂复合材料。

10.3　纳米材料

所谓纳米材料，是指粒子尺寸在纳米量级（1～100nm）的超细材料，又称超细粉体，其纳米基本单元的颗粒或晶粒尺寸至少在一维上小于 100nm，且必须是具有与常规材料截然不同的光、电、热、化学或力学性能的一类材料体系。

20 世纪 80 年代初，德国科学家 Gleiter 教授首先提出了纳米材料的概念。目前，我们所指的纳米材料通常是指在其晶体区域或其他特征长度的典型尺度在纳米数量级范围内（通常<100nm）的单晶或多晶材料。纳米材料的特点是晶粒尺寸小、缺陷密度高（主要指晶界和相界），因此其特性与传统粗晶材料相比，有很大的不同。图 10-3 所示为纳米晶体材料的二维模型，它是由晶粒内部和晶界处两种结构不同的原子构成的。从图 10-3 中可以看出，很大比例的原子处于界面上，这时材料的性能将不再仅依赖于晶格中原子的交互作用，在很大程度上取决于界面上的原子结构特征，这正是纳米结构材料具有独特物理化学性能及力学性能的原因。

纳米材料由纳米晶粒或颗粒组成，比表面积大，位于表面的原子占相当大的比例。由于表面原子配位的不饱和性，导致大量的悬键和不饱和键，使这些表面原子具有高的活性，表面能高，原子极不稳定，很容易与其他原子结合达到稳定化。

在常规金属材料中，晶界扩散只占很小一部分（≈10%为晶界扩散），故晶界扩散不易表现出来；而在纳米晶体材料中，由于晶界浓度很高（≈50%），晶界扩散系数也增大很多，因而晶界扩散占绝对优势。同时，界面的固相反应也会表现出增强效应，如当晶粒尺寸小到5nm左右时，其界面原子体积约占整体的50%，且具有高度无序的结构，原子在这样的界面上扩散较容易，接近表面扩散，从而在纳米微晶结构中的扩散率大大增加。

图10-3 纳米晶体材料的二维硬球模型
●—晶内原子 ○—晶界原子

10.3.1 纳米材料的分类

纳米材料可以按形态和结构不同进行分类。

1）纳米材料大致可分为纳米粉末、纳米纤维、纳米膜、纳米块体四类，其中纳米粉末开发时间最长、技术最为成熟，是生产其他三类产品的基础。

① 纳米粉末。纳米粉末又称为超微粉或超细粉，一般指粒度在100nm以下的粉末或颗粒，是一种介于原子、分子与宏观物体之间的处于中间物态的固体颗粒材料。

② 纳米纤维。纳米纤维是指直径为纳米尺度而长度较大的线状材料。

③ 纳米膜。纳米膜分为颗粒膜与致密膜。颗粒膜是指纳米颗粒粘在一起，中间有极为细小的间隙的薄膜；致密膜是指膜层致密但晶粒尺寸为纳米级的薄膜。

④ 纳米块体。纳米块体是将纳米粉末高压成形或控制金属液体结晶而得到的纳米晶粒材料。

2）按其结构不同还可分为三维纳米材料、二维纳米材料、一维纳米材料和零维纳米材料：晶粒尺寸在三个方向都在几纳米范围内的称为三维纳米材料。具有层状结构的称为二维纳米材料。具有纤维结构的称为一维纳米材料。具有原子簇和原子束结构的称为零维纳米材料。

3）按化学组成不同，可分为纳米金属、纳米晶体、纳米陶瓷、纳米玻璃、纳米高分子、纳米复合材料等。

4）按材料物理性能不同，可分为纳米半导体、纳米磁性材料、纳米非线性材料、纳米铁电体、纳米超导材料、纳米热电材料等。

5）按材料用途不同，可分为纳米电子材料、纳米生物医用材料、纳米敏感材料、纳米光电子材料、纳米储能材料等。

6）纳米材料根据其微观结构组元（晶界和晶粒）的化学组成可分为四类：①所有晶粒和晶界具有相同的化学组成的纳米材料；②多相纳米材料，晶粒间的化学组成不同；③晶粒与晶界的化学组成不同的纳米材料，如在某一界面区域存在原子偏聚；④纳米晶粒分布在具有不同化学成分的基体中的纳米材料，如纳米级弥散相强化合金。

10.3.2 纳米材料的特性

碳纳米管可以看作是分子尺度的纤维，其结构与富勒烯有关。一般碳纳米管的外径在2~20nm。纳米材料具有特殊的结构，由于组成纳米材料的超微粒尺度属于纳米量级，这一量级大大接近于材料的基本结构——分子甚至原子，且其界面原子数量比例极大，一般占总原子数的 50% 左右，因此纳米微粒的微小尺寸和高比例的表面原子数导致了其量子尺寸效应和其他一些特殊的物理性质。无论这种超微颗粒是由晶态或非晶态物质组成，其界面原子的结构都既不同于长程有序的晶体，也不同于长程无序、短程有序的类似气体的固体结构，因此一些研究人员又把纳米材料称为晶态、非晶态之外的"第三态固体材料"。

10.3.3　纳米材料的应用

21 世纪纳米材料是"最有前途的材料"之一，纳米技术甚至会超过计算机和基因科学，成为"决定性技术"。纳米材料高度的弥散性和大量的界面为原子提供了短程扩散途径，导致了高扩散率，其对蠕变、超塑性有显著影响，并使有限固溶体的固溶性增强、烧结温度降低、化学活性增大、耐蚀性增强（受均匀腐蚀而不同于粗晶材料的晶界腐蚀）。因此，纳米材料表现出的力、热、声、光、电、磁性等，往往不同于该物质在粗晶状态时表现的性质。与传统粗晶材料相比，纳米材料具有高的强度和硬度、高的扩散性、高的塑性和韧性、低的密度、低的弹性模量、高的电阻、高的比热容、高的热胀系数、低的热导率及强的软磁性能，可应用于高力学性能环境、光热吸收、非线性光学、磁性记录、特殊导体、分子筛、超微复合材料、催化剂、热交换材料、敏感元件、烧结助剂、润滑剂等领域。

1. 传感器方面的应用

由于纳米材料具有大的比表面积、高的表面活性及与气体相互作用强等特性，因此纳米微粒对周围环境因素，如光、温度、气氛、湿度等十分敏感，可用作各种传感器，如温度传感器、气体传感器、光传感器、湿度传感器等。

2. 催化方面的应用

纳米微粒由于尺寸小、表面原子数占较大的百分数、表面的键态和电子态与颗粒内部不同、表面原子配位不全等因素导致表面活性增加，使它具备了作为催化剂的基本条件。关于纳米材料表面形态的研究指出，随着粒径的减小，表面光滑程度变差，形成凹凸不平的原子台阶，这就增加了化学反应的接触面。近年来国际上对纳米微粒催化剂十分重视，称其为第四代催化剂。利用纳米微粒这种高的比表面积和活性特性，可以显著提高催化效率。

3. 光学方面的应用

纳米微粒由于小尺寸效应使其具有常规大块材料不具备的光学特性，如光学非线性、光吸收、光反射、光传输过程中的能量损耗等都与纳米微粒尺寸有很强的依赖关系。

4. 医学上的应用

随着纳米技术的发展，纳米材料在医学应用方面也开始崭露头角。由于纳米微粒比生物体内的细胞及红细胞要小得多，这就使研究人员可利用纳米微粒进行细胞分离、细胞染色及利用纳米微粒制成特殊药物或新型抗体进行局部定向治疗。科研人员已成功利用纳米 SiO_2 粒子进行定位病变治疗，以减少副作用等。科学家们设想利用纳米技术制造出分子机器人，使其在血液中循环，对身体各部位进行检测、诊断，并实施特殊治疗，疏通脑血管中的血栓，清除心脏动脉脂肪沉积物，甚至可以用其吞噬病毒，杀死癌细胞。

5. 其他领域的应用

分子是保持物质化学性质不变的最小单位。生物分子是很好的信息处理材料，每一个生物大分子本身就是一个微型处理器。分子在运动过程中可按预定的方式进行状态变化，其原理类似于计算机的逻辑开关，利用该特性并结合纳米技术，可以设计量子计算机。

磁记录是信息储存与处理的重要手段，随着科学的发展，对记录密度的要求越来越高。20 世纪 80 年代日本就利用 Fe、Co、Ni 等金属超微粒制备了高密度磁带，其颗粒尺寸为 20～30nm，矫顽力约为 $1.61 \times 10^3 A/m$，适用于纵向式垂直记录，记录密度可达 107～108bit/in，且可降低噪声，提高信噪比，由它制成的磁带、磁盘也已商品化。

此外，一些含 Co、Ti 的钡铁氧体颗粒作为磁记录介质也已趋于商品化，这种强磁颗粒可制成信用卡、票证、磁性钥匙等。磁性存储技术在现代技术中占有举足轻重的地位，由于磁信号的记录密度在很大程度上取决于磁头缝隙的宽度、磁头的飞行高度以及记录介质的厚度，因而为了进一步提高磁存储的密度和容量，就需要不断减小磁头的体积，同时还要减小磁记录介质的厚度。因此，薄膜磁头材料与薄膜磁存储介质是磁性材料当前发展的主要方向之一。

超微颗粒对光具有强烈的吸收能力，因此通常是黑色的，可在电镜-核磁共振波谱仪和太阳能利用中作为光照吸收材料，还可作为防红外线、防雷达的隐身材料。

10.4　其他新型材料——功能材料

10.4.1　功能材料常见的分类方法

可以说，所有的工程材料都属于功能材料。所谓功能材料是指应用它的物理和化学性能，如光、电、磁、声、热等特性的各种材料，包括电功能材料、磁功能材料、光功能材料、超导材料、形状记忆合金、功能陶瓷、功能纤维等。功能材料比较常见的分类方法如下：

1）按使用性能分类。可分为微电子材料、光电子材料、传感器材料、信息材料、生物医用材料、生态环境材料、能源材料和机敏（智能）材料等。

2）按材料的化学键分类。可分为功能性金属材料、功能性无机非金属材料、功能性有机材料和功能性复合材料。

3）按材料的物理性质分类。可分为磁性材料、电性材料、光学材料、声学材料、力学材料、化学功能材料等。

4）按功能材料的应用领域分类。可分为电子材料、军工材料、核材料、信息工业用材料、能源材料、医学材料等。

下面主要介绍形状记忆合金、超导材料、储氢材料、智能材料及梯度功能材料。

10.4.2　几种主要功能材料的简介

1. 形状记忆材料和智能材料

形状记忆材料是指具有形状记忆效应的材料。形状记忆效应是指材料在高温下形成一定形状，冷却到低温进行塑性变形使之形成另一种形状，但当加热到高温时又回复到原先形状的现象。具有形状记忆效应的金属一般是由两种以上的金属元素组成的合金，故称为形状记忆合金（SMA）。

现已发现 20 多个合金系、上百种合金具有形状记忆效应，典型的形状记忆合金有钛镍系形状记忆合金、铜系形状记忆合金和铁系形状记忆合金。

形状记忆合金为我们日常生活提供了帮助。如形状记忆合金黄铜弹簧可制成防烫伤喷头，当水温太高时，弹簧可自行关闭热水阀，防止沐浴时意外烫伤。

记忆合金已用于管道结合和自动化控制方面，用记忆合金制成套管可以代替焊接，方法是在低温时将管端内径扩大约4%，装配时套接在一起，加热后套管收缩回复原形，形成紧密的结合。

若船舰和海底油田管道损坏，用这种方法修复就十分方便。在一些施工不便的部位用形状记忆合金制成销钉装入孔内加热，其尾端自动分开卷曲，形成单面装配件。

记忆合金在医疗上的应用也很引人注目。例如，接骨用的骨板，不但能将两段断骨固定，而且在回复原形的过程中产生压缩力，使断骨接合在一起。齿科用的矫齿丝、脊柱矫直用的支板等，都在植入人体内后靠体温的作用启动，血栓滤器也是一种记忆合金新产品。被拉直的滤器植入静脉后会逐渐恢复成网状，从而阻止95%的凝血块流向心脏和肺部。

2. 半导体材料

半导体材料是构成许多有源元件的基体材料，在光通信设备和信息存储、处理、加工及显示方面具有重要应用，如半导体激光器、二极管、集成电路和存储器等。

半导体种类多，可分为有机半导体和无机半导体。无机半导体又可分为元素半导体和化合物半导体。如果从晶态上区分，可分为单晶、多晶及非晶半导体等。

具有半导体性质的元素有硅、锗、硼、硒、碲、碘、碳（金刚石或石墨）以及磷、砷、锑、锡、硫的某种同素异构体，但目前实用的只有硅、锗、硒三种，其中硅在整个半导体材料中有压倒性优势，90%以上的半导体器件和电路是采用硅制作的。

纯度和晶片直径是半导体材料制备技术中最重要的指标。目前单晶硅纯度可达到杂质的质量分数小于10^{-9}的水平，晶片直径可达350mm。纯度极高且缺陷极少的元素半导体又称为本征半导体。有意掺入其他元素杂质的元素半导体又称为杂质半导体。当掺入的是高一价元素时，如在Si、Ge中掺入P、Sb、Bi、As时，可产生电子载流子形成N型半导体；若掺入的是低一价元素，如在Si、Ge中掺入B、Al、In、Ga，则可产生空穴载流子形成P型半导体。

化合物半导体材料往往具有元素半导体材料所缺乏的特性，因而也得到了广泛应用。目前开发最多的是Ⅲ-Ⅴ族化合物半导体、Ⅱ-Ⅵ族化合物半导体和Ⅵ-Ⅵ族化合物半导体以及氧化物半导体。

Ⅲ-Ⅴ族化合物半导体是由Ⅲ族和Ⅴ族元素形成的金属间化合物半导体，这部分半导体大部分属于闪锌矿结构，禁带宽度和载流子迁移率有较大的选择范围。典型的化合物由Al、Ga、In、P、As、Sb等组合而成，如常用于制作太阳能电池的GaAs，用作红外线探测器和滤波器的InSb等。

Ⅱ-Ⅵ族化合物半导体由Ⅱ族元素Zn、Gd、Hg和Ⅵ族元素O、S、Se、Te相互作用而成。特点是具有直接跃迁型能带结构、禁带范围宽、发光色彩比较丰富、电导率变化范围也较宽。这类半导体在激光器、发光二极管、荧光管和场致发光器件等方面有广阔的应用前景。

3. 超导材料

具有超导性的材料称为超导材料。所谓超导性是指当温度降至某一临界值以下时，材料电阻突变为零的特性。材料要处于超导状态，除了必须满足临界温度 T_0 条件外，还必须满足临界磁场 H_c 和临界电流密度 J_c 条件。

超导材料按其在磁场中的磁化行为可分为两类。第一类超导体存在一个临界磁场强度，在此前材料是完全抗磁性的，此后则成为常态。属于第一类超导体的具有超导性质的为非金属元素、大部分过渡金属元素（除 Nb、V 外）以及按化学计量比组成的化合物。

第二类超导体在第一临界磁场强度 H_{c1} 前是完全抗磁性的，即处于完全超导态；此后并不立即变为常态，而是界于超导态和常态之间的混合态，直到第二临界磁场强度比后，零电阻现象才完全消失。许多合金以及 Nb、V 属于此类超导体。

超导材料按材料特点不同可分为元素型超导材料、合金型超导材料、化合物型超导材料、陶瓷型超导材料和有机型超导材料。除了少数在正常温度下属于半导体材料外，其他绝大部分为金属材料，其中 Nb 的 T_0 最高，为 9.2K。合金超导材料的特点是强度高、应力应变小、临界磁场强度高，且容易生产、成本低。这类超导材料主要有以 Nb、Pb、Mo、V 等为基的二元或三元合金，其中较典型的有 Nb-Zr 类和 Nb-Ti 类。化合物超导体材料主要有 Nb_3、Sn、V_3、Ga、Nb_3、（Al，Ge）、V_2(Hf，Nb)、NbN 和 $PbMo_6S$ 等，大多属于金属间化合物。它们的特点是具有较高的临界温度 T_e 及临界磁场强度 H_e 和临界电流密度 J_e。该类超导体的缺点是较脆、加工困难。

4. 磁性材料

磁性是物质普遍存在的属性。磁性材料（又称磁功能材料）是指可以通过磁光效应、磁电效应、磁热效应或磁声效应等应用于各类功能器件的材料。磁性材料在能源、信息和材料科学中具有广泛的应用。

（1）磁性记录与存储材料　磁性记录与存储材料广泛应用于信息记录和存储，是计算机外围设备的关键材料，也是软件及信息库的基础。磁性记录与存储材料主要有磁泡存储器材料、磁记录介质材料和磁光型存储材料。

磁泡存储器是利用磁泡在外加磁场作用下，在特定位置上出现或消失，从而与计算机二进制的 "0" 和 "1" 相对应的原理制成的记忆器件。所谓磁泡，是在某一临界磁场下呈现圆柱状的磁畴，大小为几微米。

制作磁泡存储器的磁性材料一般要求具备低的磁泡畴壁矫顽力、高的磁泡畴壁迁移率、良好的品质因素，而且其各种磁参数对温度、时间、振动等环境因素的稳定性要高。目前比较实用的磁泡存储器材料有石榴石铁氧体和六角铁氧体。

磁记录介质包括磁带、磁卡、磁盘以及磁鼓等。一般以磁粉涂布或磁性薄膜的方式制成。磁粉涂布材料有 $\gamma\text{-}Fe_2O_3$ 磁粉（包括钴 $\gamma\text{-}Fe_2O_3$ 磁粉）、CrO_2 粉、金属磁粉（如 Fe、Fe-Co）以及垂直磁记录用片状钡铁氧体微粉 $BaFe_{12}O_{19}$。磁性薄膜材料常见的有 $\alpha\text{-}Fe$、FeCo、CoCr 等合金和 $\gamma\text{-}Fe_2O_3$、、Fe_3O_4 等氧化物以及钡铁氧体，制作这种连续薄膜介质的方法可分为湿法（电镀或化学镀）和干法（如溅射、蒸镀）两种。

（2）软磁材料和永磁材料　在较低磁场中磁化而呈强磁性，但在磁场去除后磁性消失的现象称为软磁性。软磁材料广泛应用于制备电力、配电和通信用变压器、继电器、电感器、发电机以及磁路中的磁轭等。软磁材料常分为高饱和材料（低矫顽力）、中磁饱和材料和高导磁材料。典型的软磁材料有纯铁、Fe-Si 合金（即硅钢）、Ni-Fe 合金、Fe-Co 合金，以及 Mn-Zn、Ni-Zn、Mg-Zn 等铁氧体。

永磁材料在磁场中被充磁，磁场撤销后仍能长时保持磁性。常见的永磁材料有高碳钢、A1-Ni-Co 合金、Fe-Cr-Co 合金、钡和锶铁氧体以及稀土永磁材料（如 RCo 系、钕铁硼合金和以 Sm-Fe 为基的三元或四元系等）。永磁材料广泛应用于制造精密仪器仪表、永磁电动机、磁选机、电声器件、微波器件、核磁共振设备与仪器、粒子加速器以及各种磁疗装置。

5. 储氢材料

氢是一种高能量密度的洁净能源，其燃烧热约是汽油的 3 倍，焦炭的 4.5 倍。另外，氢的燃烧产物是水，所以无污染。目前，开发包括氢能在内的新能源已成为各国研究的重点。在氢能源的应用技术中，储氢是需要首先解决的问题。气态氢储存需要高压气瓶，液态氢则需要超低温（−253℃）或耐高压容器，但这两种方法既不经济又不安全。目前主要靠发展储氢材料来解决这一问题，其应用包括氢的回收、提纯、精制、储存、运输；余热或废热的回收利用；储热系统、热泵、空调、制冷；氢燃料汽车、电动汽车、氢发电系统；充电电池和燃料电池。

目前储氢材料主要为合金，最基本的要求是能在合金晶体的空隙中大量储存氢原子，同时能可逆吸放氢。第一代储氢材料为稀土系储氢合金，以 LaNi 为代表，是具有 CaCu 晶体结构的金属间化合物，其六方晶格中有许多间隙位置，可以固溶大量的氢。LaNi 系储氢合金具有优良的吸氢特性和较高的吸氢能力，容易活化，对杂质不敏感，吸氢脱氢不需要高温高压，释放温度在高于 40℃ 时放氢迅速，但价格昂贵。

第二代储氢材料有钛系合金、锆系合金和镁系合金等合金。钛系合金的典型合金为 TiNi，以及 AB 型结构的 Ti-Fe 合金和 AB_2 型 Laves 相的 Ti-Mn 合金。锆系合金以 ZrV_2、$ZrCr_2$、$ZrMn_2$ 等为代表，通式为 AB_2，具有六方结构，晶胞体积比 AB_5 型稀土合金大将近 1 倍，储氢能力强，但放氢性差。代表性的镁系储氢合金是 Mg_2Ni，在此基础上发展了多元镁合金和稀土镁合金。

6. 非晶态材料

非晶态合金具有原子非长程有序排列结构，这种与晶体截然不同的特殊结构，赋予非晶态合金一系列优异的物理、化学和力学性能。

可采用熔体急冷法、离子注入法、射频溅射法、离子束法、充氢法、激光处理法、电沉积法或化学沉积法等多种工艺制备非晶态合金。电沉积法制备非晶态合金是比较经济的一种工艺，同时可形成薄膜结构，适应表面处理或薄膜器件制备。

非晶态合金的形成与否，首先与材料的非晶态形成能力（GFT）密切相关。根据 Polk 判据，两组元原子半径比小于 0.88 或大于 1.12 是形成非晶态合金的必要条件。按原子半径数据算出 Ni、Co、W 的原子半径与 P 的原子半径比值都符合 Polk 条件。Turnbwell 提出对比熔点 $T_m = KT_m / H_V$ 判据，T_m 小的材料 GFT 强。电镀实践上采用的过渡金属—类金属非晶态合金，其成分（质量分数）大都是过渡金属占 75%~85%，类金属只占 25%~15%，接近共晶成分，熔点 T_m 比其他成分合金的低，故 T_m 小，容易形成非晶态。

7. 金属间化合物

金属间化合物指具有相当程度的金属键和明显金属性质的一类化合物，如碳素钢中的 Fe_3C、黄铜中的 β 相（CuZn）。按形成条件，金属间化合物可分为正常价化合物、电子化合物和间隙化合物三类。金属间化合物一般具有复杂的晶格结构，熔点高，硬而脆。在结构材料中，金属间化合物一般作为强化相，以提高金属材料的强度、硬度和耐磨性。但当金属间化合物含量过高时，可导致基体材料塑性和韧性明显下降。

近年来，对金属间化合物所特有的物理性能的新发现，使之成为功能材料而受到充分的重视。例如，储氢材料中具有 $CaCu_5$ 结构的 $LaNi_5$，超导材料中 R-T-B-C 系列超导体等。

复习思考题

10-1　当前所指新型材料主要有哪些？

10-2　什么是复合材料？常用复合材料主要有哪些？

10-3　什么是纤维增强复合材料？简述其特性及应用。

10-4　什么是纳米材料？如何制备纳米材料？

10-5　简述纳米材料的特性。

10-6　简述纳米材料的应用。

10-7　什么是功能材料？简述常见功能材料有哪些。

第11章

工程材料的应用选择

在机械产品设计、制造过程中，都会遇到材料的选择问题。一般来说，一个机械零件要实现其应有的功能，由多方面的因素决定。其中零件所采用材料的选用是否合理，不仅对零件的质量和工作寿命起着至关重要的作用，还将影响零件的生产成本和产品的经济效益。

从事机械工程、材料工程等领域的科技人员，必须具备正确选用工程材料的能力。为此，本章在前面各章已介绍过的工程材料有关知识和内容的基础上，阐述零件失效分析、材料选择的一般原则和方法、选择应注意的问题等内容，从而为材料选择能力的建立和培养提供必要的基本知识。

11.1 机械零件的失效分析及工程材料的选择

了解零件的失效形式是正确选择材料与成形工艺方法的基本前提之一。要做到这一点，一方面通过理论分析对零件的失效形式加以预测，另一方面进行零件的失效分析。失效分析不仅对零件的选材，而且对零件的设计、制造、使用以及保证零件的使用安全性都具有非常重要的意义。

11.1.1 机械零件的失效与分析

失效是指零件在使用过程中，由于应力、时间、温度、环境介质、操作方法等原因而导致零件形状或其材料的组织与性能发生变化，从而失去原来正常工作所具有的性能，这种丧失其规定功能的过程称为失效。失效一般有三种情况：①零件完全破坏，不能继续工作；②虽能工作，但不能保证安全；③虽能保证安全，但精度受到影响或起不到预定的作用。

失效的主要形式有：

（1）变形失效 变形失效是指零件在工作过程中产生超过允许值的变形量而导致其无法完成规定工作的现象，主要失效方式有弹性变形失效、塑性变形失效、高温变形失效。

（2）断裂失效 断裂失效是指零件在工作过程中完全断裂而导致整个零件无法工作的现象，主要失效方式有韧性断裂失效、脆性断裂失效、疲劳断裂失效等。

（3）腐蚀失效 腐蚀失效是指机械零件因表面腐蚀损伤而造成零件失效的现象，主要失效方式包括均匀腐蚀、点与缝隙腐蚀、晶间腐蚀、腐蚀疲劳等。

（4）磨损失效 磨损失效是指由于零件与外界物体或其他零件相互接触并作相对运动，使零件表面形状、尺寸、组织及性能发生变化并使零件丧失规定功能的过程，主要失效方式有磨料磨损、微动磨损、腐蚀磨损、疲劳磨损。

工程中，一般按以下程序进行失效分析：①接受任务，明确目的要求；②调查现场，获取第一手背景资料；③失效件的观察、检测和试验；④确定失效原因并提出改进措施。

失效原因的确定一般按下列程序进行：

1）分析机械零件的结构形状和尺寸设计是否合理。

2）分析选材是否能满足工作条件的要求。

3）分析加工工艺是否合适。如果采用的工艺方法、工艺参数不正确，可能会造成各种缺陷，如热成形中的过热、过烧等，热处理工序中容易产生氧化、脱碳、淬火变形与开裂等。

4）分析安装使用是否正确。判断是否安装过紧、过松或对中不准、固定不紧、重心不稳等。

11.1.2　工程材料选择的基本原则

合理选择和使用材料是一项十分重要的工作，设计工程师应该了解材料的力学性能、结构和相关的加工工艺以及应用环境对材料的影响、材料的成本等问题，以便为设计过程中材料的合理选择提供帮助。随着世界科技水平的进步，工程部件所具有和所承担的功能越来越多，并且其结构复杂，因此设计选材所涉及问题的复杂程度提高，材料选择所应考虑的综合因素也相应增多。例如，飞机机身框架和蒙皮在设计选材时，选择的材料除了强度性能必须满足要求外（通常以 R_m、$R_{p0.2}$ 指标作为设计依据），还必须具有足够的刚性来防止飞机在服役过程中发生塑性变形和疲劳断裂，还要具有耐蚀能力等。同时，飞机材料的选择还应考虑材料的重量、生产加工的工艺性能和生产成本、材料自身的成本等。可满足飞机结构件力学性能要求的材料有很多，如铝合金、钢、钛合金、镁合金、碳纤维复合材料等，从刚性、强度、耐蚀、易加工等方面考虑，碳纤维复合材料为最佳选择，但其加工成本高，如考虑成本，该材料不是最好的选择；其他金属材料，如成本为主要考虑问题，则钢为最好的选择，但飞机结构件还应考虑性能和重量比，在成本、性能、重量中寻找平衡点，所以铝合金为最佳材料选择；钛合金、镁合金由于比铝合金和钢的成本高，尽管也比钢的密度低，但不如铝合金优势明显。

选择材料不仅要考虑材料性能是否能够适应零件的工作条件，使零件经久耐用，而且还要求材料具有较好的加工工艺性能和经济性，以便提高机械零件的生产率，降低成本等。材料的成本主要从以下几个方面考虑：①在满足使用要求的条件下尽量采用廉价材料；②考虑市场的供应情况，尽量就地取材，降低材料的运输费用；③节约稀有材料和较贵重的金属；④材料加工成本应低，通常有色金属的加工性能好于普通碳钢，而普通碳钢的加工性能好于合金钢。但在选材时也不能片面强调材料费用及制造成本，还需对材料的使用寿命予以重视。

总的来说，选材步骤应包括下列程序：

1）分析零件的工作条件及失效形式，根据具体情况或客户要求确定零件的性能要求（包括使用性能和工艺性能）和最关键的性能指标。一般主要考虑力学性能，必要时还应考虑物理、化学性能。

2）查阅相关手册，了解材料在适当工艺条件下所能达到的性能指标，进行筛选。

3）对同类产品的用材情况进行调研。

4）结合材料的经济性、加工性、使用性能等初步确定材料。

5）初步选择关键性零件进行试制。

6）鉴定定型。

11.2 机床零件用材的选择分析

机床的零件众多，按照结构特点、受载荷的情况不同，可以分为机身、底座、轴类零件、齿轮类零件、机床导轨等。

（1）机身、底座用材 机身、机床底座，齿轮箱体、轴承座等重量大，或形状复杂，一般选用灰铸铁 HT150、HT200，球墨铸铁 QT400-17、QT500-5 等。它们的成本低、铸造性好、切削加工性优异、对缺口不敏感、减振性好，非常适合铸造上述零部件。

（2）机床轴类零件的选材 机床主轴是机床中最主要的轴类零件，选材要根据其工作时所受载荷的大小和类型。①轻载或者不太重要的主轴可以采用 Q235、Q255、45 钢等钢制造；②中载主轴由于磨损较严重，有一定的冲击载荷，一般用 40Cr 等调质钢或 20Cr 等渗碳钢制造，整体与轴颈应进行相应的热处理；③重载主轴由于工作载荷大，磨损及冲击都较严重，一般用 20CrMnTi 钢制造，经渗碳、淬火并低温回火处理；④高精度主轴由于精度要求非常高，热处理后变形应极小，工作过程中磨损应极轻微。例如精密镗床的主轴，一般用 38CrMoAl 专用氮化钢制造，经调质处理后进行氮化及尺寸稳定化处理。

（3）机床齿轮类零件的选材 齿轮是机床重要的零件之一，按其工作条件可分为三类：

1）轻载齿轮。若为开式齿轮，可选用 HT250、HT300 和 HT400，若铸铁大齿轮互相啮合的小齿轮也可用 Q235、Q255 制造。闭式齿轮多采用 40、45 钢并正火或调质处理。

2）中载齿轮。一般用 45 钢制造，正火或调质后再进行高频表面淬火强化，以提高齿轮的承载能力及耐磨性。如果尺寸较大，则可用 40Cr 等合金调质钢制造。

3）重载齿轮 高速、重载或受强烈冲击的齿轮宜采用 40Cr（调质）或 20Cr、20CrMnTi 经渗碳、淬火并低温回火处理。

（4）机床导轨的选材 机床导轨是机床最重要的零件之一，对整个机床的精度有很大的影响。设计师必须考虑其变形和磨损，可以选用灰铸铁制造，如 HT200 和 HT350 等。灰铸铁在润滑条件下耐磨性较好，但抗磨粒磨损能力较差。

11.3 汽车零件用材的选择分析

汽车零件中，冷冲压零件种类繁多，约占总零件数的 50%～60%。按其功能来说可以分为发动机传动系统和底盘、车身零件。汽车冷冲压零件用的材料有钢板和钢带，其中主要是钢板，包括热轧钢板和冷轧钢板，如钢板 20、25 和 Q235 等。

1. 传动系统选材

发动机的主要功能是提供动力，主要构件包括缸体、缸盖、活塞、连杆、曲轴等。缸体常用的材料有灰铸铁和铝合金两种。缸盖一般选用灰铸铁、合金铸铁或铝合金。缸套常用高磷铸铁、硼铸铁、合金铸铁等，为了提高缸套的耐磨性，可以采用镀铬及表面淬火等工艺对缸套进行表面处理。活塞材料需要满足导热性好、膨胀系数小、密度小、耐磨、耐蚀等工艺性能，常用铝硅合金。连杆连接活塞和曲轴，作用是将活塞的往复运动转变为曲轴的旋转运动，并把作用在活塞上的力传给曲轴以输出功率。连杆在工作中除承受燃烧室燃气产生的压力外，还要承受纵向和横向的惯性力，是在一个很复杂的应力状态下工作，既受交变的拉压应力作用，又受弯曲应力作用。连杆的主要损坏形式是疲劳断裂和过量变形，要求连杆具有较高的强度和抗疲劳性能，又要求具有足够的刚性和韧性。连杆材料一般采用 45 钢、40Cr或 40MnB 等。汽车半轴在工作时主要承受扭转力矩和反复变曲以及一定的冲击载荷，因此中、小型汽车的半轴一般选用 45 钢、40Cr，而重型汽车则用 40MnB、40CrNi 或 40CrMnMo等淬透性较高的合金钢制造。

2. 底盘、车身材料

随着能源和原材料供应的日趋短缺，对汽车节能降耗的要求越来越高。而减轻自重可减少材料消耗和燃油消耗，这在资源、能源的节约和经济价值方面具有非常重要的意义。底盘和车身相对于传动系统来说不是很重要，选材时在满足基本性能的前提下应尽量减轻重量。用铝合金或镁合金代替铸铁，重量可减轻至原来的 1/3~1/4，但并不影响其使用性能。采用新型的比较薄的双相钢板代替普通低碳钢板生产汽车的冲压件，可以减轻自重，但不能降低构件的强度。在车身和某些不太重要的结构件中，采用塑料或纤维增强复合材料代替钢材，也可以降低自重，减少能耗。

11.4　仪器仪表用材的选择分析

仪器仪表一般都由多种零部件组成，如壳体、面板、齿轮、涡轮轴、轴承、弹簧、电子元器件等，种类繁多、性能各异，统一要求是外表美观、小巧、轻便和满足要求的使用性能。壳体及内部零件多在轻载荷下工作，对强度要求不高，但对精度、装饰性、耐蚀性及摩擦件耐磨性的要求很高。这些零部件的工作温度多为 -50~150℃，同时受到大气、水分、润滑油及其他介质的腐蚀作用。可选用的材料有低碳结构钢，如 Q195、Q215、Q235，再用油漆防锈和装饰，可以达到较好的效果；采用马氏体不锈钢、奥氏体不锈钢（如 12Cr13、12Cr18Ni9）则效果更好；工业纯铝 1200（L5）及防锈铝 3A21（LF21）等，以及黄铜 H62等有色金属材料也有很好的装饰效果。

1. 仪器仪表的辊子

仪器仪表的辊子可以使用 Q235 等钢、聚甲醛等工程塑料制造。2A12（LY12）、2A11（LY11）等多用于制造重要且需要耐蚀的轴销等零件。凸轮多用 Q235、45 钢制造。仪器齿轮可用普通碳素钢 Q275 制造。QBe2、QBe1.9、QBe1.7 可用于制造钟表等齿轮。

2. 蜗轮、蜗杆

QAl11-6-6 可用来制造 500℃ 以下工作的蜗轮。硅青铜 QSi3-1 也可用来制造蜗轮、蜗杆。

11.5　模具用材的选择分析

11.5.1　模具材料选择和使用的意义

模具是工业生产中不可缺少的重要工艺装备，是降低成本、提高产品质量和适应规模生产的基础和保证。模具的使用寿命会严重影响工业生产的发展。影响模具使用寿命的因素很多，其中模具材料的选择会严重影响模具的寿命。选择何种原材料是至关重要的。

材料是产品的基础，材料影响着模具产品的功能适用性、耐用度、安全性，在模具及零件的设计、制造过程中，模具设计时，材料确定后，才能安排制造、装配的加工路线和加工工艺方法，以及估算制作成本。通过对各种典型模具的失效分析，设法满足材料的使用性能和工艺性能两方面的要求，找出能影响模具寿命特点的性能指标，然后，以此为依据，针对性地选择模具用钢及热处理工艺。

11.5.2 模具钢的分类及性能要求

表 11-1 为各种模具钢的分类及性能要求。合理选择模具用钢的基本目的是避免模具在服役时出现早期失效，以及在制造时减少废品率。模具用钢的性能水平、材质优劣、使用合理与否等因素，对模具制造的精度、合格品率以及服役时的承载能力、寿命水平，均有密切的关系。

表 11-1 模具钢的性能要求

性　　能	冷作模具钢	热作模具钢	塑料模具钢
耐磨性	●	●	●
强度	●	●	●
韧度	○	●	○
硬度	●	○	○
耐蚀性		○	●
热稳定性	○	●	●
抗热疲劳龟裂		●	
抗氧化性		●	
组织均匀性各向同性	●	●	●
尺寸稳定性(零件精度保持性)	●	●	●
抗黏着(咬合)性、擦伤性	●	○	○
热传导性	○	○	●
工艺性能			
可加工性(冷、热加工成形性)	●	●	●
镜面性和蚀刻性			●
淬透性	●	●	●
淬硬性	●	○	○
焊接性			○
电加工性(包括线切割)		○	○

注：●表示为主要要求，○表示次要要求，空白表示可以不做要求。

11.5.3 冷作模具钢

1. 冷作模具的工作条件

冷作模具主要用于完成金属或非金属材料的冲裁、弯曲、拉伸、镦锻、挤压等工序。由于加载方式及被加工材料的性质、规格不同，各种模具的工作条件差别很大，因而其失效形式也不相同。如各类紧固件的挤压成形是在强烈的三向压应力状态下完成的。凸模既受强大的压应力，又受各种不均衡的侧向力，特别是在凸模尺寸变化应力集中处，易产生脆性断裂。而凹模有胀裂的可能，以及由于金属材料剧烈流动而引起模腔严重磨损。而在冷镦和冷挤压时，冲头承受巨大的压力，凹模则承受巨大的张力，冷镦模工作时，凸模承受强烈的冲击力，其最大压应力可达到 2500MPa；由于金属在型腔中剧烈流动，使冲头和凹模的工作面受到剧烈的摩擦而产生热量，可使模具表面的瞬时温度达到 200~400℃，局部甚至更高。所以冷镦及冷挤压模具要求型腔能承受巨大的压力、张力和摩擦，具有高的变形抗力、高的耐磨性和高的断裂抗力（包括疲劳断裂抗力）。

（1）冲裁模的工作条件　冲裁模主要用于各种板料的冲切成形，模具的工作部位是刃口。冲裁模刃口承受的剪切力大，摩擦发热严重，易磨损，凸模易产生崩刃、折断等。要求刃口在工作中不崩刃、不易变形、不易磨损，保持其完整和锐利。在冲裁中厚钢板时，特别是在厚钢板上冲小孔，冲头的单位压力极大。冲裁模要求刃口强韧性好、耐磨损，即具有高的耐磨性、高的抗崩刃能力、高的断裂抗力及疲劳断裂抗力，冲头尤其具有高的强韧性和耐磨性。

（2）拉伸模的工作条件　拉伸模主要用于对软质板材进行拉伸成形，弯曲模主要用于各种金属零件的弯曲成形，这两个工序的工作应力一般不大，主要要求模具的工作面保持较高的光洁程度，不发生黏附磨损和擦伤。有些模具的形状过于复杂而造成巨大的应力集中时，则要求具有高的断裂抗力。

2. 冷作模具钢

（1）碳素工具钢　在模具制造中，碳素工具钢仍保持着重要地位。碳素工具钢主要优点是价廉易得，易于锻造成形，切削加工性能较好，主要缺点是淬透性差。碳素工具钢的碳含量（质量分数）为 0.65%~1.35%，分 8 个牌号，即 T7、T8、T8Mn、T9、T10、T11、T12 和 T13。其中 T8Mn 是含 Mn 量比常规稍高的特殊牌号，淬透性提高且过热敏感性也略有提高。又依冶金质量分为优质钢和高级优质钢两组，高级优质钢即在牌号后加 A 代表，如 T8A 等。高级优质碳素钢含 S、P 低，分别不大于 0.020% 和 0.030%，Si、Mn 含量也低且范围窄，残余杂质、非金属夹杂物等均低。

此类钢常用来制造精度要求不高、形状简单的小型冷作模具、塑料模具等。

其中 T10A 含碳量比较适中，是最常用于冲压模的有代表性的工具钢，适合制作要求耐磨性较高而承受冲击载荷较小的模具；T7A 适于制作要求较高韧性的小型模具；T8A 钢适于制作小型拉拔、拉深、挤压模具；T12A 钢主要适用于要求高硬度和高耐磨性而对韧性要求不高的切边模等模具。

（2）低合金工模具钢　非合金钢淬透性差，淬火变形大，耐磨性、强韧性和耐回火性都较差，因此不能用于制造形状复杂、精度要求高、承载力较大的工模具。为适应工模具性能需要而发展了高碳低合金钢。

低合金工模具钢主要有 CrWMn 钢、GCr15 钢、9Mn2V 和 6CrNiMnSiMoV 钢等。

1）CrWMn 钢。钢中含质量分数为 1% 左右的 Mn、1% 左右的 Cr 和 1.2%~1.6% 的 W。该钢的硬度、强度、韧性、淬透性及热处理变形倾向均优于碳素工具钢，主要用于轻载冲裁模（料厚<2mm），轻载拉深模及弯曲翻边模等。

2）GCr15。以 GCr15 为代表的高碳铬轴承钢，具有高的抗疲劳性能、高的延展性能、良好的耐磨性，合适的弹性和韧性，具有一定的防锈能力，良好的冷热加工性能以及价格便宜等一系列优点，不但在轴承行业广泛应用，而且常用来制造工具、量具和冷作模具等。

3）9Mn2V 钢。9Mn2V 钢是利用我国丰富的锰、钒资源研制出的不含铬的冷作模具钢，是合金工具钢中唯一不含 Ni、Cr 元素的经济型钢种。9Mn2V 钢冷、热加工性能都比较好。热处理变形较小。一般适用于制造要求变形小，形状较复杂、尺寸较小，轻载荷的冲压模、冷压模、雕刻模、弯曲模和落料模等。制作冲件厚度小于 4mm 的冲压模，刃磨寿命稳定在 2 万~3.5 万次，比碱浴淬火的 T10A 钢提高 50%~150%。

4）6CrNiMnSiMoV 钢。该钢属低合金高强韧性冷作模具钢，代号为 GD 钢，是一种碳化物偏析小而淬透性高的高强韧钢，是空冷微变形模具钢。GD 钢的研制，解决了基体钢淬火温度区间比较窄、一般不能用箱式电炉加热淬火、成本较高的难题。

应用 GD 钢可以取代 CrWMn、Cr12 型、GCr15、9Mn2V 等钢制作冷挤压模、冷弯曲模、冷镦模，精密塑料模、温热挤压模等，尤其在解决强韧性配合方面发挥了重要作用，已经在细长、薄片凸模，形状复杂、大型、薄壁凸凹模、中厚板冲裁模及剪刀片等工模具上应用，寿命分别提高几倍、十几倍、几十倍甚至数百倍。

（3）高碳高铬型微变形冷作模具钢　该类钢的成分特点是高碳量和高铬量，Cr12 钢系列的高铬微变形模具钢，包括 Cr12、Cr12MoV、Cr12Mo1V1 等几个钢种。经常用于制造高耐磨、微变形、高负荷下服役的冷加工用的模具和工具，以 Cr12 和 Cr12MoV 钢应用最广，其中 Cr12Mo1V1 钢的综合性能最好。

1）Cr12 钢。该钢是高碳高铬型冷作模具钢的代表性牌号之一，属于莱氏体钢。Cr12 钢主要用于要求高耐磨，受冲击载荷较小的冲压模工作零件（凸模、凹模、冷挤压模的凹模等），由于冲击韧度差，导热性和高温塑性也差，具有明显的缺点，使用受到一定限制。近来逐渐被更优秀的钢种如 Cr12MoV、Cr12Mo1V1 或基体钢所取代。

2）Cr12MoV。该钢是由 Cr12 钢发展起来的。由于添加了 Mo 和 V，可以有更好的淬透性和韧性，淬火变形很小，热稳定性、强韧性、微变形性均强于 Cr12 钢。在 300~400℃仍能保持良好的硬度和耐磨性。

Cr12MoV 钢是 Cr12 系列中应用最广泛的钢，几乎应用于所有冷作模具中，由于有比 Cr12 钢更好的性能，主要用于制作截面较大、形状复杂、经受较大冲击的各类冷作模具。

3）Cr12Mo1V1 钢。该钢是国际上广泛采用的高碳高铬型冷作模具钢，属莱氏体钢。该钢的用途与 Cr12MoV 相同。由于含有 Co 元素及较高含量的 Mo、V 元素，提高了强韧性，可用于比 Cr12MoV 要求更高的模具零件。实践表明，用 Cr12Mo1V1 钢制作的冲裁模、滚丝模和滚轧轮等的性能均比 Cr12MoV 钢提高 5~6 倍。

（4）高速工具钢　由于高速工具钢有很高的硬度、抗压强度和耐磨性能，除用于制作高速切削刀具外，也常用于制造要求承受重负荷、加工硬材质及要求一定热硬性的冷、热模具，采用低温淬火、快速加热淬火等工艺措施可以有效改善其韧性。

由于高速工具钢的抗压强度、耐磨性及承载能力相当高，所以主要用于冷作模具中的重载荷凸模，如冷挤压凸模、重载冷镦凸模、中厚钢板冲孔凸模，以及各种用于冲裁奥氏体钢、弹簧钢、高强度钢板的中小型凸模。但高速工具钢中合金元素含量高导致价格贵、工艺性能不佳，使其应用受到一定限制。降碳高速工具钢 6W6Mo5Cr4V2 用于取代高速工具钢或 Cr12 型钢制作易于脆断或劈裂的冷挤压凸模或冷镦凸模，可以成倍提高使用寿命，用于大规格的圆钢下料的剪刀寿命可提高数十倍。如精冲模的凸模、凹模，下料冲孔模，冷挤压和温挤压的凸模凹模，热挤压（Al、Mg、Cu 合金）的芯棒、镶块等。

（5）基体钢　高速工具钢虽然具有较高的强度、硬度、热硬性和耐磨性，但韧性不足，这也是莱氏体钢的普遍缺点。低合金工模具钢虽然具有较高的韧性和塑性，但强度、热硬性和耐磨性都不及高速工具钢。如果钢既有高速工具钢的强度、热硬性、耐磨性，又具有低合金工模具钢的韧性和塑性，将是理想的模具材料，这就研发出了所谓"基体钢"。

基体钢多以 W6Mo5Cr4V2 高速工具钢为母体，以各种方式加以改型，允许基体钢中含有体积分数为 5% 左右的剩余碳化物，一方面可以增加耐磨性，另一方面可防止高温加热时晶粒长大；适当增添少量合金元素，例如钛、镍、硅、锰、钼、铌等加以改型，形成目前已经推向市场的基体钢系列新钢种，简称"基体钢"。下面介绍两种基体钢。

1）6Cr4W3Mo2VNb（65Nb）钢　该钢是以 W6Mo5Cr4V2 高速工具钢为母体，在其淬火基体成分基础上，适当增加含碳量，并用少量铌合金化的改型基体钢。该钢碳质量分数的中限为 0.65%，又增加了少量的铌，故代号为 65Nb。

65Nb 钢是一种高强韧冷热兼用模具钢。以冷作模具为主，有时也用于热作模具。65Nb 钢制作冷挤模、冷镦模时不易开裂，制作形状复杂的有色金属冷挤压模，单位挤压力为 2500MPa 左右的黑色金属冷挤压模，以及轴承、标准件行业的冷镦模，特别适用于复杂、大型或难变形金属的冷挤压模具和受冲击负荷较大的冷镦模具，使用寿命比现用的 Cr12MoV 等模具钢及高速工具钢模具成倍提高。

2）5Cr4Mo3SiMnVA1 钢。该钢代号为 012Al，是一种以 W6Mo5Cr4V2 高速工具钢为母体的基体钢。012Al 模具钢综合性能好、强韧性高、冷热兼用、通用性强，在替代 Cr12MoV 及 3Cr2W8V 钢制作冷、热作模具方面均取得很好的效果。

作为冷作模具钢，012Al 钢比较适合受强烈冲击的模具，特别是标准件行业所用的冲模，可以充分发挥高强韧性的特点。012Al 钢的耐磨性不及莱氏体钢，最好进行表面化学热处理，特别是渗氮或氮碳共渗处理，可以有效地提高模具的耐磨性能。作为冷、热兼用型模具钢，012Al 钢已在轴承热挤压冲头、传动杆热镦模、内六角凸模等方面得到成功应用，效果良好，模具使用寿命有较大幅度的提高。

11.5.4　热作模具钢

热作模具使用的环境和条件有其特殊性，它除了有冷作模具常出现的磨损、断裂和变形等基本失效形式外，更多的会出现冷热疲劳、塌陷和热浸蚀等失效形式。由于下模受热影响大，并且压制型腔都较复杂及下模可能产生较大的偏斜，约 80% 的失效发生在下模。

1. 热作模具的工作条件

热作模具可分为四类：锤锻模、压力机锻模、挤压模和压铸模，它们的工作条件差别颇大。

（1）锤锻模的工作条件　各种吨位的锻锤产生巨大的冲击功使毛坯成形。随着锻锤吨位的增加，模具承受的冲击载荷也越大。此外，在工作过程中，模具还受到很大的压力。由于模具型腔的形状不同，各部位将处于复杂的应力状态，即有拉应力、压应力和弯曲应力等。在锤锻时，由于工件塑性变形而引起流动，导致工件与模具间产生摩擦。热塑性变形时，摩擦力与压力之间不存在比例关系，材料所能承受的最大摩擦力决定于材料的屈服强度。摩擦对模具寿命有重要的影响，常使模具产生磨损，使模具型腔尺寸超差而报废。这种磨损还因模具在工作过程中被氧化而加剧。

由于模具型腔与热毛坯金属接触，毛坯金属的热量及变形过程中与型腔表面摩擦生成的热量等都传给了模具型腔，而毛坯的加热温度越高，持续工作的时间越长，则模具型腔受热程度越高。在锻压过程中，模具型腔中凸台或凸起的部位受热温度较高，型腔表面温度可达 $500 \sim 600℃$ ，有的局部甚至达到 $750℃$ 。如果模具材料的导热性能不好，将加速型腔的温升。

模具受热后，型腔表面到模具心部的温度分布是不均匀的，表面温度高于心部，由于模具中温度分布不均匀，会出现内应力，使模具产生变形或开裂。距型腔表面 $2 \sim 4mm$ 处温度较高，再向内温度逐渐降低。模具温度升高后，必将对模具材料的组织及性能有重要的影响，一般应使模具的工作温度低于回火温度，模具型腔的温度如未超过模具的回火温度，模具在工作过程中，组织与性能不会发生明显的变化。如模具型腔的温度超过模具钢的相变点，在模具冷却时将发生相变。这种相变除了会引起模具性能变化外，还带来较大的内应力。

对于模具型腔表面薄层，是在急冷、急热循环交替的条件下工作的，会引起热应力及热疲劳。锻造黑色金属时，由于加工温度高，模具的工作温度升高，常使模具发生热软化、热磨损、热疲劳等损伤。锻造高温合金及高合金钢时，由于它们具有较高的高温强度，使模具的载荷增大，常使模具断裂而报废。

锻压凹模的模壁承受很大的切向拉应力，特别是凹模型腔表面出现热疲劳裂纹后，原来光滑的凹模成为含有大量表面裂纹的凹模，这将严重损害凹模的断裂抗力。采用各种形式的组合式凹模，凹模寿命可望得到大幅度提高。

（2）热挤压模具的工作条件　根据被加工毛坯的性质，可将热挤压模划分为机器零件挤压模和型材挤压模两类。根据被挤压金属的流动方向和冲头运动的方向不同可分为：挤压时金属的流动方向与冲头的运动方向相同时的正挤压；挤压时金属的流动方向与冲头的运动方向相反时的反挤压；挤压时金属同时向两个方向流动的复合挤压；挤压时金属流动方向与冲头运动方向成 $90°$ 的径向挤压。

由于热挤压模具和被挤压金属的接触时间较长，因而热挤压模具的工作温度高于锤锻模。反挤或复合挤压时，由于模具与工件的摩擦加剧，模具的温升大于正挤压，如果存在氧化皮等硬颗粒，这种摩擦将加剧，热挤压模具的摩擦比锤锻模要严重。

2. 热作模具常见失效形式

（1）热磨损失效　热作模具型腔内的磨损与冷作模具磨损的形成因素不同。热锻模的磨损，主要是模具与被加工的红热金属坯料之间的摩擦得不到润滑，被红热的金属坯料氧化，型腔表面层被软化，而氧化又加剧了磨损，同时发生氧化磨损和黏着磨损。磨损不仅破坏模具的尺寸精度并使锻件超差，又使模具表面出现擦伤沟槽，因而破坏锻件的表面光洁度。此外，擦伤沟槽又是热疲劳裂纹的萌生处。由于擦伤沟槽破坏了锻件的光洁度，或由于擦伤沟槽诱发了热疲劳开裂而使模具失效。

（2）断裂失效　断裂和开裂失效在热锻模中占总失效数的 $20\% \sim 25\%$ ，在压铸模中占 $5\% \sim 10\%$ 。由于断裂往往具有突发性，在危害模具寿命的失效事故中，以早期断裂最普遍。发生早期断裂失效的模具，其寿命往往很短，其锻压次数多则千余次，少则数百次甚至数十次。

（3）型面堆塌　模具在服役过程中，模腔型面变形下塌，使被加工零件尺寸超差，从而造成模具失效。这种失效形式主要出现在热锻模和热辊锻模上，尤其是热锻模的下模。锻压黑色金属的模具，被锻毛坯的温度为 1000℃ 以上，模具表面与高温毛坯接触时，将会有大量的热量传到模具表面。下模受热影响更大，容易使其型腔表面软化、变形，导致塌陷。

（4）腐蚀　腐蚀又称为冲蚀、熔蚀或浸蚀，腐蚀是热作模具特有的损坏形式。压铸模在服役过程中，熔融金属被注入型腔，被高温金属液冲刷的模具部位产生冲蚀，特别是当金属液以高速高温注入（压铸）时，尤为严重。在压铸模具中常会引起冲蚀，这是在高温下模具受到液体金属的物理和化学作用，在模具表面产生腐蚀现象。

3. 低耐热热作模具钢

低耐热热作模具钢主要用于制造各种尺寸的热锤锻模、热切边模、热弯曲模、平锻模和压力机锻模等。低耐热热作模具钢所能承受的工作温度较低，一般为 350~500℃，且多为低合金钢。常用低耐热热作模具钢的牌号有 5CrNiMo 及 5CrMnMo。

（1）5CrNiMo 钢　该钢是低合金热作模具钢的代表性牌号，比 5CrMnMo 钢应用更早，至今仍有较广泛应用。由于含 Ni，可以较大幅度地提高钢的强度和韧性，该钢比 5CrMnMo 有更好的塑性、韧性和强度，尺寸效应不敏感。有一定的耐磨性，淬透性良好。5CrNiMo 钢有白点敏感性，耐回火性也不太高。由于碳化物形成元素含量低，二次硬化效应微弱，热稳定性差，高温强度低。

该钢具有高的韧性、淬透性，较高的耐磨性以及良好的高温强度。可用来制造各种形状复杂的中大型锻模，也可用于热切边模。主要用于中小型锻模，而且工作温度低于 500℃。

（2）5CrMnMo 钢　该钢是传统的热锻模钢，由于使用较早，被更多的人所熟悉，至今仍广泛使用。该钢韧性高，淬透性较好，有一定的耐磨性，但热强性较差，主要用于中、小型模具。适用于制造要求较高强度和耐磨性，有一定韧性要求的各种中、小型锤锻模及部分压力机模块，也可用于工作温度低于 400℃ 的其他小型热作模具。

4. 中耐热热作模具钢

这类钢与低耐热高韧性热作模具钢相比，主要特点是含有较多的铬、钼、钒、钨等碳化物形成元素及含碳量较低（$w_C = 0.2\% \sim 0.45\%$）。由于钢中含有较多的铬元素，因而具有很好的淬透性，直径 100mm 的棒材在空冷淬火时可以完全淬透，故被称为空冷硬化热作模具钢。在截面尺寸小于 150mm 时具有与 5CrNiMo 钢相近的韧性，而在工作温度为 500~600℃时却具有更高的硬度、热强性和耐磨性，因此中耐热韧性模具钢广泛用于制造锤锻模、热挤压模及心棒、压力机模、精锻机模及镶块、铝合金和铜合金压铸模、高速锤锻模等。

（1）4Cr5MoSiV 钢　该钢为一种空冷硬化热作模具钢。在较低的奥氏体化温度条件下进行空淬，热处理变形小，由于钢中含有较高的硅，淬火加热时在钢表面形成一层又硬又黏的氧化硅薄膜，阻止了钢的继续氧化，因而空冷淬火时产生氧化铁皮的倾向小，而且可以抵抗熔融铝的冲蚀作用。

4Cr5MoSiV 钢在中温（≤600℃）条件下，具有较高的热强度、热疲劳性能，高的韧性和一定的耐磨性。是一种空冷硬化的热作模具钢。

该钢材可用于铝合金压铸模成形零件或镶块、热挤压模和穿孔用的工具和芯棒，汽车、拖拉机、五金工具等行业的机锻模、辊锻模。

（2）4Cr5MoSiV1（H13）钢　该钢材是 $w_{Cr} = 5\%$ 的中合金热作模具钢的代表性牌号，目前是我国应用最广泛的热作模具钢。热强度和硬度较高，在中温条件下具有较高的热强度、热疲劳性能，高的韧性和一定的耐磨性。用其制作的模具可以保证压铸件外观质量。是一种强韧兼备的质优价廉钢种，既可用作热锻模材料，也可在模腔温升低于600℃的工况下用作压铸模材料。

该钢材广泛用于制造热挤压模具与芯棒，模锻锤的锻模，锻造压力机模具，精锻机用模具镶块以及铝、铜及其合金的压铸模等。该钢有良好的渗氮工艺性能，渗氮后可进一步提高耐磨性和耐蚀性，压铸模成形零件最终经渗氮处理已经广泛应用。

（3）4Cr5W2VSi钢　该钢材是空冷硬化的热作模具钢，是w_{Cr}=5%系列中钨系钢种，由4Cr5MoSiV钢演变而来，以2%W代1%Mo，所以对脱碳不太敏感。

4Cr5W2VSi钢有较高的热稳定性（最高600~610℃），适用于制造热挤压用的模具和芯棒，铝、锌等轻金属的压铸模，热顶锻结构钢和耐热钢用的工具，以及成形某些零件用的高速锤用模具。

5. 高耐热热作模具钢

高耐热热作模具钢含碳量不高，但合金含量高，为8%~11%（质量分数）甚至更高质量分数。这类钢有高的耐热性，即高的高温强度和高温硬度，可以在600~700℃高温下工作，同时具有高的耐磨性、淬透性，有强烈的二次硬化效果、高的抗耐回火性、较高的抗疲劳性和断裂韧度。适用于制造热冲凸凹模、热挤压模与芯棒、铜合金和黑色金属压铸模、热剪切刃和搓丝板等。下面介绍几种常用的高耐热性热作模具钢。

（1）3Cr2W8V钢　该钢具有良好的淬透性、导热性，较高的韧性和一定的硬度。钨含量较高，可提高耐回火性、热硬性以及高温（600~700℃）强度、硬度和耐磨性。但其冷热疲劳抗力差，在急冷急热交变条件下工作时容易产生冷热疲劳裂纹而失效。

该钢广泛用于制作高温、高压应力而冲击负荷不大的热挤压凸模和凹模，铜、铝及其合金压铸模，也可用作同时承受较大压应力、弯应力、拉应力的模具，如反挤压的模具等。

（2）5Cr4W5Mo2V钢　该钢是我国研制的新型高热强性热作模具钢，代号RM2，属于基体钢类型的热作模具钢。它综合了高速工具钢的高热硬性、高温强度、高耐磨性和一般低合金工具钢的韧性。可代替3Cr2W8V钢，用来制造要求高的耐热性、耐磨性而韧性较低的形状不复杂的模具。适于制作汽车、轴承、轻工业产品等行业的精制模、压印模、凸缘热冲模、辊锻模、热挤压凸模及热切底模、热切边模、辊锻模等模具。比3Cr2W8V钢制造的同类模具零件，寿命普遍提高2~3倍，个别模具可提高10~20倍。

（3）6Cr4Mo3N12WV钢（CG-2）　该钢是我国研制的基体钢类型的新型热作、冷作兼用的模具钢。该钢是在M2高速工具钢基体的基础上提高了基体的强度和韧性，有强度高、热硬性好、韧度也好的综合性能。有比3Cr2W8V钢更高的强度，比高速工具钢高的韧性。CG-2钢是冷热兼用型模具钢，一般用于热挤压轴承圈、冲头、热挤压凹模、热冲模、精锻模、冷镦模的凹模、冲头等。

该钢适于制造热镦、精锻、高速锻等热锻模具。成功应用于在齿轮高速锻造、精密锻造、轴承套圈热挤压、标准件热镦锻、小型机锻模、辊锻模等热锻模具上。与3Cr2W8V对比，各类模具使用寿命均有数倍至数十倍的大幅度提高。

（4）3Cr3Mo3W2V（HM1）　该钢材与3Cr2W8V钢相比，该钢以钼代钨，含钨量大大降低，同时铬、钒的含量有适当的增加，使该钢具有优良的强韧性，在保持高强度和高热稳定性的同时，还具有良好耐热疲劳性，其抗耐回火性、抗磨损性能均优于 3Cr2W8V 钢，且热疲劳抗力要高很多，适用于高温、高负荷、急热急冷、水冷条件下工作的压力机和轴承环热锻凹模、成形辊锻模，高强度和高热强钢零件的精锻模，铝和铜合金的压铸模，热挤压等模具零件，使用寿命可比 3Cr2W8V 及 5CrNiMoV 钢制模具提高 1~4 倍。如用作轴承套圈毛坯热挤压凸模、凹模，辗压辊及辊锻模均取得显著效果，模具平均寿命为 1~2 万件，最高 3 万件以上，比原用 3Cr2W8V 钢及 5CrMnMo 钢等钢种，模具寿命普遍提高 2~5 倍。

（5）4Cr3Mo2MnVB 钢（ER8）　它是一种空冷硬化热作模具钢，ER8 钢的热强性和热疲劳抗力都优于 4Cr5Mo2MnVSi 钢，高低温韧性均优于 HD 钢。该钢的应用与 HD 钢基本相同，可以用在比 HD 要求韧性更高的场合。在铜、铝合金的压铸模上获得了比较满意的效果。

11.5.5　塑料模具材料

塑料模一般有凸模、凹模、型芯、镶块、成型杆和成型环等，这些零部件构成了塑料模的型腔，用来成型塑料制品的各种表面，它们与塑料直接接触，经受压力、温度、摩擦和腐蚀等作用。

1. 塑料模的分类

按照塑料件的原材料性能和成形方法不同，可把塑料模分为两大类。

（1）热固性塑料模　热固性塑料模主要用于压缩、传递和注塑成形制品零件，包括压缩模、传递模、注射模三种类型，注射模较少用于热固性塑料件成形。常用的热固性塑料有酚醛塑料（即胶木）、氨基聚酯、环氧树脂、聚邻苯二甲酸二烯丙酯（PDAP）、有机硅塑料、硅酮塑料等。

（2）热塑性塑料模　热塑性塑料模主要用于热塑性塑料注射成形和挤出成形。热塑性塑料主要有：聚酰胺、聚甲醛、聚乙烯、聚丙烯、聚碳酸酯等。这些塑料在一定压力下在模内成形冷却后可保持已成形的形状，如果再次加热又可软化熔融再次成形。此类模具还包括中空吹塑模具、真空成形模具。

2. 塑料模的工作条件

（1）热固性塑料压缩模

1）工作条件。这种塑料的工作温度一般为 160~250℃，工作时模腔承受单位压力大，一般为 160~200MPa，个别情况要达到 600MPa。工作中型腔面易磨损、腐蚀，脱模、合模时受到较大的冲击负荷。

2）工作特点。该类模具可压制各种胶木粉制件，在原料中加入一定量的粉末填充剂，在热压状态下成形。所以热负荷和机械负荷都较大，而填充剂会使模腔磨损严重。

（2）热塑性塑料注射模

1）工作条件。这类塑料模的工作温度低于 150℃，承受的工作压力没有压缩模大，磨损没有压缩模严重。有部分塑料在加热后的熔融状态下能分解出氯化氢或氟化氢气体，对模具型腔面有较大的腐蚀性。

2）工作特点。这类塑料模在加热成形时一般不含固体填料，所以入型腔时射流润滑，对型腔磨损小。如果含有玻璃纤维填料，则大大加剧对流道和型腔面的磨损。

3. 塑料模常见的失效形式

（1）磨损　热固性塑料中一般含有一定量的固体填充剂，在加热后软化、熔融的塑料中成为"硬质点"，冲入模具型腔后，与模具型腔表面摩擦较大，致使型腔表面拉毛，表面粗糙度值变大而失去光泽，这会影响塑料制件的外观质量。所以，一发现模具型腔表面有拉毛现象，应及时卸下抛光。而经多次抛光后型腔扩大，对尺寸要求严格的塑料件即将超差而失效。

（2）腐蚀　因不少塑料中含有氯、氟等元素，加热至熔融状态后会分解出氯化氢或氟化氢等腐蚀性气体，腐蚀模具型腔表面，这就加大了其表面粗糙度值，也加剧了模具型腔的磨损，从而导致失效。

（3）塑性变形　模具在持续受热、受压条件下长期工作后，会发生局部塑性变形而失效。例如，生产中常用的渗碳钢或碳素工具钢制胶木模，在棱角处受负荷最大而产生塑性变形，出现表面起皱、凹陷、麻点甚至棱角塌歪等；或者分型面变形间隙扩大导致飞边增大而使塑件报废。如果是小型模具在大吨位压力机上超载使用，更容易出现这种失效形式。

（4）断裂塑料模具　模具一般有多处凹槽、薄边等，易造成应力集中，当韧性不足时，会导致开裂。断裂的主要原因是由于结构温差产生的结构应力、热应力，或回火不足，在使用温度下残留奥氏体转变为马氏体，引起局部体积膨胀，在模具内产生较大的组织应力所致。

4. 对塑料模具材料的性能要求

根据上述各类塑料模的工作条件和失效形式，塑料模具材料应有下列性能要求。

（1）使用性能要求

1）足够的强度和硬度，使模具能承受工作时的负荷而不会发生变形。通常塑料模的硬度为38~55HRC。形状简单，抛光性能要求高的，工作硬度可取高些；反之，可取低些。

2）良好的耐磨性和耐蚀性，使模具型腔的抛光表面粗糙度和尺寸精度能保持长期使用而不改变。

3）足够的韧性，这是保证模具在使用过程中不会过早开裂的重要指标。

4）较好的耐热性能和尺寸稳定性。要求模具材料有较低的膨胀系数和稳定组织。塑料模具材料中钢的膨胀系数较小，铍青铜次之，铝合金和锌合金的膨胀系数则较大。

5）良好的导热性，使塑料制件尽快地在模具中冷却成形。

（2）工艺性能　随着塑料制品种类的增加和质量要求的提高，以及塑料制品成形工艺趋向高速化、大型化、精密化和多型腔化，对塑料模具材料提出了较高的加工工艺要求。

1）机械加工性能。塑料模具型腔的几何形状大多比较复杂，型腔表面质量要求高，难加工部位相当多，因此，塑料模具材料应具有优良的可加工性和磨削加工性能。

2）焊接性能。塑料模型腔在加工受到损伤时，或在使用中被磨损需要修复时，常采用焊补的方法（局部堆焊），因此模具材料要有较好的焊接性能。

3）热处理工艺性能。热处理工艺应简单，材料有足够的淬透性和淬硬性，变形开裂倾向小，工艺质量稳定。

4）镜面抛光性能。镜面抛光性能不好的材料，在抛光时会形成针眼、空洞和斑痕等缺陷。

5）电加工性能。有时，模具材料在电加工过程中会出现一般机械加工不会出现的问题。模具材料必须要有良好的电加工性能。

5. 塑料模具用钢及选用

随着高性能塑料技术的不断发展和需求的持续提高，塑料制品的种类日益增多，制品向精密化、大型化、复杂化方向发展，生产向高速化发展，因此模具的工作条件也越来越复杂。以往人们为了保证一般精度塑料模具成本低廉而常选用碳素钢，但碳素钢在热处理过程中很难控制变形，为了使模具精度符合要求，往往不经最终淬火、回火热处理加工，机加工成形后即交付使用，因而模具表面粗糙度较差，图案花纹容易磨损，模具的寿命也不高；而精密塑料模具通常采用合金工具钢制造，由于加工工艺性能差，难于加工复杂的型腔，有时热处理变形问题也无法克服，因此，许多关键部件的塑料模具材料还常依赖于进口的专用塑料模具钢。我国塑料模具用钢量很大，塑料模具用钢约占全部模具用钢的一半以上，为了解决钢材性能与加工精度之间的矛盾，国内有关科研院所和大专院校对专用塑料模具钢进行了研制，并取得了一定进展，目前已有部分商品进入市场，获得一定的效益。国产系列塑料模具钢将在机械、电子、仪表、轻工、塑料等行业普遍推广。

由于我国塑料模具专门用钢体系建立时间不长，作为塑料模具专用钢（牌号前加前缀SM）并已纳入标准的仅有十余个，是在优质碳素结构钢、合金结构钢、合金工具钢、不锈钢的基础上经特殊冶炼和加工而成，以满足塑料模具的特殊要求。塑料模具专门用钢即SM45、SM48、SM50、SM53、SM55、SM1 Cr2Mo、SM3Cr2NilMo、SM2CrNi3MoAl1S、SM4Cr5MoSiV、SM4Cr5MoSiV1、SMCr12Mo1V1、SM2Cr13、SM4Cr13、SM3Cr17Mo 等。

塑料专用钢的基本力学性能和热处理工艺与原钢种差别不大。因此，部分牌号的基本性能仍沿用一般的性能数据，有差异的则加以指明。例如 SM1CrNi3 钢和合金结构钢12CrNi3A。表 11-2 为根据塑料品种选用模具钢。

表 11-2　根据塑料品种选用模具钢

用途		代表的塑料及制品		模具要求	选用钢材
一般热塑性塑料	一般	ABS	电视机壳、音响设备	高强度耐磨性	SM50、40Cr SM2、8CMn SM20CrNi3MoAll1S
		聚丙烯	电扇扇叶、容器		
	表面有花纹	ABS	汽车仪表盘、化妆品容器	高强度耐磨性抛光性	PMS SM20CrNi3MoAll1S （SM2）
	透明件	有机玻璃 AS	唱机罩 仪表罩 汽车灯罩	高强度耐磨性抛光性	5NiSCa SM2、PMS P20
增强塑料	热塑性	POM PC	工程塑料制件 电动上具外壳 汽车仪表盘	高耐磨性	65Nb、8CrMn、PMS、SM2
	热同性	酚醛 环氧	齿轮等		65Nb、8CrMn、06NiTi2Cr 06Ni6CrMoVTiAl
阻燃型物件		ABS+阻燃剂	电视机壳 收录机壳	耐腐蚀	PCR
聚氯乙烯		PVC	电话 阀门管件、门把手	强度及耐蚀性	38CrMOAl PCR

（续）

用途	代表的塑料及制品	模具要求	选用钢材
光学透镜	有机玻璃 聚苯乙烯	镜头 放大镜	抛光性及防锈性	PMS、8CrMn PCR

11.6 化工设备用材选材分析

11.6.1 化工设备用材料

化工设备的类型有很多种，例如各种塔、换热器、反应器、储存罐、泵、压缩机等，它们有各自不同的功能与相应的特殊结构。设备的使用条件复杂，操作压力从真空、常压、高压到超高压，使用温度从极低温（-200℃）、常温、中温到高温（1000℃），处理介质从气体、液体、固体到液-固混合流体，接触的物料常有易燃、易爆、剧毒、腐蚀或磨损等特性。

不同的使用条件对材料的要求也不同，很多设备在常温、常压下运转，处理的介质常为液体和液-固、气-固混合流体，设备容易出现腐蚀、磨损、冲刷方面的问题；常温、高压下使用的设备，特别是焊接结构的容器，容易发生脆性断裂、疲劳和应力腐蚀破坏；高温、高压下使用的设备，除高压施加给材料的应力作用外，高温还会使材料软化、强度降低，而且高温气体与金属反应易造成氧化、硫化或脱碳，形成高温腐蚀；低温条件下使用的设备，特别是碳钢，容易发生低温脆性断裂。

不同类型的设备对材料的要求也不同，有的要求良好的力学性能和加工工艺性能，有的要求良好的耐蚀性能，有的要求耐高温或低温等。如压力容器常因为裂纹扩展发生脆性断裂而失效，因此要求材料具有足够的强度、韧性，还要有良好的冷成形性和焊接性能；换热器除了要求耐高压、耐高温、耐蚀外，还要有良好的导热性能；塔设备与流动介质接触，要求耐高温、耐蚀、耐磨损，还要有良好的加工工艺性能等。

目前，化工设备的主要用材是金属材料，此外还大量使用非金属材料及复合材料等。

11.6.2 压力容器用钢

1. 碳素钢和低合金高强钢

换热器、反应器、储存罐等化工设备都有容纳工作物料与操作内件的工作空间，这些工作空间由承载外壳形成并限定大小，承载外壳即压力容器。压力容器不仅承受工作压力，同时还承受温度、介质腐蚀和流体冲刷等作用。压力容器用钢要求具有较高的强度、足够的塑性和韧性、良好的加工工艺性能和焊接性能以及较低的缺口敏感性。

压力容器常用碳素钢和低合金高强钢。对于中低压的薄壁容器，常用低碳钢作为结构材料，虽然强度低，但仍能满足一般压力容器要求，而且价格低廉，因此得到广泛应用。常用低碳钢牌号为 Q235A、Q235B、Q235C 及 Q245R。

低合金高强钢钢板常用牌号为 Q345R、14Cr1MoR、12Cr2Mo1R、18MnMoNbR、13MnNiMoNbR、07MnCrMoVR 等。Q345R（屈服强度 350MPa）是我国压力容器专用钢板中使用量最大的一个牌号，主要用于制造 20~400℃ 的中低压压力容器壳体及承压构件、液化石油气瓶及中小型球罐。14Cr1MoR 主要用于制造承受较高压力的大型储存罐、高压容器内筒及层板、锅炉汽包等；12Cr2Mo1R 大多用于制造氧气球罐；18MnMoNbR 主要用于制造高压容器承压壳体，如氨合成塔、尿素合成塔等；13MnNiMoNbR 是目前单层卷焊厚壁压力容器的一个较理想的牌号；07MnCrMoVR 是制造大型球罐的主要钢种。

2. 耐蚀钢

化工设备往往在酸、碱、盐及各种活动性气体等介质中使用，约 60% 的过程装备失效都与腐蚀有关，因此化工设备对材料的耐蚀性能有较高的要求。

（1）铬不锈钢　马氏体型铬不锈钢如 12Cr13、20Cr13、30Cr13、40Cr13 等，在大气中有优良的耐均匀腐蚀性能，在室温下，对弱的腐蚀性介质也有较好的耐蚀性，因此，在化工设备中可用作耐弱蚀介质零件，如水压机阀、螺栓、活塞杆、热液压泵轴等。

铁素体型铬不锈钢如 06Cr13、10Cr17Ti 等，耐稀硝酸和硫化氢气体腐蚀，常用来代替铬镍不锈钢，如用于维纶生产中耐冷醋酸和防铁锈污染产品的耐蚀设备。

（2）铬镍不锈钢　奥氏体型铬镍不锈钢固溶处理后具有单一奥氏体组织，具有优良的耐蚀性能，较好的高温及低温强度、韧性、焊接性能较好，是耐蚀钢材中综合性能最好的一类，因此得到广泛使用。12Cr18Ni9、06Cr19Ni10、022Cr19Ni10 等 18-8 型是这类钢的基础钢种，在其基础上通过添加钼、钛、铌、铜等元素发展了 06Cr17Ni12Mo2、022Cr17Ni12Mo2、 06Cr19Ni13Mo3、 022Cr19Ni13Mo3、 06Cr18Ni11Ti、 06Cr18Ni11Nb、06Cr17Ni13Mo3Cu2 等钢种。只含铬、镍的奥氏体不锈钢在氧化性腐蚀介质（如硝酸）中具有很高的耐蚀性，添加钼的钢对氯离子有较强的抵抗力，同时添加钼、铜的铬镍奥氏体不锈钢在稀硫酸中具有较高的化学稳定性。

（3）耐氢、氮、氨腐蚀用钢　在常温下氢对钢没有明显的腐蚀，但在氨合成、炼油厂催化重整和加氢工艺中，在铁的催化作用下，中温的氢、氮、氨分子能分解成氢原子和氮原子，它们在高压作用下能够渗入钢中。氢原子与钢中的碳反应生成甲烷，使钢脱碳并产生大量的晶界裂纹和鼓泡，使钢的强度和塑性显著降低，导致钢严重脆化，发生氢腐蚀；氮原子与钢中金属元素化合生成氮化物，这种氮化物很脆，腐蚀严重时，钢材极易发生脆裂。而且氮化对氢腐蚀有促进作用，使氢腐蚀进一步加速。

目前氢、氮、氨同时存在的工艺环境主要是合成氨，一般在 220℃ 以下可以不考虑氢腐蚀和氮化的问题；350℃ 以下可以不考虑氮化的问题，采用低铬、钼的抗氢钢，如 15CrMo、20CrMo 等；在 350℃ 以上使用时应同时考虑氢腐蚀和氮化的问题，10MoWVNb、10MoVNbTi、14MnMoVBRE 等钢种对抗氢、氮、氨腐蚀性能较好。

3. 耐热钢

耐热钢往往应用于高温。所谓高温，常指高于 450℃ 的工作温度，450℃ 以下一般使用碳钢（常用钢号 Q245R），450~800℃ 常使用耐热钢，其在高温下能保持热稳定性和热强性。

（1）珠光体耐热钢　这类钢膨胀系数小，导热性能好，具有良好的冷、热加工性能和焊接性能，广泛用于制造工作温度小于 600℃ 的锅炉及管道、压力容器、汽轮机转子等，常用钢号有 15CrMo、12Cr1MoV 等。

（2）马氏体耐热钢　低碳高铬型马氏体耐热钢，如 14Cr11MoV、15Cr12WMoV 等，在 500℃ 以下具有良好的蠕变抗力和消振性，适宜制造汽轮机叶片，又称叶片钢。中碳铬硅型，如 42Cr9Si2、40Cr10Si2Mo 等，主要用于制造使用温度低于 750℃ 的发动机排气阀，又称气阀钢。

（3）铁素体耐热钢　此类钢抗氧化性强，使用温度可超过 800℃，但高温强度低，焊接性能差，脆性大，多用于受力不大的加热锅炉构件。常用牌号有 10Cr17、06Cr13Al 等。

（4）奥氏体耐热钢　这类钢具有高的热强性和抗氧化性，高的塑性和韧性，良好的焊接性和冷成形性，主要用于制造使用温度在 600~850℃ 的高压锅炉过热器、承压反应管、发动机气阀、汽轮机叶片、叶轮等。常用牌号有 06Cr19Ni10、06Cr18Ni11Ti、06Cr17Ni12Mo2、06Cr25Ni20 等。奥氏体耐热钢一般采用固溶处理。

4. 低温用钢

一般使用温度在 0℃ 以下称为低温。在化工生产中，深冷分离、空气分离、润滑油脱脂、液化石油气储存等设备常处于低温状态，寒冷地区的过程装备及构件也常在低温下使用，导致设备易发生脆性断裂，因此对低温材料的强韧性要求较高。低温材料普遍使用低合金钢、镍钢、铬镍奥氏体钢，也有使用钛合金、铝合金等有色金属。

（1）低合金低温用钢　常用 16MnDR、09Mn2VDR 等。16MnDR 钢板可在 -40℃ 使用，09Mn2VDR 钢板在 -70℃ 使用具有良好的低温韧性。

（2）镍钢　镍的质量分数通常有 2.25%、3.5% 和 9% 三种，目前没有国内牌号。

在 -60℃ 使用 2.25% 的镍钢最为经济，在 -100℃ 通常使用 3.5% 的镍钢，常用作低温热交换器的钢管。9% 的镍钢可在 -200℃ 的低温下使用。

（3）奥氏体钢　Fe-Mn-Al 型奥氏体钢在低温下有良好的塑性和韧性，加工工艺性能较好，与 18-8 型奥氏体不锈钢相似。20Mn23Al 可在 -196℃ 使用，15Mn26A14 可在 -253℃ 使用。

（4）铬镍奥氏体不锈钢　铬镍奥氏体不锈钢在深冷条件下被广泛采用，常用的 06Cr19Ni10、12Cr18Ni9 等可在 -200℃ 以下的低温使用。

5. 有色金属

应用于化工设备的有色金属主要有铜、铝、镍等金属及其合金。

（1）铜及铜合金　纯铜耐不浓的盐酸、醋酸等非氧化性酸及不浓的硫酸、亚硫酸，对碱类溶液的耐蚀能力也很强，主要用于制造有机合成和有机酸工业上的蒸发器、蛇管等。纯铜不耐各种浓度的硝酸、氨和铵盐溶液。

黄铜价格较低，加工性能良好，耐蚀性与纯铜相似，在化工设备上应用较广。H85、H80 塑性较好，可用于制作蛇形管、冷凝和散热管、波纹管等。H68 是黄铜中用途最广泛的一种，可在常温下冲压成形，制造复杂冷冲压件和深冲件、散热器外壳、导管等。

化工设备常用锡青铜，其铸造性能好，强度、硬度高，在稀硫酸、稀盐酸、氢氧化钠等溶液中有很好的耐蚀性，主要用来制造耐蚀和耐磨件，如轴瓦、蜗轮、阀门、泵外壳等。

（2）铝及铝合金　化工设备中主要应用的是纯铝、防锈铝合金、铸造铝合金，一般用于硝酸、醋酸、碳酸氢铵、尿素、甲醇和乙醛生产的部分设备及深冷设备，最低使用温度可达 -273℃。工业纯铝 1060（L2）、1050A（L3）、1035（L4）可做贮槽、塔器、热交换器、防止污染及深冷设备；防锈铝可用作热交换器、蒸馏塔、防锈蒙皮、深冷容器等；铸造铝合金用于铸造形状复杂的耐蚀零件，如化工仪表零件、气缸、活塞等。

（3）镍及镍合金　镍是比较贵重的金属，在许多介质中具有很好的耐蚀性，尤其在碱类介质中。纯镍用于制碱工业的高温设备及与烧碱溶液接触的化工设备中，如碱液蒸发器，或用于铁离子在反应过程中会发生催化作用而不能采用不锈钢的设备，如有机合成设备等。

镍基耐蚀合金主要用于条件苛刻的腐蚀环境，如 Ni28Cu28Fe、0Cr15Ni75Fe 等，可用于制造加热器、换热器、反应釜、塔等。

6. 非金属材料

非金属材料具有优良的耐蚀性能，主要用作设备的密封材料、保温材料、金属设备保护衬里、涂层等。

（1）工程塑料　工程塑料品种多，聚氯乙烯（PVC）、聚四氟乙烯（PTEF，F4）、聚丙烯（PP）、聚氯醚（PENTON）、酚醛树脂（PF）、呋喃塑料等在化工生产上得到广泛应用。

硬聚氯乙烯可用作贮槽、塔、管道、阀门等，特别是大型的全塑结构防腐设备；工程上常用聚四氟乙烯作为摩擦件和无油润滑密封件，特别适用于高温、强腐蚀环境，广泛用于化工容器和设备上的各种配件，如阀门、泵、膨胀节、多孔板材、热交换器等，还可作强腐蚀介质的过滤材料及设备的衬里和涂层；呋喃树脂能耐强酸、强碱和有机溶剂，可用其制作管道、贮槽、洗涤器等设备，特别适用于有机氯化合物、农药、有机溶剂回收及废水处理系统等工程中。

（2）化工陶瓷　化工陶瓷的主要成分为 SiO_2 和 Al_2O_3，具有很高的化学稳定性，除氢氟酸、氟硅酸及热或浓的碱液外，几乎能耐包括硝酸、硫酸、盐酸、王水、盐溶液、有机溶剂在内的大多数介质的腐蚀，可用于制造接触强腐蚀介质的塔、反应釜、泵、容器、管道及衬里砖、板等。

（3）化工玻璃　化工玻璃包括石英玻璃、硼硅酸盐玻璃、高硅氧玻璃等，常用来制造管道、蒸馏塔、换热器、泵等设备或机器。

（4）天然耐酸材料　花岗石耐酸性好，可代替不锈钢来砌制硝酸和盐酸吸收塔；中性长石热稳定性好，耐酸性高，可以砌衬里设备；石棉可用作保温和耐火材料，也用于设备密封衬垫和填料。

复习思考题

11-1　判断题。（正确的在括号内画"√"，错误的在括号内画"×"）
（1）毛坯选择是否合理，将会直接影响零件乃至整部机器的制造质量和工艺性能。　（　　）
（2）机械零件常用的毛坯不能直接截取型材，主要通过铸造、锻造、冲压、焊接等方法获得。（　　）
（3）毛坯零件的选择只要能满足零件的使用要求就可以了。　（　　）
（4）一般零件材料确定后，毛坯的种类也就基本上确定了。　（　　）
（5）轮盘类零件只有通过锻造获得窖坯，才能满足使用要求。　（　　）
（6）零件选材和毛坯成形方法往往是唯一、不可替代的。　（　　）
（7）失效是指零件在使用过程中发生破断的现象。　（　　）
（8）由于一般非金属材料的成形工艺简单、成本低，所以应尽可能采用非金属代替金属件。（　　）
（9）零件的经济性主要与原材料的价格有关。　（　　）
11-2　选择题，共 10 个小题，每题给出 3~4 个选项。将你认为正确的填写在（　　）内。
（1）轴类零件最常用的毛坯是（　　）。
A. 型材和锻件　　　　B. 铸件　　　　　　C. 焊接件　　　　　D. 冲压件
（2）气体渗碳炉中的耐热罐，材料为耐热钢，应选用（　　）方法生产。

A. 板料冲压   B. 焊接   C. 砂型铸造   D. 粉末冶金

（3）镍币或纪念章一般采用（   ）方法生产。

A. 熔模铸造   B. 板料冲压   C. 模锻   D. 自由锻

（4）机床制造中一般采用（   ）生产齿轮坯。

A. 自由锻   B. 铸造   C. 胎模锻   D. 模锻

（5）承受重载荷、动载荷及复杂载荷的低碳钢、中碳钢和合金结构钢重要零件一般采用（   ）毛坯。

A. 铸件   B. 锻件   C. 冲压件   D. 型材

（6）大批、大量生产的低碳钢、有色金属薄板成型零件，一般采用（   ）毛坯。

A. 铸件   B. 锻件   C. 冲压件   D. 型材

（7）齿轮减速箱体常选用的材料和毛坯是（   ）。

A. HT250 铸件   B. ZCuZn16Si4 铸件   C. Q295 板材   D. 45 板材

（8）钢窗宜选用的材料和毛坯是（   ）。

A. 10 号钢型材   B. Q345 板材   C. Q295 板材   D. 45

（9）家用液化气罐宜选用的材料和毛坯是（   ）。

A. Q295 板材   B. Q345 板材   C. HT200 铸件

（10）从钢锭到型材，必须经过（   ）。

A. 轧制   B. 铸造   C. 冲压

11-3 简答题

（1）什么是零件的失效？失效形式主要有哪些？零件失效分析的主要目的是什么？

（2）工程材料选择的基本原则是什么？

（3）简述化工设备用材如何选择。

附 录

附录A 实 验

第一部分 基 本 实 验

实验一 硬 度 实 验

一、实验目的

① 了解布氏硬度计、洛氏硬度计的主要构造和测试原理。

② 掌握布氏硬度值、洛氏硬度值的测量范围、测量步骤和方法。

③ 初步建立碳钢的含碳量与硬度间的关系及热处理能改变材料硬度的概念。

二、实验原理

1. 布氏硬度

布氏硬度试验法是将一直径为 D 的硬质合金球在规定试验力 F 的作用下压入被测试金属表面,停留一定时间后卸除试验力,被测试金属表面上将形成一个直径为 d 的压痕,通过计算单位压痕面积所承受的平均压力作为被测金属的布氏硬度值。

布氏硬度试验原理如图 A-1 所示,故布氏硬度值表示为:

$$HBW = \frac{F}{S} = 0.102 \frac{2F}{\pi D(D - \sqrt{D^2 - d^2})}$$

式中 F——试验力;

　　　D——压头的直径;

　　　d——压痕的平均直径。

我们应根据被测试金属材料的种类和试样厚度,选用不同的球体直径 D、施加试验力 F 和试验力保持时间。按 GB 231.1—2009 规定,球体直径有 10、5、2.5 和 1（mm）四种规格;试验力-球直径平方的比率（$0.102F/D^2$）有 30、15、10、5、2.5 和 1 六种,

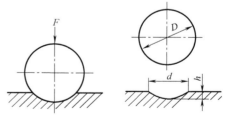

图 A-1　布氏硬度试验原理示意图

根据金属材料的种类和布氏硬度值,选定相应的试验力-球直径平方的比率。试验力的保持时间:黑色金属为 10～15s,非铁金属为 30s,布氏硬度值小于 35 时为 60s。

实际测试时,硬度值一般不采用公式进行计算,而是根据 d、D、F 值查附录 B 布氏硬

度对照表得到所测金属材料的硬度值。

布氏硬度的标注方法：硬度值+硬度符号+压头直径+试验力（对应 kgf）+试验力保持时间。一般试验力保持时间为 $10 \sim 15s$ 时不需要标注。例如：150HBW10/1000/30 表示：用直径为 10mm 的压头，在对应 1000kgf（9807N）试验力作用下保持 30s，测得的布氏硬度值为 150。

2. 洛氏硬度

洛氏硬度试验法是将金刚石圆锥压头或硬质合金球压头分两个步骤压入被测金属表面，经规定保持时间后，卸除主试验力，测量在初试验力下的残余压痕深度。试验时，先加初始试验力 98.07N，然后再加主试验力，在初试验力+主试验力的压力下保持一段时间后，去除主试验力，在保留初试验力的情况下，根据试样的压痕深度来衡量金属硬度的大小。

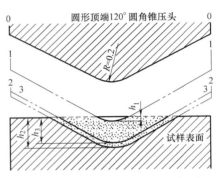

图 A-2 所示为金刚石圆锥压头的洛氏硬度试验原理。图中 0-0 为金刚石圆锥压头的初始位置，1-1 为在初试验力作用下，压头压入被测试金属表面深度为 h_1 时的位置；2-2 为在总试验力（初试验力+主试验力）作用下，压头压入被测试金属表面深度为 h_2 时的位置；3-3 为卸除主试验力后由于被测试金属弹性变形恢复，而使压头略为提高时的位置 h_3。故由主试验力引起的塑性变形而产生的压痕深度 $h = h_3 - h_1$。显然，h 越大，被测金属的硬度值越低；反之，则越高。实际测试时不用量取 h 值，被测材料的硬度值可在指示器表盘上读出。

图 A-2 洛氏硬度实验原理示意图

根据不同的压头和主试验力，洛氏硬度组成不同的标尺。最常用的是 HRA、HRB、HRC 三种。

洛氏硬度的标注方法：硬度值+洛氏硬度标尺。

三、实验设备

1. 布氏硬度试验计

该实验的设备主要有布氏硬度计和读数显微镜。常见的布氏硬度计有液压式和机械式两大类。图 A-3 为 HB-3000 型机械式布氏硬度计，它是由机体、工作台、大小杠杆、减速器、换向开关等部件组成。

2. 洛氏硬度试验计

该实验的设备主要是洛氏硬度计，图 A-4 为 HR-150A 硬度计的结构简图。该硬度计由机架、加载机构、测量指示机构及试台升降机构等部分组成。

加载机构由压头主轴系统、加载杠杆、砝码、缓冲器以及操纵杆和操纵手柄组成。

四、实验材料

① 布氏硬度：退火状态下的碳钢。

② 洛氏硬度：淬火状态下的碳钢。

五、实验方法和步骤

1. 布氏硬度实验

① 硬度检测位置应为平面，不得带有油脂、氧化皮、漆层、裂纹、凹坑和其他污物。

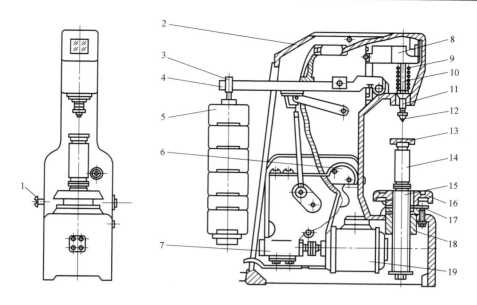

图 A-3 HB-3000 型布氏硬度试验计结构图

1—电源开关 2—机体 3—吊环 4—大杠杆 5—砝码 6—换向形状 7—减速器

8—小杠杆 9—弹簧 10—压轴 11—主轴衬套 12—钢球 13—可更换工作台

14—工作台立柱 15—螺杆 16—升降手轮 17—螺母 18—套筒 19—电动机

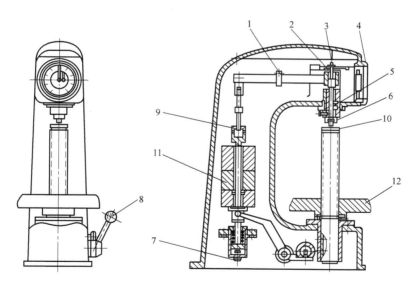

图 A-4 HR-150A 硬度计结构简图

1—调整块 2—顶杆 3—调整丝 4—指示 5—按钮 6—压头 7—放油螺钉

8—操纵手柄 9—吊套 10—工作台 11—砝码 12—手轮

② 根据试样材料的种类、状态及厚度，按布氏硬度试验规范选择压头直径、试验力大小及试验力保持时间。

③ 把试样放在工作台上，顺时针转动工作台升降手轮，使压头与试样接触，直至手轮与升降螺母产生相对运动。

④ 开动电动机将试验力加到试样上，并保持一定时间。

⑤ 逆时针转动手轮，取下试样。

⑥ 用读数显微镜（图 A-5）在两个相互垂直的方向上测出压痕直径 d_1 及 d_2，算出平均值：

$$d = \frac{1}{2}(d_1 + d_2)$$

⑦ 根据压痕直径 d、压头直径 D 和试验力 F 查附录 B，得到试样的布氏硬度值。

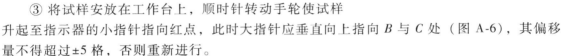

图 A-5　测量压痕实验直径示意图

2. 洛氏硬度实验

① 硬度检测位置应为平面，不得带有油脂、氧化皮、漆层、裂纹、凹坑和其他污物。

② 根据试样材料的种类、状态选择压头的规格、试验力大小及试验力保持时间。

③ 将试样安放在工作台上，顺时针转动手轮使试样升起至指示器的小指针指向红点，此时大指针应垂直向上指向 B 与 C 处（图 A-6），其偏移量不得超过 ±5 格，否则重新进行。

④ 转动指示器的调整盘使标记 B（或 C）对准大指针。

⑤将操纵手柄向后推，加上总试验力，直至指示器大指针运动显著变慢直到停顿后，保留试验力约 10s，再将操作手柄扳回，以卸除主试验力。

⑥ 按指示器上大指针所指的刻度读取读数。当采用金刚石压头时，按刻度盘外圈标记为 C 的读数，当采用硬质合金球作压头时，按刻度盘内圈标记为 B 的读数。

⑦ 逆时针转动手轮，降下工作台，取下试样或者移动试样，选择新的位置继续进行试验。

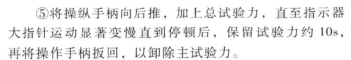

图 A-6　洛氏硬度计指示器表盘

六、注意事项

① 试样测试表面应为无氧化皮及污物的光滑平面。

② 安放试样的测试表面应垂直于硬质合金球的加载方向。

③ 试样上压痕距试样边缘的距离应不小于压痕直径的 2.5 倍，相邻压痕的距离应不小于压痕直径的 4 倍。

④ 压痕直径 d 的大小应为 $0.24D \sim 0.6D$。

⑤ 根据压痕直径 d、压头直径 D 和试验力 F 查附录 B，得到试样的布氏硬度值。

七、实验报告内容

（1）简述硬度实验目的。

（2）分别简述布氏、洛氏硬度实验所用的仪器设备。

（3）分别简述布氏、洛氏硬度实验法的优缺点及应用范围。

（4）简述操作步骤。

（5）将实验结果分别填入表 A-1、表 A-2。

表 A-1　布氏硬度实验结果

材料	状态	实验规范			压痕直径			硬度值（HBW）
		压头直径 D/mm	试验力/N	试验力保持时间/s	d_1/mm	d_2/mm	$d_{平均}$/mm	

表 A-2　洛氏硬度实验结果

材料	状态	实验规范		实验结果			平均硬度值
		压头规格	试验力/N	第 1 次	第 2 次	第 i 次	

实验二　金相显微镜的使用及金相试样的制备

一、实验目的

① 了解台式金相显微镜的主要构造与使用方法。

② 了解金相试样的制备方法。

③ 初步掌握利用金相显微镜进行显微组织分析的基本方法。

二、实验概述

为了研究金属材料的显微组织与缺陷，可采用金相显微分析。金相显微分析是利用放大倍数较高的金相显微镜，观察金属材料的显微组织和缺陷方法。一般金相显微镜的放大倍数为数十倍至 2000 倍，金属晶粒的平均直径为 $10^{-3} \sim 10^{-1}$ mm，这正是借助金相显微镜可看清的范围，故金相显微分析是目前生产检验与科学研究的常用方法之一。

1. 金相显微镜

金相显微镜是利用反射光将不透明物体放大后进行观察或摄影的仪器。

（1）金相显微镜的成像原理　金相显微镜由两个透镜组成，靠近金相试样的透镜称为物镜，靠近人眼的透镜称为目镜。

金相显微镜通过物镜和目镜两次放大而得到倍数较高的放大像。其成像原理如图 A-7 所示。

将金相试样置于物镜前焦点 F_1 外少许，则试样上被观察的物体（以箭头 AB 表示）在物镜后方产生一个放大倒立的实像 $A'B'$。在设计显微镜时，已安排好使这个实像刚好落在目镜的前焦点 F_2 内少许，再次放大后，在 250mm 的明视距离处获得一个经再次放大的倒立虚像 $A''B''$。所以，人眼在目镜中观察到的是经物镜和目镜两次放大的物像。金相显微镜总的放大倍数 M 应为物镜放大倍数 $M_{物}$ 与目镜放大倍数 $M_{目}$ 的乘积，即

$$M = M_{物} \, M_{目} = \frac{\Delta}{f_1} \times \frac{250}{f_2}$$

式中　Δ——物镜后焦点一到目镜的前焦点 F_2 的距离，称为显微镜的光学镜筒长度；

　　　　f_1——物镜的焦距；

　　　　f_2——目镜的焦距。

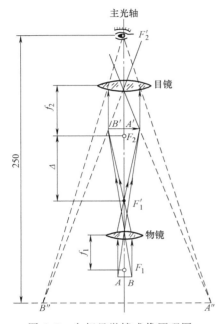

图 A-7　金相显微镜成像原理图

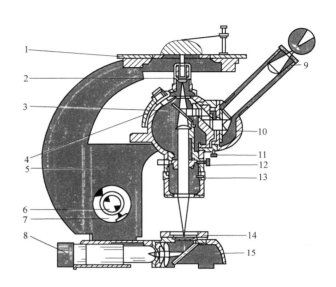

图 A-8　XJP-2 型台式构造显微镜构造示意图

1—载物台　2—物镜　3—半反射镜　4—转换器　5—传动箱
6—微调焦手轮　7—粗调焦手轮　8—偏心圈　9—目镜
10—目镜管　11—固定螺钉　12—调节螺钉　13—视场光栏
14—孔径光栏　15—底座

（2）金相显微镜的构造　金相显微镜由光学系统、照明系统和机械系统三部分组成，有的金相显微镜还有照明装置和其他附件。金相显微镜的形式很多，通常可分为台式、立式和卧式三类。

（3）金相显微镜的使用及维护　金相显微镜是精密、贵重的光学仪器，使用时必须细心谨慎。在使用时应按下列步骤进行。

1）按金相观察放大倍数的要求，选配物镜及目镜，分别安装在转换器的物镜座上及目镜筒内，并使转换器转至固定位置。

2）移动载物台，使物镜位于载物台中心孔中央，然后把金相试样倒置在载物台上。

3）接通变压器电源，开亮灯泡。

4）旋转粗调焦手轮进行调焦，当呈现模糊映像时，再转动微调焦手轮，直到观察到清晰像为止。

5）调节孔径光栏和视场光栏，以获得最佳质量的物像。

6）观察完毕，应立即关灯，以延长灯泡的使用寿命。

在金相显微镜的维护和保养中，一般应注意以下事项：

1）金相试样放在载物台之前，必须洗净、吹干，并注意不得触碰试样表面。

2）光学零件必须保持清洁，切不可用手指触摸光学镜片。

3）在更换物镜时，要防止物镜受碰撞而损坏。调焦时，要缓慢旋转调焦手轮，防止物镜与试样接触相碰。

2. 金相试样的制备

金相试样的制备包括取样、磨制、抛光、浸蚀四个步骤。

（1）取样　显微试样的选取应根据观察目的，取其具有代表性的部位。

试样的截取可根据金属材料的性能采用不同方法，如手锯、砂轮切削、机床截取以及锤击等。但无论采用哪种方法取样，都应避免试样受热或变形，引起金属组织变化。

金相试样通常采用直径为 12~15mm、高为 12~15mm 的圆柱或边长为 12~15mm 正方形试样。对形状特殊或尺寸很小不易握持的试样，或为了使试样不发生倒角，需要使用试样夹或样品镶嵌机固定试样。

（2）磨制　试样的磨制一般分为粗磨和细磨两道工序。

1）粗磨。粗磨的目的是获得一个平整的表面。钢铁材料试样的粗磨通常在砂轮机上进行。

2）细磨。粗磨后的试样表面虽较平整，但仍还存在较深的磨痕及较大的变形层。为了消除这些磨痕及变形层，需要进行细磨。细磨是在一套粗细程度不同的金相砂纸上，由粗到细依次进行。细磨时将砂纸放在玻璃板上，手指紧握试样，并使磨面朝下，均匀用力向前推进行磨制。

在回程时，应提起试样不与砂纸接触，以保证磨面平整且不产生弧度。每更换一号砂纸时，须将试样的研磨方向调转 90°，直到将上一号砂纸产生的磨痕全部消除。

（3）抛光　抛光的目的是去除细磨之后的磨痕和变形层，以获得光滑的镜面。常用的抛光方法有机械抛光、电解抛光和化学抛光三种，其中以机械抛光应用最广，下面仅介绍机械抛光。机械抛光是在抛光机上进行的，它是靠抛光磨料对磨面的磨削和滚压而使其成为光滑的镜面。抛光机由电动机和抛光盘（200~300mm）组成，抛光盘转速为 300~500r/min。抛光盘上铺以细帆布、呢绒、丝绸等。抛光时在抛光盘上要不断滴注抛光液，抛光液通常采用 Al_2O_3、MgO、Cr_2O_3 等细粉末在水中的悬浮液及金刚石研磨膏。抛光后的试样用清水冲洗，再用无水酒精清洗磨面，然后用吹风机吹干。

（4）浸蚀　抛光后的试样若直接在显微镜下观察，由于试样表面的反射，只能看到试样中的夹杂物、石墨、孔洞、裂纹等，无法辨别各种组成物及形态特征。要观察金属的组织，必须经过适当的浸蚀处理。由于有的组织或晶界易腐蚀而凹凸不平，表面与入射光线垂直的组织将大部分光线反射回去，在显微镜视场中呈白亮状；有些组织由于表面不垂直于入射光线，使许多光线散射，只有很少的光线反射回去，在显微镜视场中呈灰暗状。由此明暗不同产生衬度而形成图像。目前最常用的浸蚀方法是化学浸蚀法，钢铁材料最常用的浸蚀剂为 3%~4%硝酸酒精溶液或 4%苦味酸酒精溶液。

浸蚀的方法是将试样磨面浸入浸蚀剂中，或用棉花蘸上浸蚀剂擦拭表面。浸蚀时间要适当，一般试样磨面发暗时就可停止，如果浸蚀不足可重复浸蚀。浸蚀完毕后立即用清水冲洗，接着用酒精冲洗，最后用吹风机吹干。

三、实验设备及用品

① 金相显微镜。

② 抛光机、吹风机。

③ 不同粗细的金相砂纸一套、抛光磨料、浸蚀剂、无水酒精。

④ 待制的金相试样等。

四、实验方法与步骤

① 认真听取老师讲解金相显微镜的原理、构造和使用方法，熟悉金相显微镜的操作规程和注意事项。

② 认真听取老师讲解金相试样的制备方法。

③ 简述操作步骤。

④ 按金相试样的制备步骤，制备一合格的金相试样。

五、实验报告

① 简述实验目的及所用仪器设备。

② 制备一合格的碳钢金相试样。

③ 画出经浸蚀后的金属显微组织示意图。

材料名称＿＿＿＿＿＿＿＿＿＿＿

处理方法＿＿＿＿＿＿＿＿＿＿＿

浸　蚀　剂＿＿＿＿＿＿＿＿＿＿＿

放大倍数＿＿＿＿＿＿＿＿＿＿＿

金相组织＿＿＿＿＿＿＿＿＿＿＿

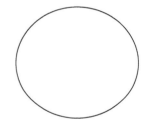

④ 思考题。

为什么未经制备的金属材料在金相显微镜下观察不到其显微组织？

实验三　铁碳合金平衡组织分析

一、实验目的

① 熟悉 Fe-Fe$_3$C 相图，了解不同成分的铁碳合金在平衡状态下的显微组织特征。

② 分析碳钢的含碳量与其平衡组织间的关系。

③ 加深对平衡状态下铁碳合金的成分、组织、性能间关系的理解。

二、实验概述

室温下，铁碳合金的基本相为铁素体与渗碳体，不同含碳量的合金，在组织上的差异仅是这两个基本相的相对量、形态及分布不同。在铁碳合金中，渗碳体的相对量、存在形态以及分布状况对合金的性能影响很大。

1. 铁碳合金室温下基本组织的显微特征

（1）铁素体（F）　铁素体是碳溶于 α-Fe 中的间隙固溶体。由于在室温时其溶碳能力几乎等于零，故其显微组织与纯铁相同，用 3%～5% 硝酸酒精溶液浸蚀后为白色多边形晶粒，晶界呈黑色网状，如图 A-9 所示。

（2）渗碳体（Fe$_3$C）　渗碳体是铁与碳形成的一种化合物，是具有复杂晶格形式的间隙化合物。经 4% 硝酸酒精溶液浸蚀后呈白亮色，但在碱性苦味酸钠溶液中热蚀后能被染成暗黑色。

（3）珠光体（P）　珠光体是铁素体和渗碳体组成的机械混合物。在平衡状态下是由铁素体片和渗碳体片交替形成的层片状组织。珠光体在硝酸酒精溶液的浸蚀下，渗碳体和铁素体均呈白色，但在两相交界处，由于原子排列不规则，抗蚀能力较差，易于浸蚀，因此在高倍显微镜下能观察到渗碳体是由黑色边缘围着的白色窄条，如图 A-10 所示。

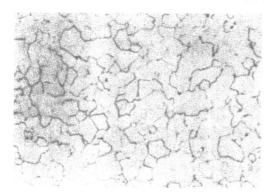

图 A-9　铁素体显微组织

图 A-10　片状珠光体显微组织

（4）莱氏体（h）　莱氏体是在 1148℃ 由奥氏体和渗碳体形成的机械混合物（共晶体）；室温下的莱氏体是珠光体及渗碳体和从奥氏体中析出的二次渗碳体组成的机械混合物。莱氏体经硝酸酒精溶液浸蚀后其组织特征是在亮白色的渗碳体基底上相间地分布着暗黑色斑点及细条状珠光体。二次渗碳体和共晶渗碳体连在一起，从形态上难以区分。

2. 铁碳合金平衡状态下的显微组织

（1）工业纯铁　$w_C \leqslant 0.0218\%$ 的铁碳合金为工业纯铁，工业纯铁为两相组织，即由铁素体和少量的二次渗碳体组成。铁素体的显微组织见图 A-9。

（2）碳钢　碳钢是指 $w_C = 0.0218\% \sim 2.11\%$ 的铁碳合金。

① 亚共析钢。亚共析钢中碳的质量分数为 0.0218% ~ 0.77%，其组织由铁素体和珠光体组成。图 A-11 为不同成分的亚共析钢的显微组织。

② 共析钢。共析钢中碳的质量分数为 $w_C = 0.77\%$，它是由铁素体和渗碳体组成的机械混合物。珠光体有片状和球状两种，片状珠光体的组织形态如图 A-10 所示。

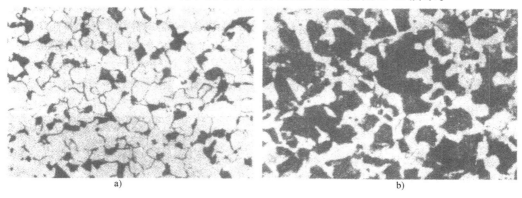

a)　　　　　　　　　　　　　　　　　　　b)

图 A-11　亚共析钢显微组织

a）$w_C = 0.20\%$（200×）　b）$w_C = 0.60\%$（250×）

③ 过共析钢。过共析钢中碳的质量分数为 0.77%~2.11%，其在室温下的显微组织由珠光体和二次渗碳体组成。T12 钢显微组织如图 A-12 所示。

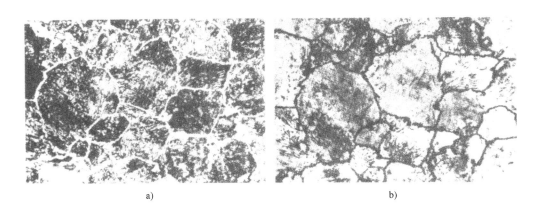

a)   b)

图 A-12   T12 钢显微组织（500×）

a）4%硝酸酒精浸蚀   b）4%苦味酸浸蚀

④ 共晶白口铸铁。共晶白口铸铁中珠光体有片状和球状两种。片状珠光体的组织形态如图 A-10 所示。

⑤ 过共析钢。过共析钢中碳的质量分数为 0.77%~2.11%，其在室温下的显微组织由珠光体和二次渗碳体组成。T12 钢显微组织如图 A-12 所示。

（3）白口铸铁   白口铸铁是 $w_C = 2.11\%~6.69\%$ 的合金，按含碳量及室温组织的不同，又可分为亚共晶白口铸铁、共晶白口铸铁和过共晶白口铸铁 3 种。

① 亚共晶白口铸铁。其成分是 $w_C = 2.11\%~4.3\%$ 的白口铸铁，室温下的组织为珠光体、二次渗碳体和变态莱氏体。经浸蚀后在显微镜下观察时呈黑色块状或树枝状分布的是由初生奥氏体转变成的珠光体，白色渗碳体基底上散布着的暗黑色粒状物为变态莱氏体，从初生奥氏体及共晶奥氏体中析出的二次渗碳体都与共晶渗碳体连在一起，在显微镜下难以分辨。亚共晶白口铸铁显微组织如图 A-13 所示。

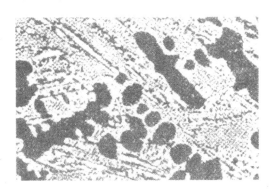

图 A-13   亚共晶白口铸铁显微组织（80×）

② 共晶白口铸铁。共晶白口铸铁的 $w_C = 4.3\%$，室温下的显微组织是变态莱氏体。浸蚀后在显微镜下观察为在白色渗碳体基底上散布着的暗黑色珠光体。共晶白口铸铁显微组织如图 A-14 所示。

③ 过共晶白口铸铁。其成分是 $w_C = 4.3\%~6.69\%$ 的白口铸铁，室温下的组织为一次渗碳体和变态莱氏体。浸蚀后在显微镜下观察为在暗色颗粒状的莱氏体的基底上分布着亮白色粗大条片状的一次渗碳体，过共晶白口铸铁中的一次渗碳体随含碳量的增加而增加。过共晶白口铸铁显微组织如图 A-15 所示。

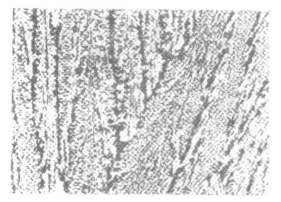

图 A-14　共晶白口铸铁显微组织（250×）

图 A-15　过共晶白口铸铁显微组织（250×）

三、实验设备及用品

① 金相显微镜。

② 铁碳合金平衡状态下的金相试样一套，见表 A-3 所示。

四、实验方法与步骤

① 认真观察铁碳合金金相试样的显微组织特征，并绘出显微组织示意图，用箭头标出图中组织的名称。

② 记录观察用的各种铁碳合金的牌号或名称、显微组织、放大倍数及浸蚀剂。

表 A-3　铁碳合金平衡状态下的金相试样

试样材料	处理状态	浸蚀剂	室温下的显微组织
工业纯铁	完全退火	4%硝酸酒精溶液	铁素体
20 钢			铁素体+珠光体
45 钢			铁素体+珠光体
60 钢			铁素体+珠光体
T8 钢			珠光体
T12 钢			珠光体+二次渗碳体（亮白色）
T12 钢		4%苦味酸溶液	珠光体+二次渗碳体（暗黑色）
亚共晶白口铸铁	铸态	4%硝酸酒精溶液	珠光体+二次渗碳体+变态莱氏体
共晶白口铸铁			变态莱氏体
过共晶白口铸铁			一次渗碳体+变态莱氏体

五、实验报告

① 实验目的。

② 实验所用仪器设备、试样。

③ 实验步骤。

④ 按下列要求画出 20 钢、T8 钢、T12 钢、亚共晶白口铸铁、共晶白口铸铁、过共晶白口铸铁的显微组织，并注明各组织的名称。

材料名称＿＿＿＿＿＿＿＿＿

处理方法＿＿＿＿＿＿＿＿＿

浸 蚀 剂＿＿＿＿＿＿＿＿＿

放大倍数＿＿＿＿＿＿＿＿＿

金相组织＿＿＿＿＿＿＿＿＿

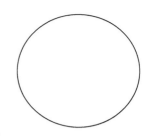

⑤ 思考题。

在铁碳合金组织中，渗碳体有几种形态？试分析它对铁碳合金性能的影响。

实验四　碳钢的热处理

一、实验目的

① 了解普通热处理（退火、正火、淬火和回火）的方法。

② 分析碳钢热处理时的冷却速度及回火温度对组织与硬度的影响。

③ 分析碳钢含碳量对淬火后硬度的影响。

④ 加深认识碳钢的成分、热处理工艺与组织、性能间的关系。

二、实验概述

钢的普通热处理一般有退火、正火、淬火和回火四种方法。不同的热处理方法使碳钢获得不同的组织和性能；同一种热处理方法，当采用不同的热处理工艺参数时，所得碳钢的组织和性能也不相同。

1. 碳钢热处理工艺

（1）加热温度　在对碳钢进行普通热处理时，其退火、正火及淬火的加热温度，原则上可按表 A-4 选定。但在生产中，应视工件的具体情况加以调整。

表 A-4　碳钢退火、正火及淬火的加热温度

方　　法	加热温度/℃	应用范围
退火	$Ac_3+(30\sim50)$	亚共析钢的完全退火
	$Ac_1+(30\sim50)$	过共析钢的球化退火
正火	$Ac_3+(50\sim70)$	亚共析钢
	$Ac_{cm}+(50\sim70)$	过共析钢
淬火	$Ac_3+(30\sim70)$	亚共析钢
	$Ac_1+(30\sim70)$	共析或过共析钢

根据对工件性能要求的不同，按温度不同，回火可分低温回火、中温回火和高温回火三种。低温回火温度为 $150\sim250$℃，适用于切削刀具、量具、冷冲模具、滚动轴承以及渗碳件等的回火，回火后的硬度一般为 $58\sim64$HRC；中温回火温度为 $350\sim500$℃，适用于弹簧、中等硬度零件的回火，回火后的硬度一般为 $35\sim50$HRC；高温回火温度为 $500\sim650$℃，适用于齿轮、轴、连杆等要求综合力学性能的零件的回火，回火后的硬度一般为 $200\sim330$HBW。钢回火后其硬度随回火温度的升高而降低。

（2）加热时间　热处理的加热时间与钢的成分、原始组织、工件的尺寸与形状、使用的加热设备、装炉方式及热处理方法等许多因素有关。因此，要确切计算加热时间是比较复

杂的。在实验室中，通常按工件的有效厚度大致估算加热时间。

（3）冷却方法及冷却介质

① 退火。保温后随炉缓冷至600℃以下再出炉空冷。

② 正火。保温后直接从加热炉中取出，在静止或流动的空气中冷却。

③ 淬火。为使淬火后的组织为马氏体，减少工件的变形与开裂，淬火时，在650~500℃时，冷却速度快，而在 Ms 附近时，应选用冷却速度尽可能低的冷却介质。对形状简单的工件，常采用单液淬火法，合金钢常用油作冷却介质。

④ 回火。保温后从加热炉中取出在空气中进行冷却。

2. 碳钢热处理后的组织与性能

（1）珠光体型组织　珠光体型组织是过冷奥氏体在高温（Ar_1至冷却转变曲线鼻尖）下转变的产物。随奥氏体冷却时过冷度的增加，依次得到珠光体、索氏体、托氏体，它们都是铁素体与渗碳体的片层状混合物，但铁素体与渗碳体片层间距依次变小，强度和硬度递增。

（2）贝氏体型组织　贝氏体型组织是过冷奥氏体在进行中温（冷却转变曲线鼻尖至 Ms 点）等温时的转变产物，分为上贝氏体和下贝氏体。上贝氏体与下贝氏体都是由含碳量过饱和的铁素体（或 ε 碳化物）组成的两相混合物。上贝氏体在光学显微镜下呈羽毛状，下贝氏体在光学显微镜下呈黑色针片状，它的韧性与塑性高于上贝氏体。

（3）马氏体组织　马氏体组织是过冷奥氏体在低温下转变的产物。当奥氏体中 w_C < 0.2%时淬火后得到低碳马氏体，也称板条状马氏体，显微组织呈一束束平行排列的细条状，它不仅有较高的强度与硬度，同时还具有良好的塑性与韧性；当奥氏体中 w_C >1.0%时，淬火之后可得到高碳马氏体，也称片状马氏体，显微组织呈针状或竹叶状，其性能硬而脆。

（4）回火组织　淬火组织为马氏体（含有少量残余奥氏体）的碳钢，在不同的回火温度下获得不同的组织。

低温回火后获得回火马氏体，回火马氏体性能上与淬火马氏体基本相同，韧性有所提高。中温回火可获得回火托氏体组织，具有高的屈服强度、弹性极限和较好的韧性。高温回火获得的是回火索氏体组织，具有良好的综合力学性能。

3. 碳钢含碳量对淬火后硬度的影响

在正常淬火条件下，钢的含碳量越高，淬火后的硬度也越高。但当钢中碳的质量分数 w_C >0.8%时，淬火后硬度的增加不明显。

一般低碳钢淬火后，硬度低于40HRC；中碳钢淬火后，硬度可达50~60HRC；高碳钢淬火后，硬度高达58~62HRC。

三、实验设备

1. 箱式电阻加热炉

箱式电阻加热炉又称马弗炉，它是一种周期性作业的加热电炉，主要供实验室作正火、退火、淬火和回火等热处理用，图 A-16 是箱式电阻加热炉的结构示意图。

加热室 1 是用高强度耐火材料制成的，壁中排列着许多纵向电热丝孔 2，当电源通过接线盒 4 使电热丝中通有电流时，便产生电热效应，加热炉内的试样 5。为了避免取放试样时碰坏或磨坏加热室底部的耐火材料，在加热室底部放置一块由高强度耐火材料制成的炉底板 10。加热室的开口处用炉门 8 封闭。炉门下部有一挡铁 7，当炉门关闭时，按控制开关 6，使加热室内的电热丝中有电流通过；当炉门打开时，控制开关切断了电源控制电路，此时便

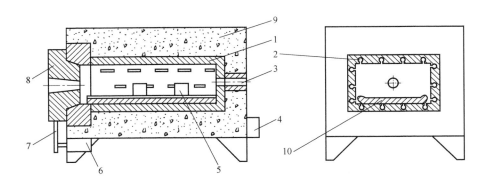

图 A-16 箱式电阻加热炉的结构示意图

1—加热室 2—电热丝孔 3—测温电偶 4—接线盒 5—试样 6—控制开关 7—挡铁

8—炉门 9—隔热层 10—炉底板

闭合电源开关，电炉中的电热丝中也不会有电流通过，从而保证了操作的安全。隔热层 9 是用隔热材料充填的，其作用是减少炉内热量的散失。在加热室后壁开有一圆孔 3，供插入测温热电偶用。

2．热电偶高温计

热电偶高温计是用来测量和控制箱式电阻加热炉内温度，主要由热电偶、温度指示仪和连接导线三部分组成。

3．温度指示调节仪

温度指示调节仪除指示炉温外，还能根据需要自动控制炉温。

四、实验设备及用品

① 箱式电阻加热炉。

② 洛氏硬度计。

③ 金相显微镜。

④ 淬火水槽、淬火油槽、钩子、铁丝、金相砂纸、实验试样和石棉手套。

五、实验方法与步骤

① 每组学生领取 6 个试样，并打上编号，记录编号及对应的材料牌号。

② 确定 45 钢的热处理加热温度与保温时间。调整控温装置，并将一组 45 钢试样放入已调节至加热温度的电炉中进行加热与保温，然后进行水冷。最后，测定它们的硬度值。

③ 测定三块淬火状态试样的硬度，然后分别放入 200℃（2 个试样）、400℃（2 个试样）、600℃（2 个试样）的电炉中各回火 30min，回火后空冷，测定其硬度值。

④ 观察钢热处理状态下金相试样的显微组织，识别其组织及形态特征。

六、实验报告

① 实验目的及所用仪器设备。

② 将不同淬火温度下的试样硬度值填入表 A-5，将不同回火温度下的试样硬度值填入表 A-6。

③ 根据实验数据，绘制回火温度与钢硬度的关系曲线，并联系组织分析其性能变化的原因。

表 A-5　淬火后试样的硬度值

试样编号	钢号	试样尺寸 /mm×mm	淬火温度 /℃	加热时间 /min	冷却介质	淬火硬度 /HRC	备注

表 A-6　回火后试样的硬度值

试样编号	钢号	试样尺寸 /mm×mm	淬火硬度 /HRC	回火温度 /℃	回火时间 /min	回火后硬度 /HRC

第二部分　选　择　实　验

实验五　钢的化学热处理（渗碳、渗氮）

一、实验目的

（1）了解钢的化学热处理原理。

（2）了解钢在化学热处理中组织和性能的变化。

（3）掌握渗碳、渗氮工艺。

二、实验原理

化学热处理是将钢置于一定温度的活性介质中保温，使一种或几种元素渗入钢件表面，改变其化学成分和组织，达到改进表面性能、满足技术要求的热处理工艺。

1. 常用的化学热处理

目前常用的化学热处理工艺有：

1）提高工件表层硬度、耐磨性与疲劳强度的渗碳、渗氮、液体碳氮共渗。

2）提高工件表层耐蚀的渗氮、渗铬、渗硅等。

3）提高工件表面高温抗氧化性的渗铝等。

2. 化学热处理的依据与条件

1）钢必须有吸收渗入元素的能力，即对这些元素有一定的溶解度，或能与之化合，生成化合物；或既有一定的溶解度，又能与之形成化合物。

2）碳、氮等渗入元素的原子必须是具有化学活性的原子，即它是从某种化合物分解出来的，或由原子转变而成的新生态原子，同时这些原子应具有较大的扩散能力。

3．化学热处理的基本工艺（以渗碳和渗氮为例）

1）工件加热到必要的温度，使碳原子或氮原子在钢中溶解度较大。

2）加热时介质解离出活性原子并吸附在工件表面。Fe 是 CO 与 NH_3 解离的良好催化剂，其化学作用如下：

渗碳　　$2CO \longrightarrow CO_2 + [C]$

渗氮　　$2NH_3 \longrightarrow 3H_2 + 2[N]$

3）在渗入的温度下，活性原子溶入工件表层：渗碳时，碳溶入奥氏体；渗氮时，氮原子溶入铁素体，形成氮的化合物。

4）被渗入的原子由钢件表层向内层扩散，形成渗层。

综合起来，化学热处理的基本过程主要由介质分解→表层吸收→扩散三个基本步骤组成。

4．渗碳

（1）**渗碳的目的及应用**　渗碳是将钢件置于渗碳介质中，加热到单相奥氏体区，保温一定的时间使碳原子渗入钢件表面层的热处理工艺。渗碳处理的钢件经过适当的淬火和回火处理后，可提高表面的硬度、耐磨性及疲劳强度，而心部则仍保持一定的强度和良好的塑性、韧性，主要用于受严重磨损和较大冲击载荷的零件。

（2）**渗碳适用的钢种**　适合渗碳处理的材料一般为低碳钢和低碳合金钢，只有这样才能在渗碳及后续热处理后保证表面具有高的硬度、耐磨性和疲劳强度的同时，心部仍具有高的韧性。

（3）**渗碳方法**　按照渗碳介质的状态，可分为固体渗碳、液体渗碳和气体渗碳三种。

（4）**渗碳后淬火回火工艺与组织、性能的关系**

1）渗碳后淬火回火工艺如图 A-17 所示。

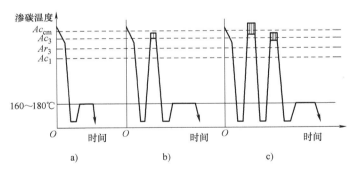

图 A-17　渗碳后淬火回火工艺

a）直接淬火　b）一次淬火　c）二次淬火

① 直接淬火。渗碳后直接淬火，工艺简单，生产效率高，成本低，脱碳倾向小。但由于渗碳温度较高，奥氏体晶粒长大，淬火后马氏体较粗，参与奥氏体也较多，所以耐磨性较低，变形也较大，只适用于本质细晶粒钢或耐磨性要求低的钢。

② 一次淬火。在渗碳件冷却之后，重新加热到临界温度以上保温后淬火。对于心部组织要求高的合金渗碳钢，一次淬火的加热温度略高于心部的 Ac_3，使其晶粒细化，并得到低

碳马氏体组织；对于受载不大但表面要求高的钢件，淬火温度应选在 Ac_1 以上，使表层晶粒细化，而心部组织无大的改善，性能略差一些。

③ 二次淬火。对于力学性能要求很高或本质粗晶粒钢，应采用二次淬火。第一次淬火是为了改善心部组织，同时消除表面的网状渗碳体，加热温度为 Ac_3 以上。第二次淬火是为了细化表层组织，获得马氏体和均匀分布的粒状二次渗碳体，加热温度为 Ac_1 以上。二次淬火工艺复杂，生产效率低，成本高，变形大，所以只用于要求表面耐磨性高和心部韧性高的零件。

2）渗碳空冷后的显微组织如图 A-18 所示。

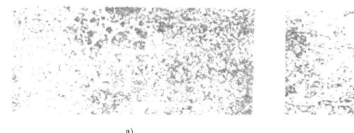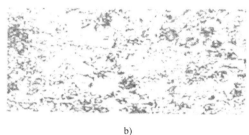

a)   b)

图 A-18　20 钢渗碳空冷后的显微组织

a）从左至右组织为过共析区、共析区、过渡层、心部（80×）　b）过共析区（500×）

3）钢渗碳、淬火、回火后的性能

① 表面硬度高，耐磨性好，心部韧性好，硬度低。

② 疲劳强度高。

4）渗碳零件的加工工艺路线：锻造→切削加工→渗碳→淬火→低温回火→喷丸→磨削。

5. 渗氮

渗氮是在一定温度下使活性氮原子渗入工件表面的化学处理工艺，其目的在于提高材料的表面硬度、疲劳强度、耐磨性和耐蚀性等。

1）渗氮的原理。目前广泛应用的是气体渗氮，利用氨气加热分解出活性氮原子，即

$$2NH_3 \longrightarrow 3H_2 + 2[N]$$

活性氮原子 [N] 被钢件表面吸收并在表面形成饱和氮的 α 固溶体和氮化物，随着渗氮时间的延长，氮原子逐渐向内部扩散，并形成一定深度的渗氮层。简言之，渗氮包括了分解→吸收→扩散三个基本过程。

2）渗氮的特点

① 渗氮温度低，工件变形小。

② 渗氮速度慢，氮化时间长。

③ 渗氮前工件需要进行调质处理。

④ 由于表层的渗氮层具有较高的硬度和耐磨性，因此渗氮后不需要进行淬火处理。

⑤ 渗氮层耐蚀性较高，热硬性和疲劳抗力好，缺点是薄而脆，不能耐冲击载荷。

3）渗氮适用的钢种。一般碳钢的渗氮层硬度并不高，为了提高渗氮层硬度，应选用含 Al、Cr、Mn、Mo、V 等合金元素的专用钢，以形成高度弥散、硬度极高且非常稳定的弥散

分布的合金氮化物。

4）渗氮的工艺、组织、性能关系

① 渗氮工艺。常用的渗氮工艺有两种，即等温渗氮、二段渗氮。渗氮零件的加工工艺路线通常为：锻造→退火→粗加工→调质→精加工→（去应力退火）→粗磨→渗氮→精磨或研磨。

② 渗氮层组织。38CrMoAl 钢经 525℃渗氮后，随着渗氮时间的延长，渗氮层增厚，其室温显微组织可见最外层为白亮色的 ε 相，其内层为（ε+γ）相，中间为暗黑色含氮的共析体（α+γ）相；正常情况下，心部为回火索氏体，试样观察的组织为回火马氏体。

③ 渗氮零件的性能。

a. 渗氮层深一般为 0.1~0.6mm，其表层硬度可达 1000~1200HV，具有很好的耐磨性，硬度很高，即使在 600~650℃时也不降低，即具有热硬性。

b. 渗氮层形成时体积膨胀，工件产生巨大的残余压应力。

c. 由于表面形成致密的、化学稳定性高的氮化物 ε 相和 γ′ 相，故其耐蚀性好。在水、过热的蒸汽和碱性溶液中均有较高的化学稳定性。

d. 心部为调质组织，有较高的韧性。

6. 液体碳氮共渗化学热处理

液体碳氮共渗化学热处理就是同时向零件表面渗入碳、氮的化学热处理工艺。

（1）高温液体碳氮共渗工艺　与渗碳一样，将工件放入密封炉内，加热到共渗温度，向炉内滴入煤油，同时通以氨气，保温后工件表面获得一定深度的共渗层，高温液体碳氮共渗主要是渗碳。

（2）液体碳氮共渗后的力学性能。

① 液体碳氮共渗及淬火后得到的是含氮马氏体，其耐磨性比渗碳要好。

② 液体碳氮共渗层比渗碳层具有较高的压应力，因而有更高的疲劳强度，耐蚀性也较好。共渗工艺与渗碳相比，具有时间短、生产效率高、表面硬度高、变形小等优点，但液体碳氮共渗层较薄，主要用于形状复杂、要求变形小的耐磨零件。

三、实验设备和材料

（1）实验用的盐熔渗加热炉（附测温控温装置）。

（2）表面维氏硬度计。

（3）冷却剂：水、10 号机油（使用温度约 20℃）。

（4）实验试样：20 钢（3 块/组）、20 钢（3 块/组）、38CrMoAl 钢（3 块/组）。

四、实验内容

1）将学生分为 3 个小组，按组领取实验试样，并打上钢号，以免混淆。

2）一组学生将 38CrMoAl 钢试样进行渗氮→淬火调质处理，并测定它们的硬度，做好记录。

3）一组学生将 20 钢试样进行渗碳处理，然后分别进行直接淬火、一次淬火、二次淬火，统一进行 180℃回火，分别测定回火后试样的硬度，并做好记录。

4）一组学生将 20 钢进行液体碳氮共渗并回火，然后测定硬度，并做好记录。

5）3 组学生互相交换数据，各自整理（如果有条件，以上实验每组都可做一遍）。

五、注意事项

1）学生在实验中要有所分工，各负其责。

2）淬火冷却时，试样要用夹钳夹紧，动作要迅速，在冷却介质中不断搅动。夹钳不要夹在测定硬度的表面上，以免影响硬度值。

3）测定硬度前，必须用砂纸将试样表面的氧化皮除去并磨光，应在每个试样不同部位测定 3 次硬度，并计算其平均值。

4）热处理时应注意操作安全。

实验六　钢的渗碳层的测定

一、实验目的

（1）了解渗碳工艺。

（2）了解钢渗碳时渗碳层深度与渗碳温度和渗碳时间的关系。

（3）掌握金相法测定渗碳层厚度的方法。

二、实验原理

增加钢件表面含碳量的化学热处理称为渗碳，渗碳的目的是使钢件获得硬而耐磨的表面，心部仍保持原有成分。对于进行渗碳的钢材，其碳的质量分数一般都小于 0.3%，渗碳温度一般取 900~930℃，即使钢处于奥氏体状态，则不会使奥氏体晶粒显著长大。近年来，为了提高渗碳速度，也有将渗碳温度提高到 1000℃ 左右，渗碳层的深度根据钢件的性能要求决定，一般为 1mm 左右。

钢渗碳缓冷后的显微组织符合铁-碳平衡相图，表面到中心依次是珠光体和渗碳体、珠光体、珠光体和铁素体，一直到钢材的原始组织。渗碳的过程是碳原子在 γ-Fe 中的扩散过程，根据扩散的费克第二定律，如炉内的碳势一定，则渗碳层深度与渗碳时间和渗碳温度有如下关系：

$$X = K\sqrt{D\tau} \tag{A-1}$$

其中，

$$D = D_c \cdot e^{-\frac{Q}{RT}} \tag{A-2}$$

测量渗碳层深度可用显微硬度法和金相法。本实验采用金相法，即在显微镜下通过测微目镜测量。渗碳层的深度是从表面量到刚出现钢材的原始组织为止。另外，还可用显微硬度法测量渗碳层厚度，即试样抛光后不要腐蚀，直接打显微硬度，最表面一点压痕离试样表面以 0.05mm 为宜，这一点也可作为表面硬度值，然后向里每移动 0.10mm 测一压痕，一直测到心部或低于 450HV 处为止，然后将各点所测硬度值绘制成硬度分布曲线，并求有效硬化层深度。有效硬化层深度是由表面垂直至 550HV 处的距离，用 D_c 表示。

渗碳一般在气体或固体的渗碳介质中进行，煤油是常用的气体渗碳介质。气体渗碳的一个主要优点是可以控制碳势。控制碳势的方法有露点仪、红外 CO_2 分析仪和氧探头等几种。

三、实验设备和材料

井式渗碳炉、金相显微镜（带测微目镜）、20 钢（$\phi 10 \sim 15mm$）。

四、实验内容

1）将参加实验的全班分成 3 组，每个大组再分成两个小组，一个小组渗碳温度为 880℃，另一个小组渗碳温度为 930℃，渗碳时间分别为 0.5h、1h、2h、4h 和 8h。

2）用砂纸将试样表面的红色铁锈磨去，然后用铁丝将 5 个试样扎成一串，上部铁丝约长 500mm，试样之间的铁丝约长 20mm。待炉温符合要求后，将这串试样从井式渗碳炉的试样孔中放入，并将小孔盖好。待渗碳时间达到后，从试样孔中按时间分别从上到下用铁丝钳钳下，冷却后用钢印做好不同渗碳温度和时间的记号。

3）按照金相试样的方法来制备试样。为了防止边缘倒角，须用试样夹，并注意开始用砂轮磨时须将这个面的渗碳层磨掉。

4）在金相显微镜下观察试样的显微组织（图 A-19），并用测微尺测定其渗碳层深度。

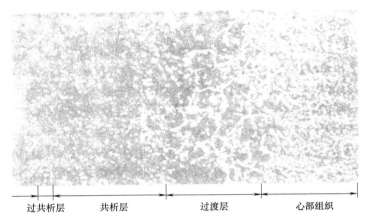

图 A-19　渗碳层的测定

五、实验报告

1）简述实验目的、内容和步骤。

2）列表记录两种渗碳温度下渗碳时间与相应的渗碳层深度，并与理论值进行比较。

3）画出两种渗碳温度下的渗碳层深度与渗碳时间的曲线，并分析实验结果。

4）比较用显微硬度法和金相法测得的渗碳层深度。

实验七　零件热处理质量及材料的无损检测

一、实验目的

（1）掌握零件热处理质量及材料的无损检测方法。

（2）了解热处理零件硬度，表面硬化层深度，力学性能，显微组织的无损检测、监控原理，方法与过程。

二、实验原理

1. 热处理零件硬度的无损检测

（1）电磁法　电磁法有剩磁法和矫顽力法两种。

1）剩磁法。铁磁材料磁滞特性不仅与材料磁特性有关，还取决于零件的退磁系数总是小于材料固有剩磁（B_r）。零件饱和磁化后去磁时，仅剩磁量与零件硬度存在一定对应关系，因此，可通过测量剩磁来计算零件硬度。测量剩余磁场方法如下。

① 冲击法。零件饱和磁化后与测量线圈作相对运动，测量线圈两端基于电磁感应产生与剩余磁场成比例的感应电势，故可用冲击检流计测得剩磁。

② 测磁法。用检测元件测量剩余磁场空间中某一固定位置的磁场强度或相邻两点的场

强差值。场强差测量能去除外界干扰因素的影响。

剩磁法检测仪器轻便，操作迅速简单，灵敏度高，适用于铁磁材料，可测微弱磁场；但需要有各种具体条件下的标准试块，不适用于单件小批检验。

2）矫顽力法。钢件及一些合金件磁化矫顽力与硬度存在线性对应关系，而且与零件形状、尺寸无关，因此可通过测量矫顽力来得到硬度。测量矫顽力方法如下。

① 直流矫顽力法。零件饱和磁化后去掉磁化电流，通入反向电流去磁（剩磁），记录磁通计输出为零时的去磁电流（I_c）。

磁通势为

$$F_c = L_c n$$

式中　　n——去磁线圈匝数。

已知电磁铁磁化后，磁通势与矫顽力的关系为

$$F_c = H_{co} L_c + H_{cn} L_n \tag{A-3}$$

式中　　H_{co}——电磁铁矫顽力（A/m）；

　　　　L_c——电磁铁内磁路长度（m）；

　　　　H_{cn}——所测材料矫顽力（A/m）；

　　　　L_n——所测材料内磁路长度（m）。

检测时必须使磁通透入深度大于表面脱碳层深度。电磁铁应选择磁导率高、矫顽力小、磁性稳定的软磁材料。为了提高测量灵敏度，应使透入磁通在材料内的磁路长度适当增加。当矫顽力与剩余磁场成比例时，可通过测量剩余磁场得到矫顽力，从而得到硬度。

电极磁场测量大型零件硬度，零件在点极局部磁化时，点极剩余磁场与该点矫顽力仍成正比。

心部组织对表面硬度测量值的影响实例如图 A-20 所示。图 A-21 所示为大电流励磁测量的 F_c 值与心部硬度的关系，由于磁通透入较深，F_c 值能较准确地反映心部组织性能。

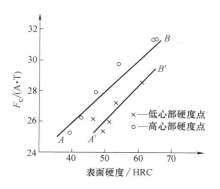

图 A-20　F_c 值与表面硬度的关系

（30 钢 630mm×300mm 试样、气体渗碳+盐浴淬火）

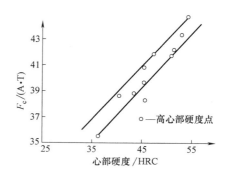

图 A-21　F_c 值与心部硬度关系

（试样及处理条件同图 A-20）

② 交流矫顽力法。交流矫顽力法仪表直读式测量装置如图 A-22 所示，仪表指示与矫顽力成正比。可用比较标准零件和被检零件交流矫顽力差值的方法检查硬度。交流磁化时，由于表面效应，磁通透入深度比直流磁化时要浅得多。降低频率可使透入深度增加。矫顽力法只适用于铁磁材料，应用特点基本同剩磁法。

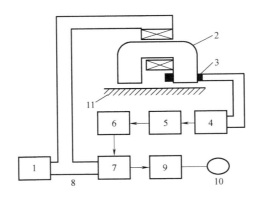

图 A-22　交流矫顽力法测量装置（仪表直读式测定器）方框图

1—频率发生器（改变磁化场频率）　2—电磁铁（交流磁化）　3—磁通检测线圈　4—积分电路（得到与磁通成比例电压）

5—方波整形回路　6—脉冲整形回路　7—门脉冲输出电路（输出与励磁电流成比例的电压）　8—电阻

9—整流放大回路　10—仪表指示　11—被检工件

③ 磁导率法。零件置于具有初级、次级绕组的线圈中，初级线圈通以交流电，零件就会磁化。当零件状态尺寸及磁化场强度不变时，次级感应电压的输出与零件磁导率成正比，而磁导率与硬度存在一定的对应关系。

实际应用中都采用差动法，即硬度已知的标准零件和被测零件的磁导率进行比较。图 A-23 所示为检测装置图，次级绕组的差动输出表示两个零件的硬度差值。

磁导率法仅适用于硬磁材料，应用特点与剩磁法相同。零件形状与大小、应力状态及热处理等对测量结果影响较大。

④ 高次谐波法。铁磁性零件置于具有初级、次级绕组的线圈中，次级感应电压的高次谐波分量与硬度有一定的对应关系，三次谐波幅度与表面硬度间有一定的对应关系。工艺、冶金因素及心部性能等对此法检测结果影响较小。

⑤ 磁噪声法。铁磁性材料磁化时，在一定范围内磁通密度随磁场强度的非连续性跳跃变化——不连续性的阶梯状磁化称为巴克豪森效应（见图 A-24）。

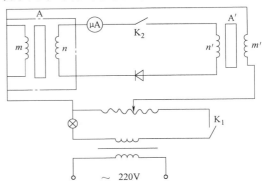

图 A-23　电磁差动仪线路图

K_1—电源开关　K_2—静动开关　m、m'—磁化线圈

（$\phi0.6mm$，800 匝）　n、n'—测量线圈

（$\phi512mm$，500 匝）　A、A'—核检零件与标准零件

巴克豪森效应取决于材料组织结构及应力状态等。当其他条件一定时，磁噪声级（感应线圈对巴克豪森效应所得的指示）与硬度存在如下关系：硬度越高，磁噪声级越低。磁噪声法灵敏度高，但测量精度受材料组织结构、成分及应力状态等的影响。

⑥ 涡流法。零件置于通交流电线圈中感应出涡流，线圈阻抗发生变化。对于钢铁材料，阻抗变化主要受磁导率影响，对于非磁性材料，主要受电导率影响。而磁导率、电导率均与材料硬度有关。

图 A-25 所示为采用桥臂比较方法的涡流测硬度装置（磁 Q 仪）原理图，使用时调整平衡控制，使空线圈的输入在示波器上显示为水平线。线圈中放入相同材料、相同尺寸零件，波形近似正弦波。调整位相选择装置，使比标准零件软的零件波峰向上，比标准零件硬的零件波峰向下，波形幅值高度与零件硬度对应。

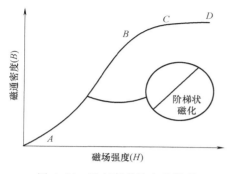

图 A-24　巴克豪森效应的说明

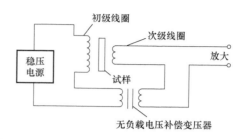

图 A-25　涡流法检测硬度装置（磁 Q 仪）原理图

涡流法检测铸件硬度时，应清洗、除锈。涡流法检测硬度只适用于导电材料。涡流法操作简单，仪器轻便，便于自动检测。涡流法检测需标准试块；零件形状、尺寸及表面应力状态均影响测量结果。

（2）超声波法

① 谐振频率法。超声波传感器杆的谐振频率随压头与零件表面接触面积的增加而增大。在负荷及材料弹性模量一定时，此接触面积取决于材料表面硬度。谐振频率适用于金属及非金属材料，操作简单，仪器轻便，便于自动检测，需要标准试块。

② 声速法。某些材料的硬度与声速存在近似的线性关系，通过测定超声波声速可以检测零件硬度。声速法检测硬度应用特点同谐振频率法。

2. 表面硬化层深度的无损检测

基于零件表面硬化区与心部组织电磁性质的差异，可用电磁法测定零件表面硬化层深度。电磁法检测硬化层深度的装置及方法与检测硬度的装置及方法类似，以下列举其应用。

1）剩磁法。图 A-26 所示的为剩磁法检测 15 钢渗碳淬火件时，淬硬层深度与剩余磁场的关系；图 A-27 所示的为剩磁法（点极探头）检测气门盖时，淬硬层深度与剩余磁场的关系。

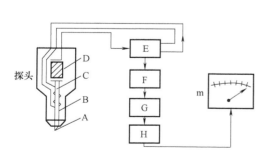

图 A-26　剩磁法测量淬硬层深度

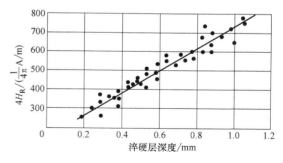

图 A-27　剩磁法测量气门盖淬硬层深度
（16 钢，$\phi400$ 圆棒，900℃渗碳，800℃水淬）

2）矫顽力法。矫顽力法测定硬化层深度，磁路模型中增加了表面硬化层，磁通势（安·匝）与矫顽力的关系为

$$F_c = 2H_{cm}d + H_{cn}L_n + H_{co}L_o \tag{A-4}$$

式中　H_{cm}——表面硬化层中矫顽力（A/m）；

　　　H_{cn}——未淬火部分矫顽力（A/m）；

　　　H_{co}——电磁铁矫顽力（A/m）；

　　　　d——淬硬层深度（m）；

　　　L_n——未淬火部分磁路长度（m）；

　　　L_o——电磁铁内磁路长度（m）。

当使用相同的电磁铁时，H_{co}、L_o 是常数；对相同材料进行表面硬化处理，并用相同磁场磁化的 H_{cm}、H_{cn} 及 L_n 定位，这时磁通势 F_c 与淬硬层深度为直线关系。

测定表面硬化层深度时，磁通透入深度较重要。直流磁化可以检查较大深度，交流磁化只可检测 10mm 以下深度。用 60Hz 的交流电流磁化，磁通透入深度为 2.3mm，测定更深渗层时，应使用 1Hz 以下频率。

3）涡流法。涡流法是根据不同硬化层深度具有不同比电阻的特性，通过对金属表层电导率的测定来确定无磁钢渗氮层深度的。电导率测定与检测频率关系很大，最佳检测频率应根据涡流透入深度和检测对象确定。

4）超声波散射回波法。利用淬硬层与基体金属的晶粒度及相状态不同造成的超声波散射回波检测硬化层深度。超声波测硬化层深度时，其频率应高于超声波探伤频率。

3. 热处理零件力学性能、显微组织的无损检测及监控

超声波在材料中的传播速度与材料的弹性模量及密度等有关。测定声速并通过力学性能测试与显微组织分析等，建立检测对象声速与力学性能或组织形态的关系曲线，以曲线为依据，通过声速测定即可实现被检零件力学性能与组织形态等的无损检测。

超声波共振频率也与材料弹性模量等有关，形状相同、性能类似的铸件共振频率接近。因此可通过测量超声波共振频率检测材料有关性能。

超声波衰减系数（α）由两部分组成：

$$\alpha = \alpha_a + \alpha_s \tag{A-5}$$

式中　α_a——吸收衰减系数；

　　　α_s——散射衰减系数，与晶粒平均直径（D）及超声波频率（f）的关系见表 A-7。

表 A-7　超声波散射衰减系数与晶粒平均直径的关系

$\lambda/\overline{D}$	散射机制	α_s 正比于
$>2\pi$	瑞利散射	$\overline{D}^3 f^4$
$1 \sim 2\pi$	随机散射	$\overline{D}f^2$
<1	漫散射	$\overline{D}^{-1}$

应尽可能选择 $\alpha_a \gg \alpha_s$ 的条件检测晶粒度。

利用底波高度衰减分贝法检测晶粒度时，按下式计算材质超声衰减系数（dB/mm），即

$$\alpha = \frac{K_{p(m-n)} - 20g\dfrac{m}{n}}{2(m-n)} \tag{A-6}$$

式中　m 与 n——正整数，分别表示第 m 与 n 次底波；

　　　　$K_{p(m-n)}$——第 m 与 n 次底波高度差的分贝值（dB）。

超声表面波发生角（临界角）由表面波在材质中的传播速度决定，因而可通过表面波发生角的测定来检测与表面波传播速度有关的材质性料，亦可用电磁法检测力学性能。

材料受力发生变形和断裂的过程中产生的能量变化将导致材料表面温度和温度场的变化。采用红外测温技术即可非接触、实时地监测这种温度变化。红外热成像技术可将红外信息转换成人眼可观察的图像，从而监测材料受力过程中力学行为的变化。

金属材料形变过程、断裂过程及疲劳损伤过程等的红外无损监测技术的应用研究正在发展中。

表达黑体辐射功率密度与温度关系的普朗克（Plank）公式为

$$W_\lambda = \frac{C_1}{\lambda^5 (e^{\frac{c_2}{\lambda T}} - 1)} \qquad (A-7)$$

式中　W_λ——光谱辐射功率密度［W/（cm^2·μm^5）］；

　　　　λ——辐射波长（μm）；

　　　　T——绝对温度（K）；$C_1 = 3.74 \times 10^{-12}$ W/cm^2；$C_2 = 1.438$ cm·K。

灰体的斯特藩—玻耳兹曼（Stefan—Boltzman）公式为

$$W = \varepsilon \sigma T^4 \qquad (A-8)$$

式中　W——单位面积灰体发出的红外辐射功率常数；$\sigma = 5.67 \times 10^{-8}$ W/（m^{2}K^6）；

　　　　T——绝对温度（K）。

声发射测试是力学性能评价、受力过程与工艺过程等的无损监控及构件结构完整性无损评价的重要手段。

声发生事件累计数（N）与应力场强度因子（K）之间的关系为

$$N = AK^n \qquad (A-9)$$

式中　A——与材料及断裂机理有关的系数。

影响声发射信号强度的因素见表 A-8，金属塑性变形的声发射特性见表 A-9，热处理过程声发射概况见表 A-10。

表 A-8　影响声发射信号强度的因素

	材料结构	铸造结构	锻造结构
	材料强度	高	低
	应变速率	高	低
	性能方向性	各向异性	各向同性
	材料均匀性	不均匀	均匀
影响因素	断面尺寸	厚	薄
	孪生状况	孪生	非孪生
	断裂类型	解理型	剪切型
	温度	高	低
	材料缺陷	有	无
	相交	马氏体型	扩散型

（续）

影响因素	形变与断裂	裂纹扩展	范性形变
	晶粒度	粗	细
	复合材料	纤维断裂	树脂断裂
	材料辐射状况	辐射过	未辐射过
声发射信号幅值		高	低

表 A-9　金属塑性变形的声发射

类型		声发射种类	产生原因	材　料	图　形
1	1a 1b	连续、 连续+突发	变形带形成和传播,珠光体中的碳化物破坏	工业纯铁,片层状珠光体组织的碳钢	
2	2a 2b	连续突发	均匀变形孪晶	面心立方金属	
3	—	连续	2 型+变形带的形成和传播	AlMg3,CuZnMg3,高温下的碳钢,Ni 合金	
4	4a 4b	连续	2 型+显微均匀变形	2024 和 7075 铝合金	
5	—	突发	滑移距离极短	完全热处理的细晶粒钢,冷加工金属,奥氏体钢	

表 A-10　热处理过程声发射源

热处理过程		声发射信号	热处理过程		声发射信号
焊接/淬火	马氏体形成	（A）	回火/退火	形变	（B）
	形变	（B）		形成微裂纹	（A）/（B）
	产生内应力	（—）	背景噪声	机械噪声	（A）/（B）
	形成微裂纹	（A）/（B）		液体噪声	（B）
回火/退火	沉淀硬化	（—）		形成气泡	（A）/（B）
	内应力减少	（A）		氧化层内裂纹	（A）
	偏析	（—）		氧化皮开裂	（A）
	残余奥氏体转变	（—）			

注：（A）突发型；（B）连续型；（—）无信号。

三、实验设备和材料

涡流探伤仪（1台）、超声波分析仪（1台）、磁性探伤仪（1台）、示波器（6套）、实验试样（3块/组，共6组）。

四、实验内容与步骤

1．检测内容

（1）热处理零件硬度的无损检测。

（2）热处理零件表面硬化层深度的无损检测。

（3）热处理零件力学性能、显微组织的无损检测以及过程的无损监控。

2．检测步骤

（1）学生分为6个小组，按组领取实验试样。

（2）连接示波器，调整参数。

（3）用标准试样进行测试。

（4）检测待测试样，分析、计算检测结果、缺陷大小及位置。

五、注意事项

（1）学生在实验中要有所分工，各司其职。

（2）实验中认真做好记录。

（3）检测前必须用砂纸将试样表面的氧化皮除去并磨光，每个试样应在不同方位测定。

（4）实验中应注意操作安全。

六、实验报告

（1）简述实验目的。

（2）简述了解的检测设备名称及用途。

（3）对零件热处理质量及材料试样进行无损检测并讨论。

（4）写出检测报告，并对材料状态、热处理质量做出评估。

附录 B　黑色金属硬度强度换算表（部分）

| 硬　度 | | | | | | | 抗拉强度/ $(kgf/mm^2)(MPa)$ |
| 洛氏 | | 表面洛氏 | | | 维氏 | 布氏 | |
HRC	HRA	HR15N	HR30N	HR45N	HV	HBW	
70.0	86.6				1037		
69.5	86.3				1017		
69.0	86.1				997		
68.5	85.8				978		
68.0	85.5				959		
67.5	85.2				941		
67.0	85.0				923		
66.5	84.7				906		
66.0	84.4				889		
65.5	84.1				872		
65.0	83.9	92.2	81.3	71.7	856		
64.5	83.6	92.1	81.0	71.2	840		
64.0	83.3	91.9	80.6	70.6	825		
63.5	83.1	91.8	80.2	70.1	810		
63.0	82.8	91.7	79.8	69.5	795		
62.5	82.5	91.5	79.4	69.0	780		
62.0	82.2	91.4	79.0	68.4	766		
61.5	82.0	91.2	78.6	67.9	752		
61.0	81.7	91.0	78.1	67.3	739		
60.5	81.4	90.4	77.7	66.8	726		
60.0	81.2	90.6	77.3	66.2	713		260.7(2607)
59.5	80.9	90.4	76.9	65.3	700		255.1(2551)
59.0	80.6	90.2	76.5	65.1	688		249.6(2496)
58.5	80.3	90.0	76.1	64.5	676		244.3(2443)
58.0	80.1	89.8	75.6	63.9	664		239.1(2391)
57.5	79.8	89.6	75.2	63.4	653		234.1(2341)
57.0	79.5	89.4	74.8	62.8	642		229.3(2293)
56.5	79.3	89.1	74.4	62.2	631		224.6(2246)
56.0	79.0	88.9	73.9	61.7	620		220.1(2201)
55.5	78.7	88.6	73.5	61.1	609		215.7(2157)
55.0	78.5	88.4	73.1	60.5	599		211.5(2115)
54.5	78.2	88.1	72.6	59.9	589		207.4(2074)
54.0	77.9	87.9	72.2	59.4	579		203.4(2034)
53.5	77.7	87.6	71.8	58.8	570		199.5(1995)
53.0	77.4	87.4	71.3	58.2	561		195.7(1957)
52.5	77.1	87.1	70.9	57.6	551		192.1(1921)
52.0	76.9	86.8	70.4	57.1	543		188.5(1885)

（续）

硬　　度							抗拉强度/
洛氏		表面洛氏			维氏	布氏	（kgf/mm²）（MPa）
HRC	HRA	HR15N	HR30N	HR45N	HV	HBW	
51.5	76.6	86.6	70.0	56.5	534		185.1（1851）
51.0	76.3	86.3	69.5	55.9	525	501	181.7（1817）
50.5	76.1	86.0	69.1	55.3	517	494	178.5（1785）
50.0	75.8	85.7	68.6	54.7	509	488	175.3（1753）
49.5	75.5	85.5	68.2	54.2	501	481	172.2（1722）
49.0	75.3	85.2	67.7	53.6	493	474	169.2（1692）
48.5	75.0	84.9	67.3	53.0	485	468	166.3（1663）
48.0	74.7	84.6	66.8	52.4	478	461	163.5（1635）
47.5	74.5	84.3	66.4	51.8	470	455	160.8（1608）
47.0	74.2	84.0	65.9	51.2	463	449	158.1（1581）
46.5	73.9	83.7	65.5	50.7	456	442	155.5（1555）
46.0	73.7	83.5	65.0	50.1	449	436	152.9（1529）
45.5	73.4	83.2	64.6	49.5	443	430	150.4（1504）
45.0	73.2	82.9	64.1	48.9	436	424	148.0（1480）
44.5	72.9	82.6	63.6	48.3	429	418	145.7（1457）
44.0	72.6	82.3	63.2	47.7	423	413	143.4（1434）
43.5	72.4	82.0	62.7	47.1	417	407	141.1（1411）
43.0	72.1	81.7	62.3	46.5	411	401	138.9（1389）
42.5	71.8	81.4	61.8	45.9	405	390	136.8（1368）
42.0	71.6	81.1	61.3	45.4	399	391	134.7（1347）
41.5	71.3	80.8	60.9	44.8	393	385	132.7（1327）
41.0	71.1	80.5	60.4	44.2	388	380	130.7（1307）
40.5	70.8	80.2	60.0	43.6	382	375	128.7（1287）
40.0	70.5	79.9	59.5	43.0	377	370	126.8（1268）
39.5	70.3	79.6	59.0	42.4	372	365	125.0（1250）
39.0	70.0	79.3	58.6	41.8	367	360	123.2（1232）
38.5		79.0	58.1	41.2	362	355	121.4（1214）
38.0		78.7	57.6	40.6	357	350	119.7（1197）
37.5		78.4	57.2	40.0	352	345	118.0（1180）
37.0		78.1	56.7	39.4	347	341	116.3（1163）
36.5		77.8	56.2	38.8	342	336	114.7（1147）
36.0		77.5	55.8	38.2	338	332	113.1（1131）
35.5		77.2	55.3	37.6	333	327	111.5（1115）
35.0		77.0	54.8	37.0	329	323	110.0（1100）
34.5		76.7	54.4	36.5	324	318	108.5（1085）
34.0		76.4	53.9	35.9	320	314	107.0（1070）
33.5		76.1	53.4	35.3	316	310	105.6（1056）
33.0		75.8	53.0	34.7	312	306	104.2（1042）
32.5		75.5	52.5	34.1	308	302	102.8（1028）

（续）

硬　度							抗拉强度/
洛氏		表面洛氏			维氏	布氏	(kgf/mm²)(MPa)
HRC	HRA	HR15N	HR30N	HR45N	HV	HBW	
32.0		75.2	52.0	33.5	304	298	101.5(1015)
31.5		74.9	51.6	32.9	300	294	100.1(1001)
31.0		74.7	51.1	32.3	296	291	98.9(989)
30.5		74.7	50.6	31.7	292	287	97.6(976)
30.0		74.1	50.2	31.1	289	283	96.4(964)
29.5		73.8	49.7	30.5	285	280	95.1(951)
29.0		73.5	49.2	29.9	281	276	94.0(940)
28.5		73.3	48.7	29.3	278	273	92.8(928)
28.0		73.0	48.3	28.7	274	269	91.7(917)
27.5		72.7	47.8	28.1	271	266	90.6(906)
27.0		72.4	47.3	27.5	268	263	89.5(895)
26.5		72.2	46.9	26.9	264	260	88.4(884)
26.0		71.9	46.4	26.3	261	257	87.4(874)
25.5		71.6	45.9	25.7	258	254	86.4(864)
25.0		71.4	45.5	25.1	255	251	85.4(854)
24.5		71.1	45.0	24.5	252	248	84.4(844)
24.0		70.8	44.5	23.9	249	245	83.5(835)
23.5		70.6	44.0	23.3	246	242	82.5(825)
23.0		70.3	43.6	22.7	243	240	81.6(816)
22.5		70.0	43.1	22.1	240	237	80.8(808)
22.0		69.8	42.6	21.5	237	234	79.9(799)
21.5		69.5	42.2	21.0	234	232	79.1(791)
21.0		69.3	41.7	20.4	231	229	78.2(782)
20.5		69.0	41.2	19.8	229	227	77.4(774)
20.0		68.8	40.7	19.2	226	225	76.7(767)
19.5		68.5	40.3	18.6	223	222	75.9(759)
19.0		68.3	39.8	18.0	221	220	75.2(752)
18.5		68.0	39.3	17.4	218	218	74.4(744)
18.0		67.8	38.9	16.8	216	216	73.7(737)
17.5		67.6	38.4	16.2	214	214	73.1(731)
17.0		67.3	37.9	15.6	211	211	72.4(724)

参 考 文 献

[1] 郭春洁. 金属工艺学简明教程 [M]. 西安：西北工业大学出版社，2017.
[2] 刘宗昌. 金属学与热处理 [M]. 北京：化学工业出版社，2008.
[3] 杜伟. 工程材料与热处理 [M]. 北京：化学工业出版社，2017.
[4] 丁仁亮. 工程材料 [M]. 北京：机械工业出版社，2006.
[5] 崔忠圻，覃耀春. 金属学与热处理 [M]. 北京：机械工业出版社，2007.
[6] 崔忠圻，刘北星. 金属学与热处理 [M]. 哈尔滨：哈尔滨工业大学出版社，2005.
[7] 朱兴元，刘忆. 金属学与热处理 [M]. 北京：中国林业出版社，2006.
[8] 朱张校，姚可夫. 工程材料 [M]. 北京：清华大学出版社，2009.
[9] 王忠. 机械工程材料 [M]. 北京：化学工业出版社，2005.
[10] 王广生，热处理新技术的应用研究 [J]. 热处理，2005 (1)：198-202.
[11] 王先逵. 材料及热处理 [M]. 北京：机械工业出版社，2008.
[12] 杨江河. 精密加工实用技术 [M]. 北京：机械工业出版社，2007.
[13] 邓三鹏，先进制造技术 [M]. 北京：中国电力出版社，2006.
[14] 张秀芳. 机械工程材料与热处理 [M]. 北京：电子工业出版社，2014.
[15] 杜伟. 工程材料与热加工 [M]. 北京：化学工业出版社，2017.
[16] 赵海霞. 工程材料及成形技术 [M]. 北京：化学工业出版社，2010.
[17] 姜敏凤. 金属材料及热处理知识 [M]. 北京：机械工业出版社，2005.
[18] 朱莉，王运炎. 机械工程材料 [M]. 北京：机械工业出版社，2005.
[19] 王正品，张路，要玉宏. 金属功能材料 [M]. 北京：化学工业出版社，2004.
[20] 庞国星. 工程材料与成形技术基础 [M]. 3 版. 北京：机械工业出版社，2018.
[21] 孟庆东. 材料力学简明教程 [M]. 北京：机械工业出版社，2013.
[22] 孟庆东. 机械设计简明教程 [M]. 西安：西北工业大学出版社，2017.